Perspective
Structure
Design Sketching
一本专属设计师的工具手册

透视
结构
设计素描

蒋红斌　著

江苏凤凰美术出版社

图书在版编目（CIP）数据

透视·结构·设计素描 / 蒋红斌著. —— 南京：
江苏凤凰美术出版社，2025.1.
ISBN 978-7-5741-2069-3

Ⅰ. TB47

中国国家版本馆CIP数据核字第2024ER3436号

责 任 编 辑　唐　凡
责 任 校 对　孙剑博
封 面 设 计　焦莽莽
责 任 监 印　于　磊
责任设计编辑　赵　秘

书　　名	透视·结构·设计素描
著　　者	蒋红斌
出版发行	江苏凤凰美术出版社（南京市湖南路1号　邮编：210009）
印　　刷	盐城志坤印刷有限公司
开　　本	787 mm×1092mm　1/16
印　　张	10.75
字　　数	447千字
版　　次	2025年1月第1版
印　　次	2025年1月第1次印刷
标准书号	ISBN　978-7-5741-2069-3
定　　价	78.00元

营销部电话　025-68155675　营销部地址　南京市湖南路1号
江苏凤凰美术出版社图书凡印装错误可向承印厂调换

透视
结构
设计素描

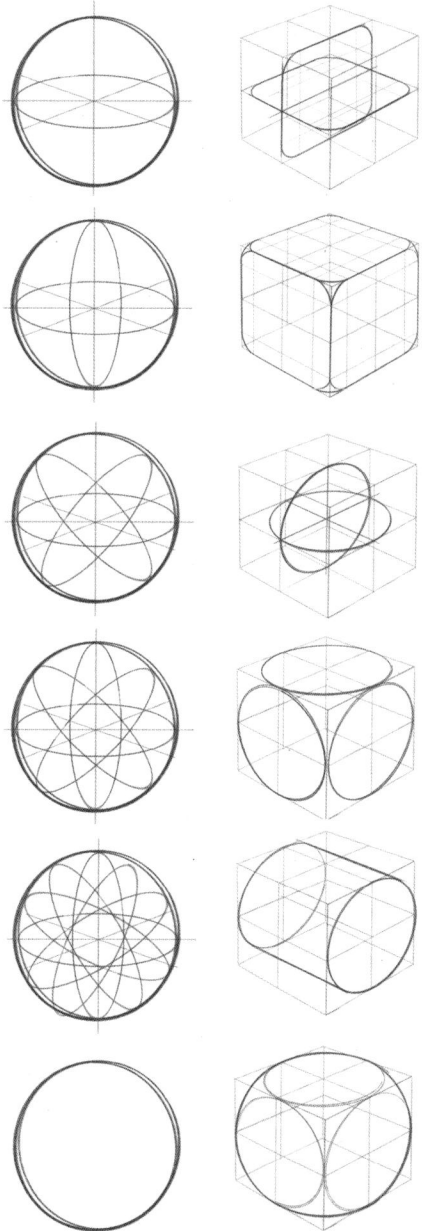

透视
结构
设计素描

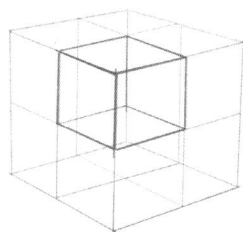

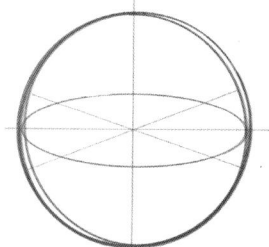

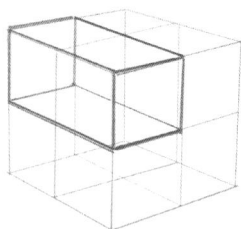

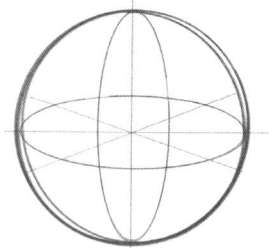

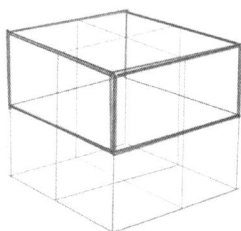

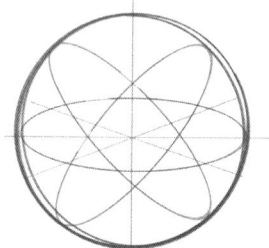

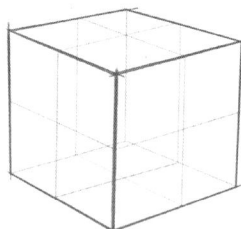

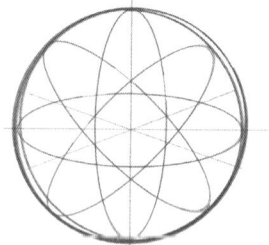

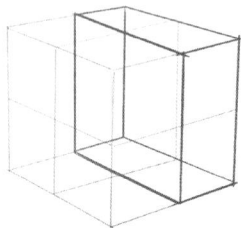

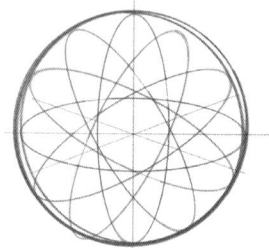

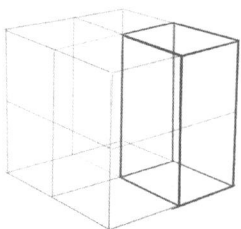

Preface

前言

素描是对物象形态、体积、质感等的塑造。包豪斯最早提出设计素描的概念,所谓设计素描是有别于传统素描,为设计领域服务的概念与知识体系,其教学理念需要提出独具一格的想法,设计素描要求创作者具有造型意识,并具有设计性质的表现形式。设计素描企图通过逻辑训练,为学生的设计思维奠定基础。设计素描作为产品设计流程中最基础且关键的环节,是设计者认识设计、了解设计、探究设计规律以及锻炼设计语言表达的关键性方式,设计素描也被广泛地应用于工业工程设计、环境艺术设计、设觉传达设计等领域。通过学科延展,设计素描不断融合新的技术表述手法与实体虚拟媒介,自成体系、多元化发展。

《透视·结构·设计素描》对于设计初学者而言,具有两个特点:一是训练设计者的动手绘画能力,即对结构有极其深刻的了解,把代表着不同语义形态的线条准确地表现在画面上;二是勾勒与表现物体表面肌理的重要能力和提炼物体基本形态进行二次创作的能力,即利用自己所学习到的知识以及经验,将概念通过想象让形态变得更加丰富多彩的能力。

学习设计素描,设计者需要理解"再生性设计素描"与"表现性设计素描"这两个有所不同的概念。"再生性设计素描"是对设计对象的如实描述,是设计学习者需要掌握的基本技能,而非设计艺术的最终目标,通常应用于设计素描教学的前期,作用是让设计初学者快速理解和掌握设计素描的技能。而"表现性设计素描"需要设计者对绘画对象进行解构与重构,设计者需要在写实造型的基础之上,依托于形式、表现等手法将自己的设计思想、设计风格、设计解读通过设计素描进行传递。

本书的写作结构分为四个单元,其中单元一是关于设计素描的原理,是本书的通识知识部分,对设计素描的演变形式与思维路径加以叙述,并对设计中的透视原理进行分析;单元二是对设计素描的解读,开始切入产品设计视角去解析透视的运用方法与类型,以及设计素描在产品设计表述中的利用方式;单元三是对设计素描的原型解读,通过最基础的方、圆形体解析产品的造型规律与表述逻辑;单元四是关于设计素描的实训,列举经典设计作为绘图案例,一方面深化解析方与圆的呈现规律;另一方面介绍经典设计的创造思维与灵感分析。

本书的核心是探索设计素描如何辅助产品设计进行创新表达,通过设计素描考量产品设计的合理性和可行性。想要更好地掌握设计素描需要建立设计思维的底层逻辑,而产品设计思维与生活方式和生产模式息息相关,设计者需要将设计素描、透视原理与产品设计思维和实践应用有机融合,善于接纳新的技术方式和设计媒介进行设计素描的学习与表达。

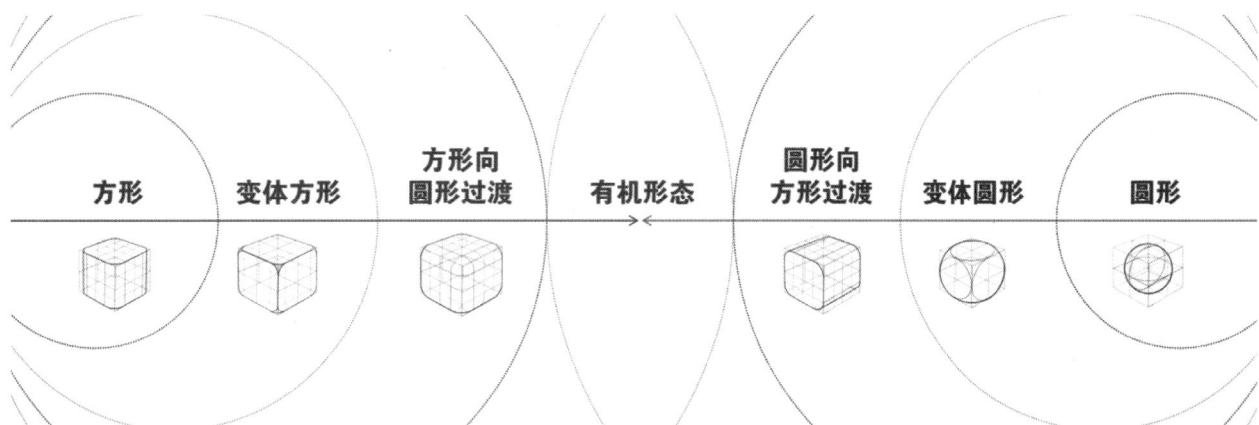

| 方形 | 变体方形 | 方形向圆形过渡 | 有机形态 | 圆形向方形过渡 | 变体圆形 | 圆形 |

《透视·结构·设计素描》的形体原理解析

Tutorial

学习指南

设计素描作为设计专业造型基础训练性课程,旨在培养设计者对实物造型与其语义的观察认识能力,以及对设计者自身迸发的创意的表现能力。本书的学习可以总体分为两个部分:理论学习和实践训练(见本书的知识体系架构图),各个单元的知识点具有较强的实际应用价值。章节内容按照读者获取知识的需求划分为若干步骤,可以更有效地配合实训使用。

在使用本书进行训练和自学之前需要明确:其一,设计者的学习思路以及设计素描的学习目标与学习方法;其二,设计素描与产品设计专业的关系如何建立逻辑;其三,需要转变设计素描的思维方法、观察方法、表现方法,从"再生性设计素描"开始,向"再生性设计素描"进行创作转化;最后,针对产品设计与工业设计相关专业的特点,设计者应掌握与了解设计产品的透视关系、结构规律、材质表现与形态美感之间的相连之处与交汇之点,以此加强和提高设计的思维方式,重新认识与创造新的产品形态。

设计素描作为二维设计方案与三维机械制图之间的灵活表达,可以在工程师思维和设计师思维之间灵活切换,向上关联设计思维,向下链接设计原型呈现,在现代设计工作中常配合软件系统使用。设计素描常被作为设计的思考工具使用,因此需要拓展设计素描构思设计的维度。

第一维度是以人的视角对世界的描述。人们习惯用照片去记录客观世界,设计者也可以通过摄影寻找透视关系,从人的维度去认识和描绘事物,进而把握和分析客观世界的规律。

第二维度是以人造物的方式来描述世界。对于人造物的描述需要遵循人的需求轨迹,在进行具体绘画时也要带入人对事物的思考、人的认知规律去设计和创造。同时还要尊重透视规律。

第三维度是利用设计素描记录造物中不断显现的灵感与随机性思考。用手记录是成本最低的记录方式,并能使想法迅速跃然纸上,这也是设计素描训练的初衷。所以透视、结构与素描既可以作为设计的工具和知识基础,也可以作为探索设计本质规律的原则,无论未来设计媒介发生怎样的演变,其基础架构始终不变。

设计者在学习初期应鉴赏国内外从古至今优秀设计师的优秀作品,以形成对专业基础的感性认识,充分认识未来道路的挑战与基本的审美准则。所以,设计者在学习本书的过程中应着重关注以下四点:

第一,有意识地培养感知形态美的能力。任何符合形式美的造型产品都具有良好的比例和合适的尺度。产品是为人服务、供人使用的,因此尺寸必须符合人的操作使用要求,如操纵按钮的尺寸就要贴合人手的尺寸。无论造型物间的体积差别有多大,设计人员都要确保其操纵手柄尺寸一致,只有这样才能保障产品的宜人性与舒适性。

第二,有针对性地训练形态结构的把握。设计者要根据产品设计的专业特点,着重培养自己的形态感。首先,结合日常用品,运用三角形、方形、圆形等基本形去概括、掌握几何形体的造型特征与塑造规律,加强学生对物象结构、比例、透视关系的把握,培养学生敏锐的视觉

参考阅读书目与文献

[1] 马源.设计素描的造型表现特征在产品中的应用[J].鞋类工艺与设计,2023(4):58-60.
[2] 王宁.设计素描教学践行研究[J].美术教育研究,2023(23):143-145.
[3] 魏超玉.高校艺术设计专业素描教学改革探究[J].美术教育研究,2023(22):156-158.

观察能力。其次,设计者应学会运用解构、重构、夸张、分割、切削几何形体等方法,了解产品形态变化的多种可能性,赋予它新的形态表现形式和新的功能。

第三,有思考地积累材质语言的表达方式。产品设计是设计师在长期的文化、生活、艺术实践中积累经验后进行的创造性活动,因此设计师仅仅具有构思巧妙的想法是远远不够的。设计者要有意识地运用各种工具和手段,在实践的过程中考虑用哪种材料与加工工艺达到最好的视觉效果,通过材料和加工过程将设计图纸转化为具有一定形态的实体。

第四,有准备地进行创新思维的训练。设计思维的创新培养需要设计者平时不断学习和积累各种知识经验,并从已有的常规思维模式中走出来,在与外界信息的触发下迸发灵感,在生活中展开联想,联系与生活密切相关的事物,通过创意素描表现自己在日常生活中的感悟、感受和理解。

最后,希望本书中的案例与设计素描实训部分可以作为学习者研习的基础材料。今后将融合读者建议对此书中的内容和架构进行优化,并不断迭代新的设计案例进行分析。

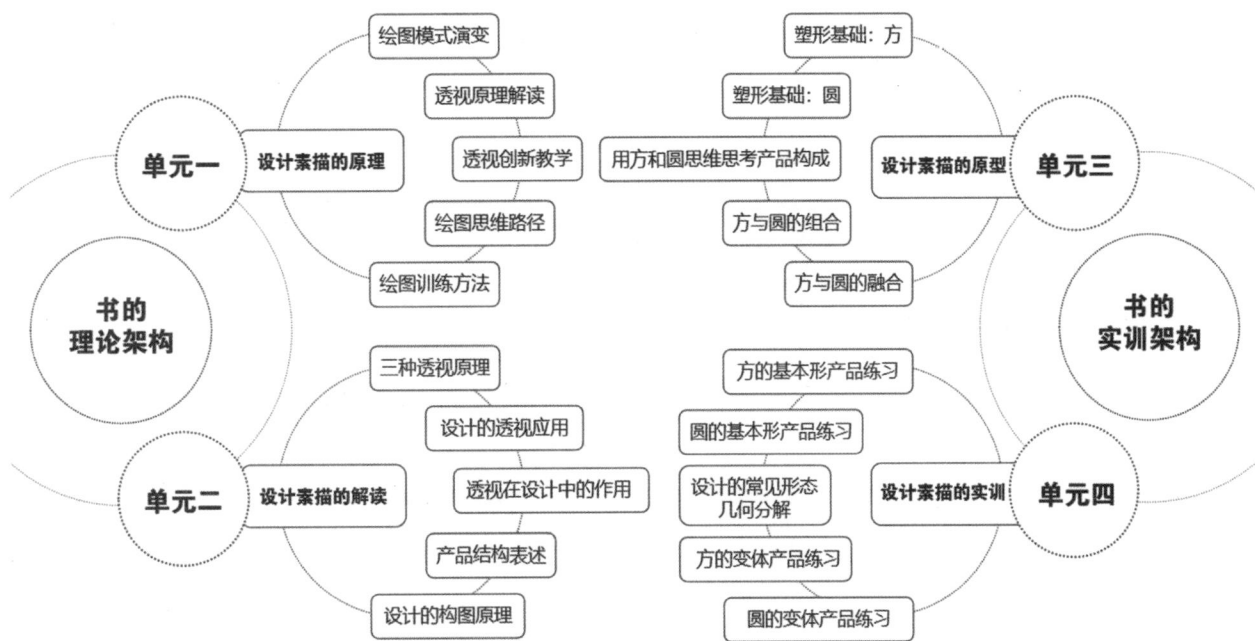

《透视·结构·设计素描》的知识体系架构图

Contents

目录

单元一　按语

　　设计素描是素养和素质的训练，而非技能或技法的训练，通过设计素描可以看到现代设计工作的复杂性、能动性、主动性和多样性。

　　透过设计素描与结构透视可以看到设计思维的本质，从中强调的关键是关于形的逻辑、形的规律，而设计素描的优势在于用线去寻找造物的规律，在绘图创造过程中要引导实践者用线和面去呈现思维。

单元二 按语

　　注重以线为主的设计表达，用最便捷的方式找出设计目标的本质规律，在创造形态、勾画思路的时候，用线跃然于纸面，进行综合性思考，从正面到侧面，再从二维到三维。

　　对设计素描的认识与自我训练，是对设计素描素养和素质的训练，而非技能或者技法的训练，目的是通过对设计素描的学习与认识，设计者可以看到现代设计工作的发达性、能动性、主动性和多样性。

Contents

目录

单元三　按语

　　调动线性素描生动、动态表述的本能性,从最原始的方与圆中建立设计生成的线索,通过不同形体的穿插、过渡、组合和融合,用线来表述和探索产品设计的透视规律。书中的图例尽量分解结构,并采用多角度线性产品呈现的方式对设计思维进行解读。

单元四　按语

　　产品设计的对立面是工业工程设计,两者的思维方式所产生设计中立体与平面的关系需要深入探讨与搭接。产品设计善于用透视图解进行产品表述,而工业工程设计往往采用三视图的方式进行方案呈现。前者关注创造性,后者注重严谨度。而产品设计常作为人的语言与机械语言进行对话。本书所输出的设计素描与结构透视观点会与设计思维密切相关。

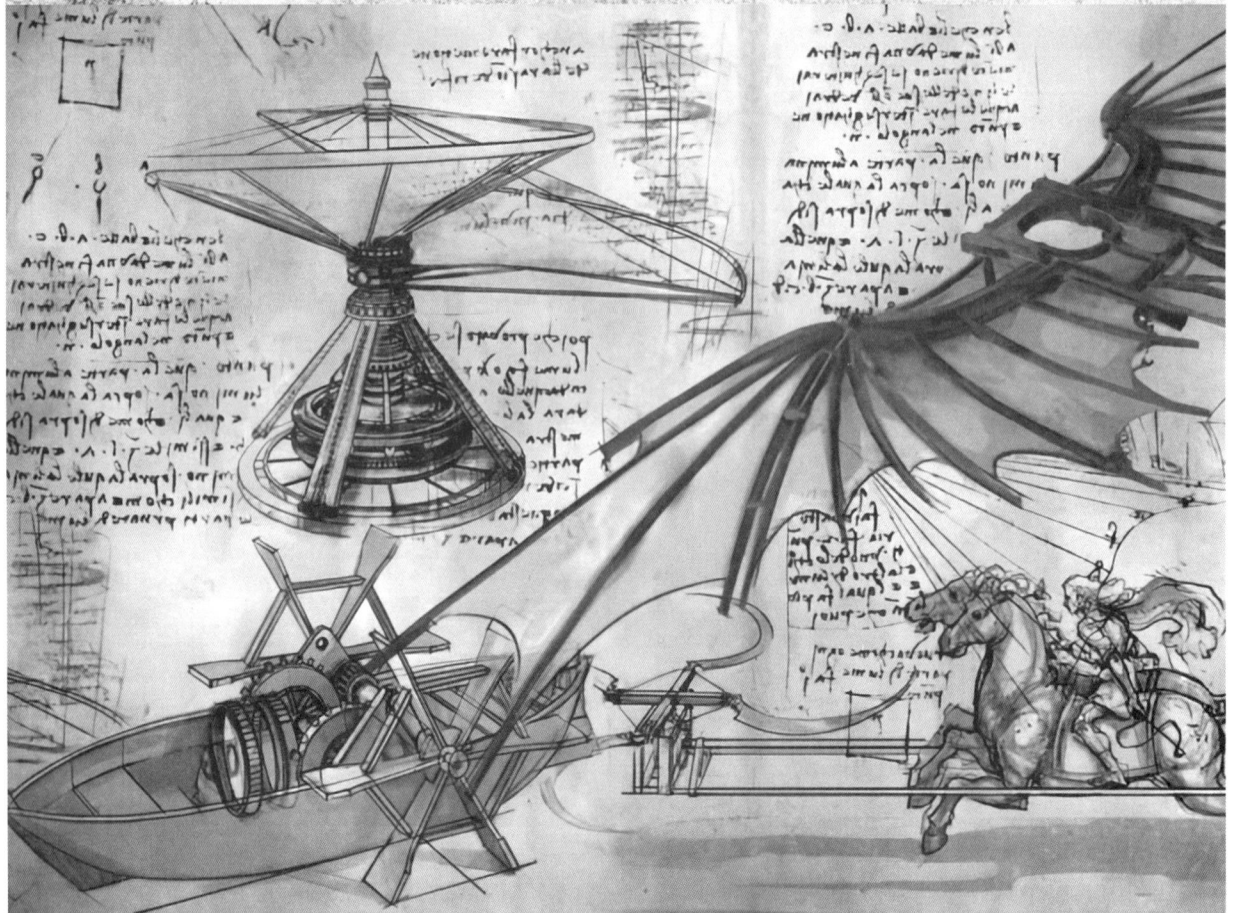

列奥纳多·达·芬奇手稿中的结构透视

Unit 1 Principles of Design Sketching

单元一

设计素描的原理

设计者对设计素描的认识与自我训练，是对设计素描素养和素质的训练，而非技能或者技法的训练，目的是通过对设计素描的学习与认识，设计者可以看到现代设计工作的发达性、能动性、主动性和多样性。

第一讲　设计素描的模式演变

1.1 传统模式: 徒手绘图

在传统设计素描中,艺术家采用最基本、最原始的画具对自己所见到的日常用具、传统兵器等产品,利用自己的创意以及学识进行最初的产品外形甚至是功能的迭代设计,运用素描的方式将自己的设计表现在画卷之上,这样的行为我们称为最初的"设计素描"。

在传统模式下的设计素描讲解中,本书将达·芬奇设计手稿和《天工开物》的插图作比较。两者所产生的时代在历史的时间线上较为相似,是东、西方同一时期,对于同一艺术类别的艺术产物。《天工开物》由宋应星编著,出版于1637年,即明晚期,可以说是明晚期附有"插图"的科学巨著里比较突出的代表。达芬奇作为文艺复兴时期(14—16世纪)的核心人物,其手稿数量惊人,而且涉猎范围极广,"科学性"是其致力追求的核心价值。两者具有时代上的关联性和性质上的共通性。

《天工开物》中图样的绘制是宋应星在长期从事科学研究、深入生产实际、调查访求的基础上完成的,体现了其重实践、轻空谈的主张,提倡观察、实验的科学精神。设计者在设计素描的绘制过程中一直秉持着重视实践的精神。《天工开物》中的图样体现了中国古代"制器尚象"的学术传统(图1-1、图1-2、图1-3),书中文字对各种生产技术考证详尽,设计者在绘制设计素描的过程中,

也时刻保持自己的头脑逻辑清晰,始终明确自己绘图的目的,时刻清晰自己的思想有没有表达清楚。

书中图例虽然还具有比较浓厚的绘画色彩,多有人和配景,但更能清晰地说明机具的安装、用途和操作过程等情况,使图例能发挥作用,易于理解 ,在当时的历史条件下这是无可厚非的。设计者在学习与绘制设计素描的时候,适当添加产品使用者甚至是产品的使用环境也未尝不是一种可以借鉴的绘制手法。

达·芬奇的素描证明了他作为艺术家的精湛技艺和对周围世界的细致研究。他的素描有几个鲜明的特点,既反映了他独特的视觉研究方法,也反映了他希望掌握所研究事物的基本原理的愿望,从解剖学到工程学,再到水的流动。以下是对他技法的一些关键方面的分析:

首先是达·芬奇的线条多变而深思熟虑,显示出对压力和精确度的敏感运用。他通常先用较柔和的线条勾勒出最初的构图和结构轮廓,然后再用较清晰的线条添加细节和明确形态。达·芬奇的刻画技法——使用紧密相连的细线来创造阴影和纹理——体现了他对光线、阴影和形状的深刻理解。

图1-1 《天工开物》插图——水车　　图1-2 《天工开物》插图——辗轳　　图1-3 《天工开物》插图——磨

达·芬奇是使用透视法在绘画中创造深度的先驱。他了解线性透视和大气透视的原理，并将其运用得一丝不苟。线性透视通过汇聚线和消失点赋予物体和设计以立体感。大气透视使他能够通过远处物体的模糊和蓝色化来重现距离的效果。

即使是在素描中，达·芬奇也表现出对构图的敏锐洞察力，他在页面上放置主题的方式能够引导观众的视线，或将观众的注意力吸引到设计中最重要的元素上。在绘制场景素描时，他经常创造一种构图平衡，使各种形式和谐地排列在一起（图1-4、图1-5、图1-6）。

达·芬奇的许多素描不仅是对艺术作品或发明的研究，也是对生活的研究。达·芬奇随身携带一个笔记本，当场对人物、物体、风景和任何他感兴趣的主题进行素写。这些观察速写速度很快，线条松散，但能捕捉到动作、表情或姿势的精髓。总之，达·芬奇的素描是艺术与科学的复杂结合。他的绘画技法领先于时代，其特点是对周围世界进行无与伦比的观察和描绘，在细节写实和概念设计之间表现出不断的相互作用。他的绘画方法不仅是为了展示完成的想法，更是一个探索的过程，让他能够在纸上思考、测试概念，并完善他的理论，从鸟类飞行时翅膀的力学原理到人体的最佳比例，无所不包。

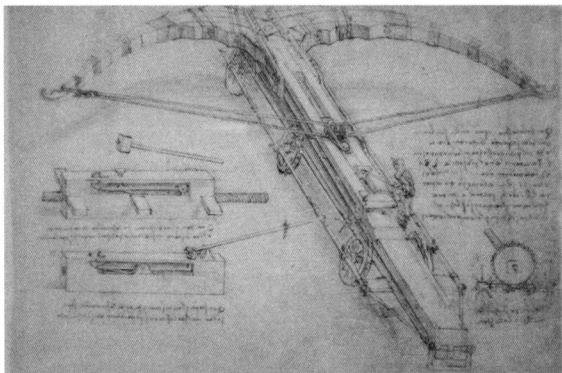

图1-4　达·芬奇在15世纪创作的素描作品《巨弩设计图》

图1-5　达·芬奇创作的素描作品《强弩机素描》

图1-6　达·芬奇创作的素描作品《博士来拜》

参考阅读书目与文献

［1］张慧.《天工开物》科技插图的特点及其图学研究价值［J］.东北大学，2013.
［2］李婷婷.基于图像学研究的达芬奇设计手稿与宋应星《天工开物》插图之比较［J］.文学·艺术《名家名作》·研究，2022，(4):148-150.
［3］玛利亚·华莱丝，Marina Wallace.30秒探索：列奥纳多·达·芬奇［M］.崔向前，崔璺，译.北京：机械工业出版社，2017.
［4］曲艺.伽利略《星际信使》与图像科学［J］.艺术探索，2015，29（6）.
［5］E.Margolis,L.Pauwel.The SAGE Handbook of Visual Research Methods［M］.Thousand Oaks, CA:SAGE,2011:283-297.

第一讲 设计素描的模式演变

1.2 现代模式: 手绘与板绘融合

在现代设计素描中, 自由手绘与电脑绘图板 (通常称为手绘板) 的结合, 是传统艺术技巧与先进技术之间的桥梁。这种融合使设计师能够充分利用两种模式的优点: 手绘的直观控制以及数字工具的精确性、灵活性和强大功能。以下是对这种结合方法的解释。

几个世纪以来, 自由手绘一直是设计和艺术表达的基础。它是指在不直接使用尺子或其他指导工具的情况下进行素描, 依靠的是艺术家的技巧和手眼协调能力。这种方法因其直接性和表现力而备受推崇, 可以快速将想法形象化并进行创造性探索。徒手技法能捕捉到人类思维和灵巧性的细微差别, 往往能带来自发的发现和个人风格, 而纯粹的数字作品有时会失去这一点。

设计者在学习的过程中应清晰地了解自由手绘和手绘板绘图 (统称板绘) 分别的优点和缺点, 以及它们在联合使用时所展现的优点与缺陷之处。徒手绘图的主要优势首先就是即时性, 它能让设计师快速将想法记录在纸上, 而无需启动设备、打开软件或浏览数字界面。其次, 绘制的过程更加自然, 徒手绘图法与我们通过手动手势和动作进行表达、创作和交流的自然能力非常吻合。同时, 素描本和绘图工具非常便于携带, 可以随时随地捕捉灵感。

以石上源编著的《产品设计手绘表现》一书中, 作者的绘图为例 (图1-7、图1-8、图1-9、图1-10)。板绘是一种能让艺术家和设计师使用触笔直接在输入数字化的平面上绘图的设备。现代绘图软件可模仿大量纹理和效果, 而这些以前只能通过物理媒介实现。在设计过程中整合电脑绘图板, 可提供传统媒体无法比拟的精确度、效率和编辑能力。

电脑绘图板的主要优势首先体现在撤销与重做功能, 设计人员可以进行实验, 而不必担心犯下无法弥补的错误, 因为数字工具可以轻松撤销操作。其次是其绘制的图像精确, 绘图软件中的工具可以创建完美的形状、线条和图案, 其操作精度是手工无法达到的。此外, 在绘制过程中, 数字素描可以分层绘制, 可以进行非破坏性编辑, 还可以切换设计的不同组成部分。

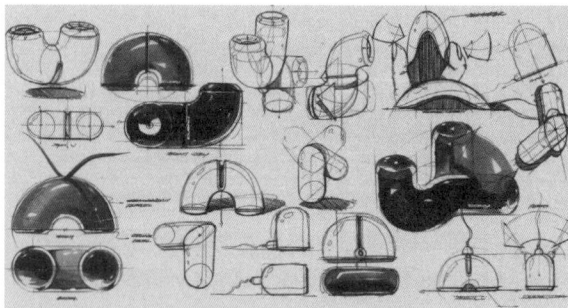

图1-7 石上源编著的《产品设计手绘表现》插图

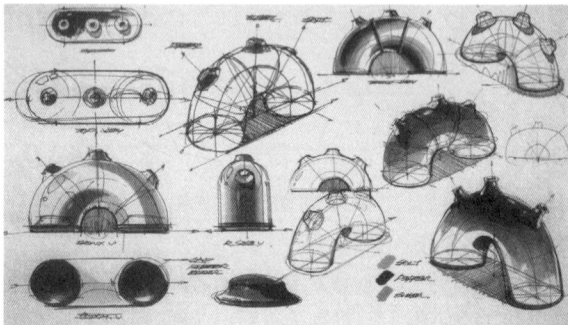

图1-8 石上源编著的《产品设计手绘表现》插图

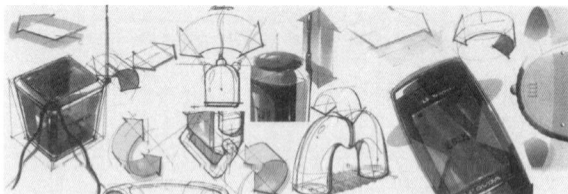

图1-9 石上源编著的《产品设计手绘表现》插图

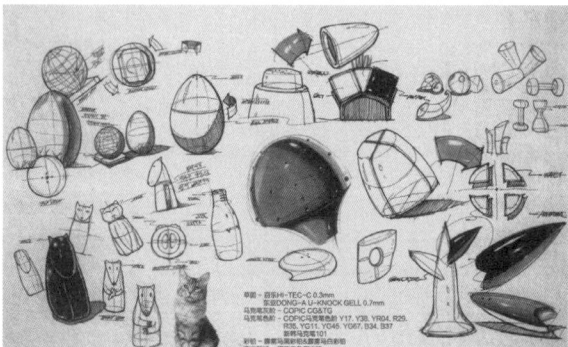

图1-10 石上源编著的《产品设计手绘表现》插图

参考阅读书目与文献

[1] 石上源.产品设计手绘表现: 57-68.

设计素描中的组合使用。在典型的现代设计工作流程中，一个创意可能始于一张徒手素描。这种原始概念捕捉了当时的本质和创意。素描是进一步发展的种子，其流畅的线条和有机的形式可以注入个性和艺术风格。

随着创意的发展，通常会通过扫描或拍摄自由手绘素描将其导入数字工作空间。数字化后，可以使用电脑绘图板进一步完善设计。设计师可以在最初的素描上进行精确描摹，添加色彩、纹理和细节，或者尝试各种变化（图1-11、图1-12），而所有这些都可以在数字工具提供的灵活、宽容的环境中完成。

两者结合可以增强创造力和构思能力。从自由手绘素描开始，可以不受软件界面或工具选项的限制，自由地进行构思。这可以使设计概念更具创造性，更少受到束缚。与此同时可以有着更强的控制力和直觉，艺术家和设计师通常会发现自由手绘更加直观和直接。这种自然的控制力可以转化为更具个人风格和影响力的设计元素，并在进入数字领域时保留艺术家的风格。自由手绘素描数字化后，设计师可以在电脑绘图板上更有效地完善、测试和修改设计。数字化工具可提供缩放、旋转和调整等改造功能，而手工操作则既费时又困难。

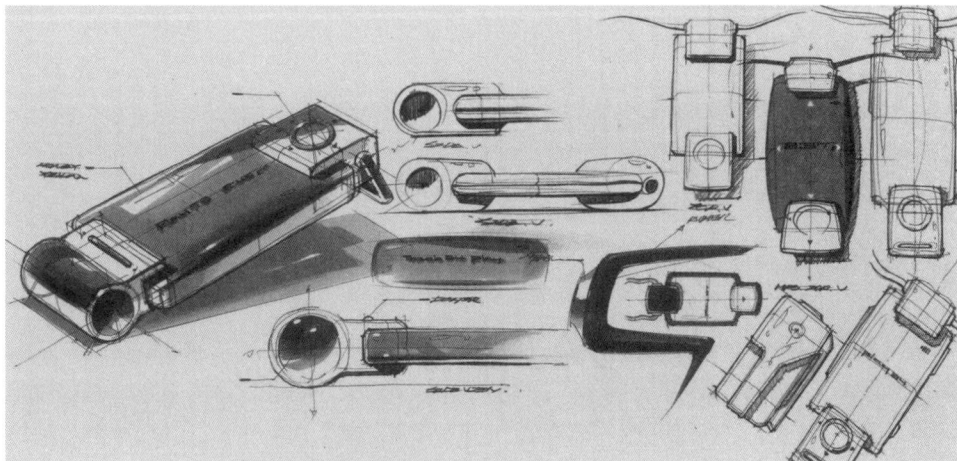

图1-11　石上源编著的《产品设计手绘表现》插图

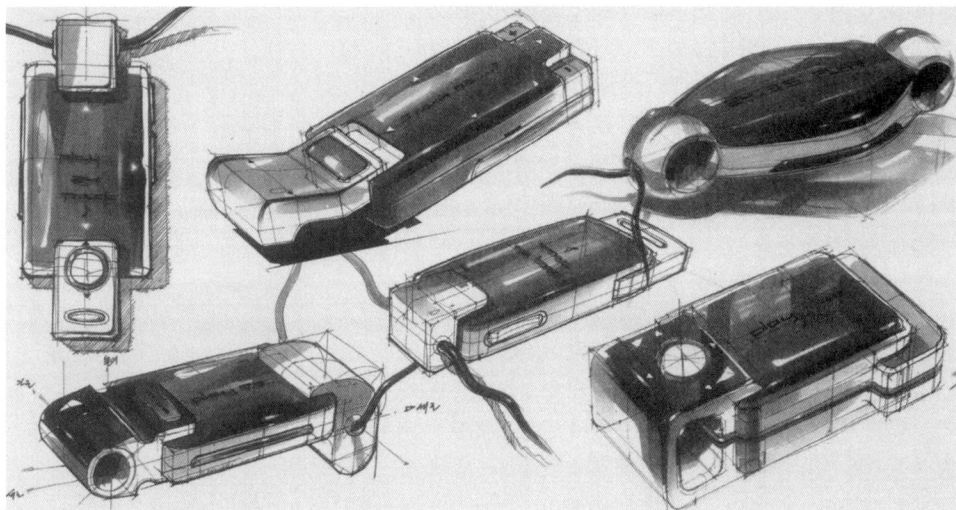

图1-12　石上源编著的《产品设计手绘表现》插图

1.3　未来模式: AI生成绘图

人工智能生成的设计素描是技术与创造力之间的迷人交汇点,人工智能系统被用来根据最初的想法、描述或数据输入创建可视化表述。截至 2023 年 4 月,该领域已经取得了重大进展,尽管创新的步伐意味着能力仍在快速发展。目前人工智能生成设计素描作品的水平已经达到了可以绘制出复杂设计的水准,在某些情况下,与人类艺术家创作的设计无异。机器学习的进步,尤其是生成式对抗网络(GANs)和变换器的进步,使人工智能能够理解并复制复杂的设计原理。

先进的人工智能系统可以生成不同风格的设计,模仿著名艺术家的技法,并根据文字描述创作原创艺术作品。有些人工智能还能提出设计变更建议,对一个概念进行多次迭代,并根据透视、光照和材料特性进行详细的渲染。

人工智能生成的设计素描与传统图纸大相径庭,无论是其起源还是最终形式的细微差别都形成了鲜明对比(图1-13、图1-14)。传统素描是艺术家巧手的产物,经过多年实践的磨炼,通过对铅笔和纸张等材料的深入了解而形成,并带有创作者风格和情感状态的独特印记。绘画过程是触觉和感官的过程,每一笔都反映了艺术家与作品之间的个人联系,其结果就像指纹一样独一无二,充满了人类触觉所蕴含的无言叙事。

相比之下,人工智能生成的设计则来自数据和算法领域,即由软件主导,根据大量数据集建立复杂的机器学习模型,从而呈现图像。这些数字助手具有出色的一致性,不受物理工具的限制,也不受人为素描固有变化的制约。人工智能能够以挑战人类能力的速度和精度处理复杂的设计,并对主题进行无限重复,每个版本都与上一个版本一样具有可重复性。传统素描中的情感叙述不复存在,相反,人工智能提供的是分析性的客观性,创造出的视觉效果不会被情感所淹没,而是结构清晰的算法。

关键区别还在于创作过程的互动和演变。艺术家会随着时间的推移不断成长和适应,从每一次笔触和评论中学习,而人工智能则通过数据输入和算法优化不断发展。尽管人工智能效率很高,但它无法复制人类艺术家的有机适应性和个人发展。传统素描的优雅——手指在画布上的舞蹈——是人工智能的计算能力所无法真正复制的。

传统素描和人工智能生成的素描共同构成了现代设计的阴阳两面:一面深深扎根于人类的经验和主观性,另一面则是不断扩展的技术可能性前沿。传统的艺术作品讲述着自己的创作故事,每一根线条和每一个污点都记录着时间的瞬间,而人工智能素描则提供了一扇通往未来的窗户,在未来,设计只受限于算法的广度和训练数据的深度。如何协调人类创造力的直观性与人工智能的高效性,确保素描艺术始终是艺术家的愿景与机器的能力之间的合作,将是一个持续的挑战。

图1-13　由MID JOURNEY生成的AIGC作品

第一讲　设计素描的模式演变

章节小结

　　设计素描是基于素描来表达设计构思的一种艺术形式,是在素描的基础上发展成了三维空间观感的一种表现,运用不同的设计原理来进行素描创作。设计素描课程目前在国内高校为培养学生的设计创作意识和提高素描基本功而设置,其考核方式一般以考试形式呈现,也可以引导学生在规定时间内进行主观素描创作。设计素描课程主要是培养学生的创造力,通过观察、思考阐述设计思路,并从多方位、从外至内、从浅至深,生动创新地进行设计表达。

章节课时

　　建议4课时。

章节思考题

　　1. 传统绘画给现代设计素描哪些启示?
　　2. 如何在设计素描中融合手绘与板绘两种方式?
　　3. 如何利用AIGC进行设计创作,并从中发挥设计素描的关键作用?

图1-14　由MID JOURNEY生成的AIGC作品

第二讲 设计素描的透视原理

2.1 透视原理概述

设计者需要理解的是,透视是一种绘画技巧,用于在二维表面(如纸张或数字屏幕)上以自然逼真的方式表现三维物体。它是产品素描中的一项重要技能,因为它能让设计师清晰地表达自己的想法,展示物体与空间和观众之间的关系。

1421年左右,乔瓦尼·美第奇委托布鲁内莱斯基开始设计和建造圣洛伦索教堂的旧圣器库;1422年马萨乔进入佛罗伦萨的圣路加行会,并获得了艺术家资格。在西方艺术史的传统叙事中,布鲁内莱斯基通常被视为重新发现或发明线性透视法的第一人,而马萨乔则是线性透视法成果的受益者。

图2-1 马萨乔的壁画《圣三位一体》(1427—1428 年)

在绘画中艺术家和设计师会用到几种透视法:

第一,单点透视(平行透视):单点透视法是一种绘画方法,它能表现出事物越远越小,并向地平线上的一个"消失点"汇聚。这是一种在二维表面上创造三维效果的方法。在单点透视法中,面向观众的物体的所有尺寸都保持真实大小,而向该点后退的尺寸则变小。三维世界中平行的线在二维描绘中表现为平行。然而,与观众视线垂直的线条会汇聚到一个点,即消失点。

练习单点透视时,首先在纸上画一条水平线。这将代表地平线。然后,在这条线上选择一个点作为消失点。首先在水平线下方画一个矩形。从矩形的每个角开始,画出汇聚到消失点的直线。这将形成一条通向远方的道路或走廊的两侧。要添加建筑物或树木等物体,确保它们的线条也汇聚到同一个消失点。

图2-2 布兰卡奇礼拜堂北墙上层的《基督治愈跛子与塔比瑟的复活》

马萨乔的壁画《圣三位一体》(1427—1428 年)就是单点透视的一个例子(图2-1)。在这幅画中,消失点位于十字架的底部,建筑中的所有正交线条都向这一点汇聚,从而营造出非常强烈的纵深感。

在布兰卡奇礼拜堂北墙上层的《基督治愈跛子与塔比瑟的复活》(图2-2)中,留下了清晰的透视法使用痕迹。为了准确绘制建筑正交线,画家当时使用了钉子加棉线的便捷方法:中央消失点的位置使用钉子来固定,这个位置依旧可以看到清晰的小洞,然后从该点向边缘拉根线,线上的白粉会在底稿上留下痕迹,作为绘制建筑透视的示意线。

第二,两点透视(成角透视):成角透视就是景物纵深与视中线成一定角度的透视,景物的纵深因为与视中线不平行而向主点两侧的余点消失。成角透视多用于室外绘画,可以表现两个画面。 成角透视把立方体画到画面上,立方体的四个面相对于画面倾斜成一定角度时,往纵深平行的直线产生了两个消失点。在这种平行情况下,与上下两个水平面相垂直的平行线也产生了长度的缩小,但是不带有消失点。平行透视是景物纵深与视中线平行而向主点消失。成角透视就是景物纵深与视中线成一定角度的透视,景物的纵深因为与视中线不平行而向主点两侧的余点消失。

18世纪意大利比比耶纳家族的成角透视布景
Bibiena 艺术家家族的起源可追溯到 Giovanni Maria Galli(1618—1665年),他出生于托斯卡纳的 Bibbiena 镇,后移居博洛尼亚,在画家 Francesco Albani 手下工作。按照当时的惯例,他在收养城市以地名 Galli da Bibiena 为人所知。他的孩子和后代虽然出生在博洛尼亚和其他地方,但仍继续使用 "Galli Bibiena" 或简称 "Bibiena" 作为姓氏。

Galli-Bibiena 家族的成员对布景进行了改革,采用晚期巴洛克雕塑和建筑的高度华丽风格,制作了一系列戏剧和其他设计。以建筑群、宫殿、拱廊、列柱等表现主体,整体效果异常富丽巍峨,他们在布景中引入成角透视,增强了布景形象的多样性和立体性,空间处理富有变化;改变了布景的比例,靠近台口的布景形象多表现为巨大建筑的局部,可以唤起观众对向舞台两侧和高空延伸的联想,给人一种超出舞台范围的异乎寻常的高大的感觉;利用绘画建筑物线条的纵横交错和光影明暗的对比赋予布景形象以动的韵律和节奏感(图2-3)。比比耶纳家族对布景的这种改革反映了启蒙运动思想在歌剧改革中的要求。从大约 1690 年到1787 年,八位 Bibienas 为欧洲的许多宫廷设计和绘制了复杂的歌剧、婚礼和葬礼场景。比比耶纳家族的艺术活动,是绘画派布景发展的重要阶段。他们的实践和论著对后来的建筑、剧场建筑和布景的发展产生了重要影响。在现代西方古典歌剧、舞剧的某些演出中,仍可看到比比耶纳布景的遗风。

图2-3　18世纪意大利比比耶纳家族的成角透视布景

图2-4　三点透视示例图

参考阅读书目与文献

[1] 李彦京.浅析文艺复兴时期绘画中的透视[J].ARTS 艺海,2023(4).
[2] 闫嘉宝.达芬奇的视觉科学与透视法研究[D].太原山西大学,2021.
[3] 达芬奇.绘画论文[M].桂林:广西师范大学出版社,2003:66-67.
[4] 彭筠.马萨乔与马索里诺——15世纪文艺复兴线性透视的一些早期例证.油画艺术,2020(02):72-79.
[5] Samuel Edgerton. The Mirror, the Window,and the Telescope: How Renaissance Linear Perspective Changed Our Vision of the Universe[D]. Ithaca:Cornell University Press,2009: 80-86.
[6] J.A.Richardson,J.V.Field. The Invention of Infinity:Mathematics and Art in the Renaissance[M]. London: Oxford University Press, 1997: 43-61.
[7] 倪敏玲.艺术与科学理性:文艺复兴透视学及其影响研究[D].上海大学,2018.

图2-5　三点透视示例图

第三，三点透视：三点透视又叫"倾斜透视"，顾名思义就是有三个消失点。物体没有任何一条边缘线或面与画面平行，成倾斜角度，是各种透视中冲击力最强的一种，会让画面更加有"气势"，通常见于俯视和仰视（图2-4、图2-5）。其倾斜线的透视规律是：近低远高的直线消失到视平线上方的天点，近高远低的直线消失到视平线下方的地点。从一个极端的角度（如从高处或低处）观察物体时使用。这就在地平线上方或下方增加了第三个消失点，从而营造出规模感、宏伟感或缩小感。

在学习透视素描时，关键是要明白这些方法都是在平面上创造空间错觉的工具。在练习透视素描时，可以用方框或其他简单的形状设置简单的场景，以了解线条是如何工作的。一旦你对透视的技术方面驾轻就熟，就可以将它们融入更复杂的素描中，并最终形成自己的风格。素描是一项需要长期观察、练习和耐心培养的技能。从简单的练习开始，逐渐过渡到更复杂的构图，注意透视对我们感知物体的比例和距离的影响。

对于设计初学者需要掌握的透视基本原则：

水平线：这是所有透视画的基点，代表观众的视平线。消失点：这些点位于水平线上，平行线在此交汇。它们对于建立绘画的深度至关重要。汇聚线：这些线引导物体的尺寸回到消失点，从而产生深度的错觉。驻点：假定观众从哪里看的点，它决定了透视的角度和视角。画面平面：这是绘制图画的平面（纸张或屏幕）。

对于设计素描初学者需要掌握的练习技巧：

从简单开始，从盒子等基本形状开始，练习使用单点透视、两点透视和三点透视，熟悉物体从不同角度看时的样子。从生活中写生，尝试使用透视原理素描身边的简单物体。这种真实世界的练习将提高你对光线、阴影和角度如何共同作用的理解。

研究古代大师，分析米开朗基罗和丢勒的素描，了解他们如何解决作品中的透视难题。尝试复制他们的作品，了解他们的思维过程。使用引导线，不要害怕画很多线条。引导线可能不会成为最终画作的一部分，但它有助于正确测量和放置素描中的元素。观察现实世界，注意观察物体是如何随着距离的增加而缩小的，以及水平线和垂直线是如何趋向于在远处的某一点汇聚的。将这些原则和实践融入到素描日常工作中，就能更牢固地掌握透视法，增强产品素描的真实感和感染力。理解和应用透视不仅是一项技术技能，也是在设计中讲述视觉故事的重要组成部分。

对于设计初学者如何学习中心透视：

水平线和消失点：初学者应从确定地平线和选择消失点开始。通过练习绘制在该点汇聚的直线，可以开始感受在平面上描绘空间的方式。简单的形状和空间：在处理复杂的场景之前，最好先从简单的几何形状和物体开始，例如立方体和房间。使用消失点和水平线来绘制这些物体，从而对透视如何影响物体的大小和形状有一

参考阅读书目与文献

［1］ 季晓彤.关于拉斐尔前派的文学性绘画表现研析［J］.山东工艺美术学院学报,2023（3）.

［2］ 威廉·冈特.拉斐尔前派的梦.肖聿译,南京:江苏教育出版社,2005 年.

［3］ 欧莱丽·佩蒂特.拉斐尔前派:反叛与唯美,梦幻与真实.文雅译,武汉:华中科技大学出版社,2022 年.

［4］ 朱迪斯·佛兰德斯.维多利亚时代.蔡安洁译,上海:东方出版中心,2021 年.

［5］ Hunt,W Holman, Pre-Raphaelite Brotherhood:A Fight For Art, The Contemporary View,Jun 1886: 820–833.

［6］ AshleyMorse, Millais's Modern Christ : Religion and Critical Responses to the Pre-Raphaelite Brotherhood in Nineteenth Century England, Georgia:Columbus State University,2021.

［7］ Susan P.Casteras, Pre-Raphaelite Challenges to Victorian Canons of Beauty, Huntington Library,Vol.55,No.1,1992: 13–35.

图2-6 拉斐尔绘制的《雅典学院》(1509–1511年)

个基本的了解。尺度和比例：学习比例和尺度至关重要。当物体向远处退去时，它们的大小应该减小，如果要使它们看起来像是在观众的后面，则应将它们放在地平线以上；如果要使它们看起来像是在观众的前面，则应将它们放在地平线以下。网格练习：绘制一个向单点消失的网格，可以帮助理解多个物体如何在同一空间内受到透视的均匀影响。分析和模仿：学习拉斐尔等大师的作品，为熟练运用透视法提供了宝贵的经验。通过尝试复制《雅典学院》等作品的某些部分，可以深入了解如何以严谨、逼真的方式构建包含多个主题的复杂场景。采用缩短法：初学者应通过绘制物体和人物朝向或远离观众的部分来练习前缩。在讲故事时使用透视法：最后，要明白透视不仅是一种技巧，也是一种讲故事的工具。元素的排列方式可以引导观众的视线，突出叙事部分。

经典绘画作品中的透视运用分析：

拉斐尔·桑西，是文艺复兴时期的意大利画家和建筑师，他因精通中心透视法而闻名于世——中心透视法能在二维艺术品中营造出深度和空间的错觉。他的画是这种方法的典范，这种方法是文艺复兴时期艺术的重大发展，因为艺术家们试图在平面上创造出更自然、更逼真的三维空间描绘。图2-6的壁画位于梵蒂冈的使徒宫，是拉斐尔最著名的作品之一，也是使用中心透视法的精美范例。壁画中的哲学家们聚集在一个宏伟的建筑环境中。消失点位于中心位置，一切似乎都在向这个点自然后退。

图2-7 拉斐尔绘制的《圣母的婚礼》(1504年)

图2-7这幅画早于《雅典学院》，更明显地运用了中心透视法。背景中的神庙结构、圆形的结婚讲台以及人物的排列都显示出拉斐尔对透视规则的娴熟运用，从而创造出一个令人信服的空间。中心透视又称单点透视，是一种通过将所有视线汇聚到地平线上的一个点（称为消失点），在二维格式中产生深度错觉的绘画方法。该点通常与构图的中轴线一致，代表观众的视线或立场。中心透视的核心是消失点。例如，在《雅典学院》中，消失点位于中心人物柏拉图和亚里士多德头部的正后方。所有的正交线（垂直于画面平面的假想线）都汇聚在这一点上。水平线是观众的视平线，也是整个透视系统的轴心。在拉斐尔的作品中，水平线的位置经过精心设计，将观众的视线引向画作的焦点。正交线是从画作边缘到消失点的线条，有助于营造深度的错觉。横线是平行于画布底边的水平线，与正交线相交，有助于测量和定位空间中的物体。

第二讲 设计素描的透视原理

2.2 狭义的透视解读

第一，产品设计角度下的设计素描。产品设计素描在产品设计过程中扮演着至关重要的角色，它为设计师提供了一个视觉思维的方式，用于交流想法、探索解决方案，并记录创意过程。产品设计素描不仅仅是简单的涂鸦，还是一种基本的设计语言。

在绘制产品设计素描之前，设计师需要了解问题的概要并对目标用户、使用场景以及工程限制等进行调研。然后，设计师通过徒手绘图来构思各种想法，这些素描被称为缩略素描。在构思阶段，设计师可以快速画出不同的形状和形态，以探索各种可能性。挑选出有前景的概念后，设计师会进一步完善素描，增加细节，例如扶手的形状，以支持手臂的自然姿势。

为了使素描呈现出真实的三维物体，设计师需要练习透视绘图，从不同角度绘制出素描，例如侧视图、正视图和3/4视图。细节的描绘可以使产品更加具体，包括显示零部件的爆炸视图或者某些部件的特写。在细节描绘之后，设计师可以对素描进行着色、纹理和色彩渲染，以暗示材料并给人一种真实感。注释也是素描中常见的一种技巧，可以解释某些特征、尺寸或者材料。

素描设计中还有一些常用的工具和技巧，例如线条质量的运用，不同粗细的线条可以区分物体的各个部分和显示阴影。使用刻划、交叉刻划和点染等技巧可以创造纹理和暗示材料属性。马克笔和钢笔用于画出精确的线条和涂抹阴影与颜色。数字工具也越来越受欢迎，比如使用软件和硬件对素描进行数字化。举几个产品设计素描的实例来说明，对于消费电子产品如智能手机，早期素描关注外形和尺寸，完善后的素描则包括更多的细节，如摄像头位置、按钮配置和端口等。对于可穿戴技术如智能手表，初步素描将探索不同的表带设计、机身形状和用户界面的总体布局，详细素描稍微更关注一些特定的细节，如表扣装置和传感器位置。对于户外装备如背包，早期的构思素描可能会关注形状、口袋和整体布局，细化阶段则会包括人体工学考虑、拉链位置和模块化组件。

通过素描绘制的各个阶段，产品设计从一个宽泛的概念逐渐演变成一个详细的蓝图。素描为原型开发提供了重要的信息，并在产品的生产过程中起到指导的作用。娴熟的素描绘制可以在创意和实物产品之间建立桥梁，同时也是产品设计中合作、分析和创新的重要工具。

第二，建筑设计角度下的设计素描。从建筑学的角度来看，设计素描是一种艺术形式，是建筑师的基本交流工具。它是一种快速传达想法、构思设计和探索空间关系的方式，然后再进行更详细和技术性的表现。作为素描学习者，要把素描看成是你与绘图表面的视觉对话；每一笔都是一个词，每一个阴影都是一个句子，澄清并发展你的设计叙事。建筑素描可以追溯到人类文明的早期阶段，当时人们在泥土中画出了第一张建筑结构图。无论是在描图纸上快速绘制立面图，还是在数位板上绘制透视图，素描既是一种创造过程，也是一种战略工具（图2-8）。

图2-8 建筑视角下的设计素描

图2-9、图2-10是弗兰克·劳埃德·赖特为纽约古根海姆博物馆绘制的早期素描。他最初的想法是以松散、有机的形式捕捉到的，暗示了这座建筑独特的螺旋形设计，这种设计后来成为最具标志性的建筑造型之一。这些初步素描并不是要捕捉每个细节，而是要抓住空间的本质和流线（图2-11）。好的建筑素描能让想法栩栩如生，不仅能说明建筑的形式，还能说明建筑的功能、光线和预期的质感。例如，罗马万神殿内自然光线的变化可以通过对比和阴影在素描中表现出来，让人在实际创造空间之前就能一窥建筑效果。

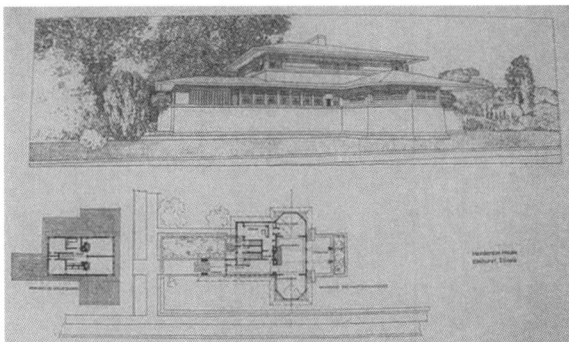
图2-9 弗兰克·劳埃德·赖特建筑图纸

图2-10 弗兰克·劳埃德·赖特建筑图纸

图2-11 美国古根海姆博物馆

素描是建筑设计过程的基础，它为快速尝试各种想法提供了灵活性。随着素描技能的提高，线条变成了墙壁，圆圈变成了窗户，涂鸦变成了丰富的纹理，构成了人类的栖息地。这些都是将建筑概念变为现实的第一步。通过坚持不懈的练习，设计素描将成为伟大建筑成长的种子。

第三，服装设计角度下的设计素描。设计素描在服装设计领域中被称为时装插图，是一种充满活力和表现力的技能。它可以捕捉服装创作的精髓。通过掌握这种艺术形式，你可以将织物的动态形象化，展示纺织图案，并以一种既有想象力又有技术含量的方式呈现服装设计。设计素描首先从快速流畅地描绘人物形象开始，这

被称为"croquis"。这些人物形象是创作过程的基础，接下来你就可以开始设计服装了。首先用轻盈的手势线条勾勒出基本轮廓，然后逐渐添加细节，使用阴影来表现体积感，用婉转的笔触来表现质感，甚至可以添加色彩，为概念注入活力。举个例子，标志性的小黑裙是时尚界的经典之一。当绘制这件衣服的素描时，可以先用简单优雅的线条勾勒出其整体形状。然后逐渐增加细节，如光泽和褶皱，通过精确的线条和阴影来表现。

在设计素描中，有几个关键步骤：从比例开始，了解服装的人体尺寸；确定服装的轮廓，它决定了服装的形状；添加细节，包括缝合线、图案、纹理和装饰；传达服装的运动，了解不同面料的运动和坠落方式；用色彩注入生命力，通过选择适当的颜色来表示材料类型和设计基调；传达功能性特点，如口袋、拉链和纽扣等（图2-12）。设计素描不仅是准备工作，也是对服装进行设想和交流的方式。它是一个尝试不同款式、线条和质地的机会，确保你最初的设计概念能够保留下来。正如著名设计师卡尔·拉格斐曾经说过："时尚是一种语言，它通过服装来诠释现实。你的素描就是这种语言的第一句话。"

图2-12 服装设计素描图

第四，装置艺术设计下的设计素描。从雕塑（装置艺术）的角度进行设计素描，是在空间中设想和实现三维形式的一个基本方面（图2-13）。作为一名涉足雕塑世界的素描学习者，素描成为你探索体积、质量、比例以及各种表面光影相互作用的主要方法。例如，设计任务是为一座体现"平衡"概念的雕像绘制素描。在接触黏土或

凿石之前，铅笔必须捕捉的不仅仅是一个人物，而且是平衡的精髓。

在雕塑中，素描不仅仅是轮廓，它们还代表着一件作品的实际存在。雕塑素描充满了潜在的能量，通过它，你必须传达出雕像将如何掌控自己的空间。请考虑以下

几点：其一，透视和体积。在绘制雕塑素描时，你应该考虑多个视角，以充分了解作品将如何栖息在环境中。必要时，可以从正面、背面、侧面以及上方或下方来描绘你的雕像。其二光影。使用阴影技术来暗示雕像表面对光线的反映，阴影的深浅可以暗示雕塑的深度和浮雕效果。其三，底层结构。通常情况下，先画出骨架或胳膊，然后再在它们的基础上进行创作，就像雕塑中的实际框架一样。其四，纹理。说明完成作品表面的感觉，是光滑的大理石还是粗糙的颗粒砂岩，笔触可以暗示这些质感。其五，动作和姿态。传达造型的肢体语言和动作，在平衡的本质中，人物是如何分配重量的；形体之间的关系如何暗示稳定或紧张。其六，比例。在素描中提供尺寸参考，这是一座高耸入云的纪念碑式雕塑，还是一件更亲切的掌中之物。

随着对"平衡"雕像概念的深入，素描将从最初的松散形状演变为更加清晰的线条，勾勒出造型（图2-14）。论点是视觉和动感的：线条是有方向性的，暗示了雕像自我平衡的方式，与观众的视线产生互动，呈现出与重力的对话。如耶日·肯乔拉著名的《平衡术》雕塑，这类雕塑的素描可能从岌岌可危的木棍人物开始，逐渐发展到考虑精确的重量分布和张力点的微调图纸。素描是愿景蓝图。在这里，错误是微不足道的，而发现则会带来丰厚的回报。在雕塑素描绘制过程中，您正在为三维旅程绘制路线图。这个过程将想象力与雕塑的体力劳动结合起来，让创作过程开始之前就能预见并排除潜在的结构和美学问题。归根结底，雕塑素描的力量在于，在切割第一块材料之前，就能预测和控制雕塑与观赏者之间的空间对话。

图2-13　装置艺术设计素描图

图2-14　装置艺术设计素描图

第二讲 设计素描的透视原理

2.3 透视的创新教学示范

德国文艺复兴时期的艺术家阿尔布雷希特·丢勒不仅是一位精通绘画的画家,还是一位艺术技巧和方法的创新者。他在透视学领域做出了重大贡献,这对文艺复兴时期北方艺术的发展至关重要。丢勒对艺术中的数学问题非常着迷,并寻求在二维表面上准确捕捉世界的方法。丢勒在追求精确表现方面的创新之一是使用一种被称为"丢勒网格"的装置。虽然您所描述的直接在玻璃板上作画的方法并不是丢勒的一项有据可查的技术,但他确实发明并阐述了使用透明玻璃辅助绘画以获得正确透视的方法。图2-15是他如何使用机械装置来帮助实现透视的。

丢勒设计了一种绘画辅助工具,使艺术家能够通过玻璃等透明表面上的网格观察物体。玻璃被放置在被画物体和画家之间。该装置由一个带有方格网的框架和一个垂直于方格网的小孔组成。通过小孔观察方格,可以将方格复制到纸上,并复制出每个方格内的景物,从而有效地帮助艺术家将场景分解成更易于管理的部分,从而更容易准确地绘制透视图,图2-16是其原理图。

在学习透视画法的过程中,不仅要系统地了解工具的机械原理,还要了解透视画法的基本概念,以及学习和

图2-15 丢勒透视绘图法装置示意图

应用平行透视(图2-17)及其原理(图2-18)、成角透视(图2-19)及其原理(图2-20)、斜透视(图2-21)及其原理(图2-21),在理解透视原理的基础上提高绘画能力。以下是深入分解学习过程:

第一,掌握透视基础知识。学习者应从全面学习线性透视开始。线性透视是一种数学体系,用于在平面上

名词解释

Central Visual Ray(CVR)中心视线:由视点作出的射向景物的任何一条直线均为视线,其中引向正前方的视线为中心视线,始终垂直于画面。

Center of Vision(CV)视心:中心视线与画面的垂直交点。

Cone of Vision(CV)视圈:围绕视觉中心光线的圆锥形区域,通常采用60°以内的舒适视域。

Converging Lines(CL)收敛线:向一个消失点靠拢的平行线。

Eye Level(EL)视平线:视平面与画面交界线,平视时即是画面上等于视高的水平线,与地平线重合的线。

Ground Line(GL)基线:画面与基面之间的交界线。

Ground Plane(GP)基面:物体所在的平面。

Horizon Line(HL)地平线:作画者所见无限远处天与地的交界线,平视时地平线与视平线重合,斜、仰、俯视时,地平线分别在视平线的上、下方,正仰、俯视时,不存在地平线。

Picture Plane(PP)画面:位于眼高与被观察物体之间的透明平面,平视时,画面垂直于地面;倾斜俯仰时,画面倾斜于地面;正俯、仰视时,画面平行于地面。

Station Point(SP)停点:视点在基面上的垂直落点。

Vanishing Point(VP)消失点:不平行于画面的直线无限远的投影点。

Viewing Distance(VD)视距:观测点到画面平面的垂直距离。

Viewing Frame(VF)视框:用于在画面平面上观看场景的矩形框。

Viewing Height(VH)视高:视点的垂直高度,视高一般与视平线同高。

Visual Angle(VA)视角:被观察物在眼睛中延伸的角度,通常以弧度表示。

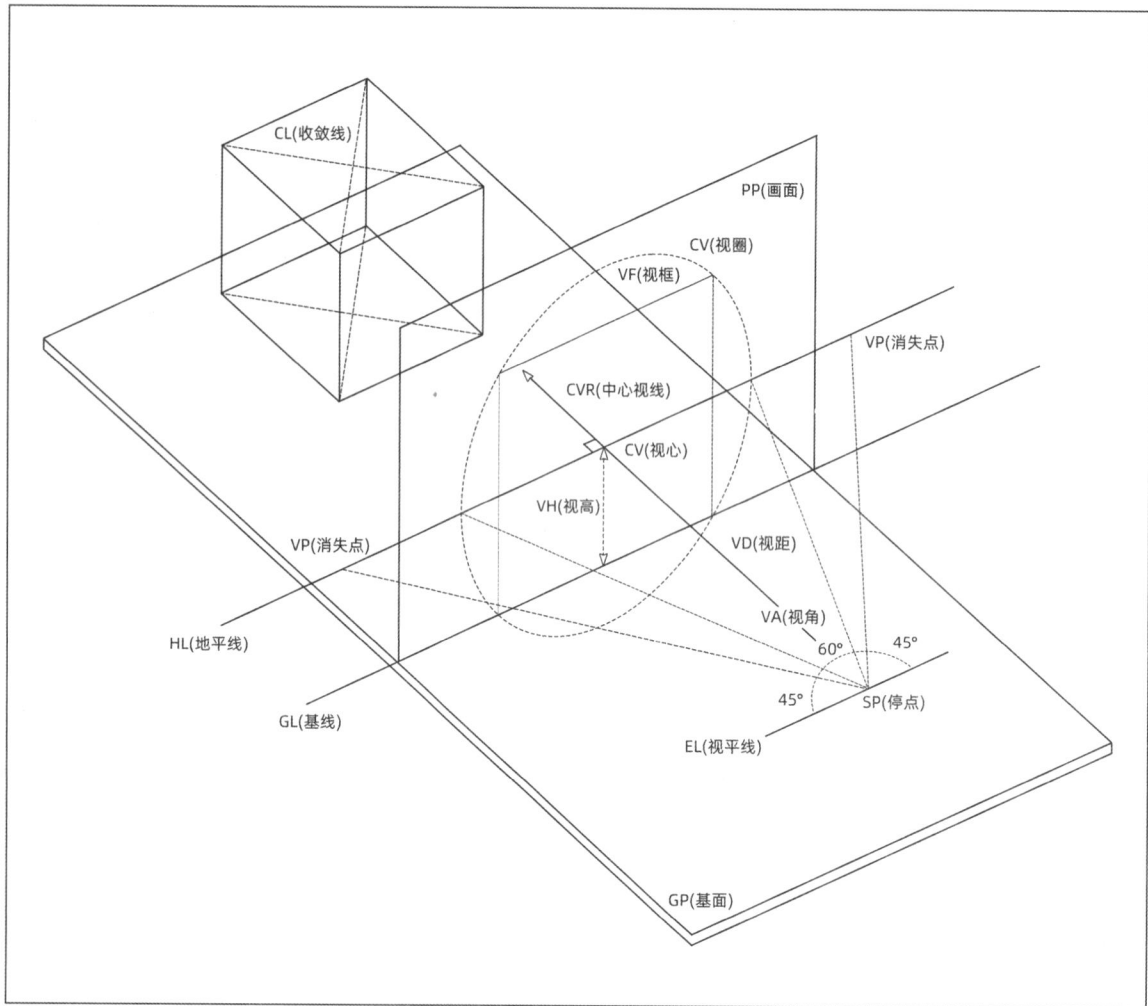

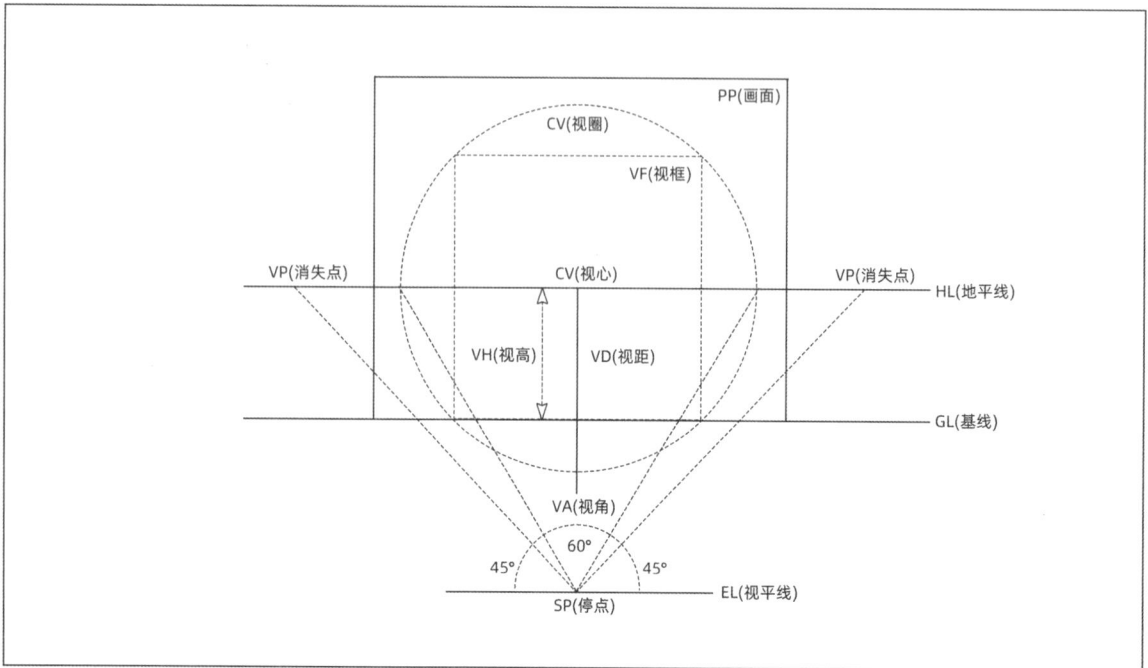

图2-16 丢勒透视绘图法原理图

图2-17 平行透视场景图

营造空间和深度的错觉。水平线、消失点和汇聚线的概念至关重要。学习历史范例并练习使用单点透视（所有物体都后退到一个点）、两点透视（物体有角度，后退到两个点）和三点透视（在所有三个维度上都有深度）来创作场景，以熟练掌握这些概念。

第二，获取正确的工具。要尝试丢勒的技巧，你需要一个清晰的网格。可以用一个画框，上面用绳子拉出一个网格，或者用一块透明的丙烯板，上面用永久性记号笔画出一行一行的网格。此外，还需要准备一个简单的观察装置，例如带孔的纸板，用来固定透视点。同样重要的是，要有一个统一的工作台，可以稳固地放置绘图面和网格。

第三，理解和使用网格。网格是一种可视化的测量工具，可以帮助学习者将三维世界准确地转化为二维世界。在进入复杂场景之前，学生应先练习使用网格绘制简单的物体。耐心是关键——网格系统要求细致观察，并一格一格地再现所见。在最初练习时，可以用静物或室内场景进行练习。

第四，定位和视角。使用方格网最具挑战性的一点是保持视角一致。艺术家通常会标记他们的观察位置，并在整个绘画过程中保持视线水平不变。强调保持这种一致性的必要性，是因为改变视角会扭曲绘画的透视效果。练习保持头部不动，训练眼睛在每次观察后能够回到同一位置。

第五，网格素描。关注每个方格内的形状和比例，而不是试图一次性地画出整个物体。教学生将复杂的形状分解成更简单的几何图形，这样可以使绘画过程更容易掌握。将网格转移到绘画表面，在相应的方格中勾

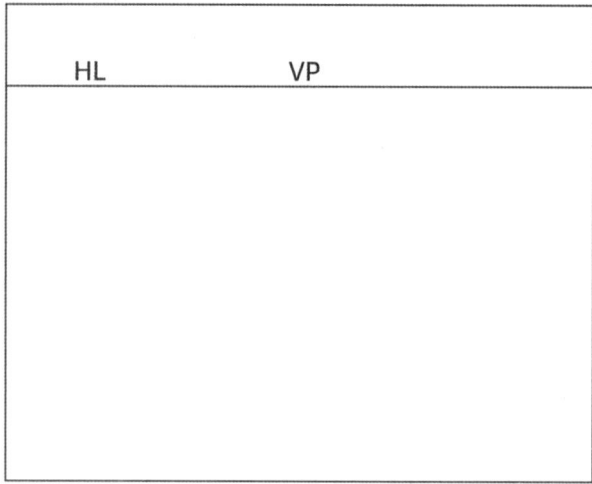

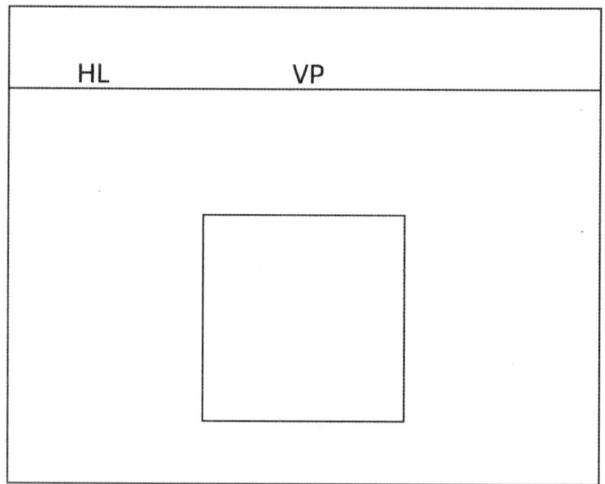

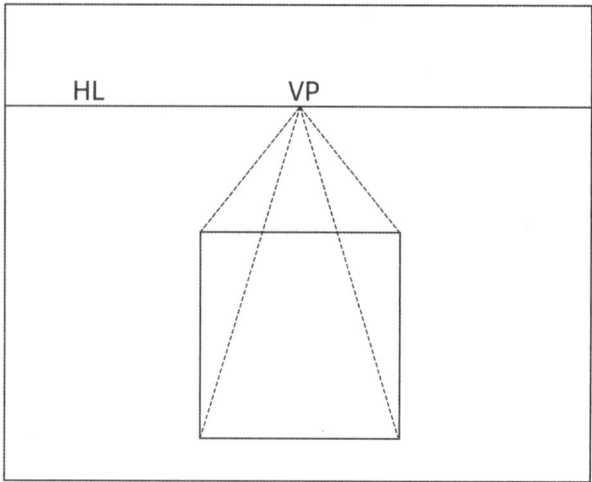

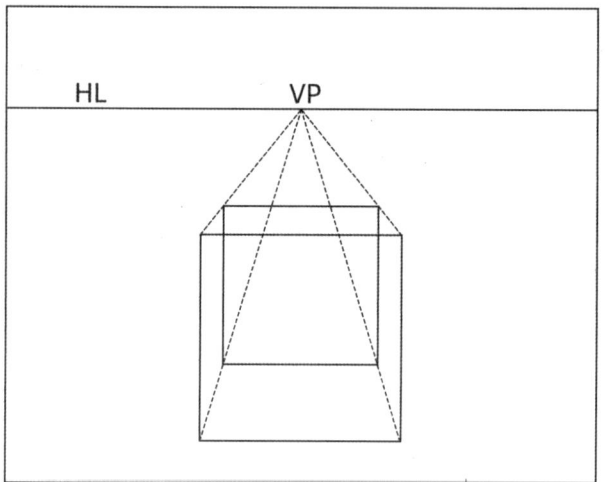

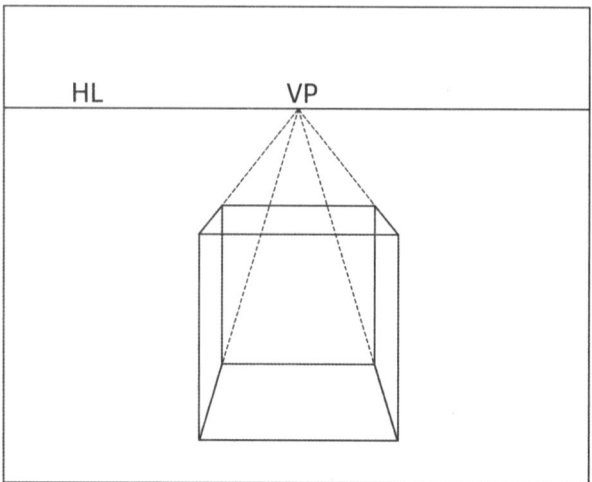

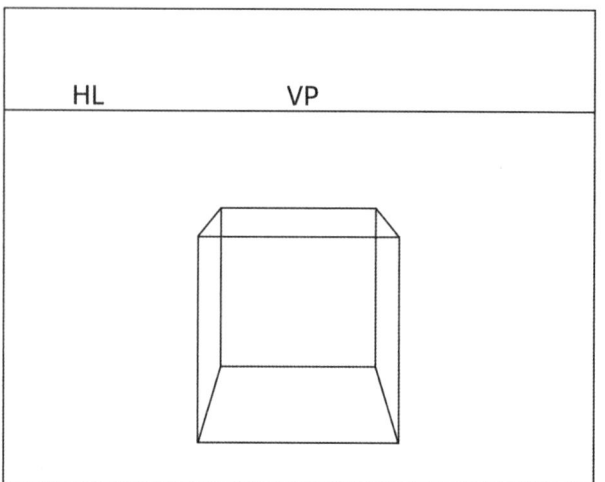

图2-18 平行透视原理图

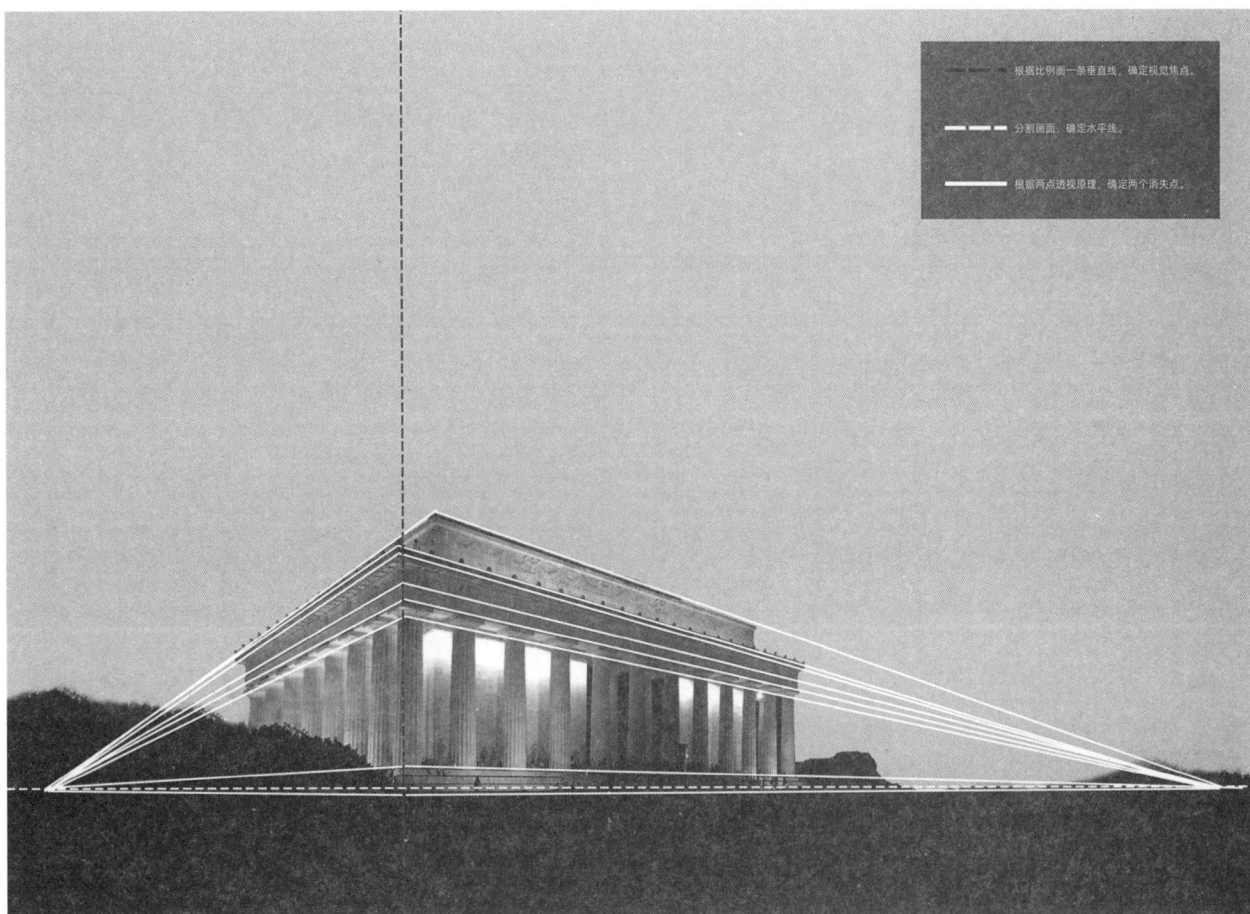

图2-19 成角透视场景图

勒出形状的轮廓，有助于学生理解每个部分与整体之间的关系。

第六，实际应用。让学生使用网格进行多次练习，从简单的形状开始，逐步过渡到更复杂的场景。鼓励他们从简单的素描开始，捕捉大体的比例和关系，然后用细节、形式和价值来完善素描。

第七，细化和去除网格。一旦在网格的帮助下确定了基本轮廓和透视，学生就应该学会完善他们的素描。

这意味着要提高线条的精确度，增加细节、纹理和数值（颜色的明暗）。最后，他们应该在没有网格辅助的情况下练习绘制场景，以建立他们对透视和比例的内化。

第八，批判性分析和迭代学习。学习是一个迭代的过程。鼓励学生批判性地分析自己的作品，将他们基于网格的绘画与实际场景进行比较，可以突出他们可能需要更多练习的地方。他们还应寻求同伴和教师的反馈意见，不要因为任何不准确的地方而气馁，而是将其作为进一步学习的机会。

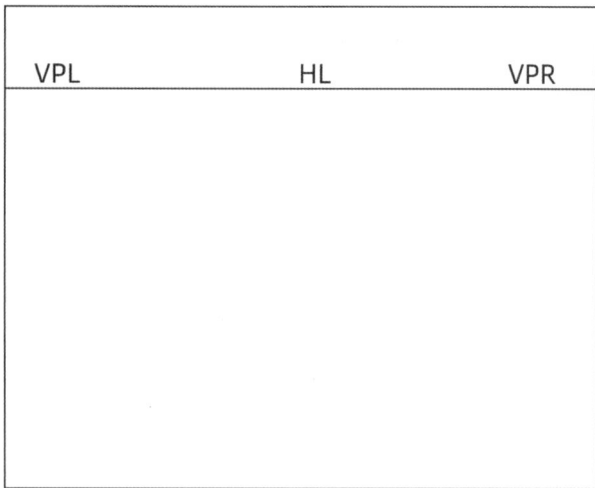

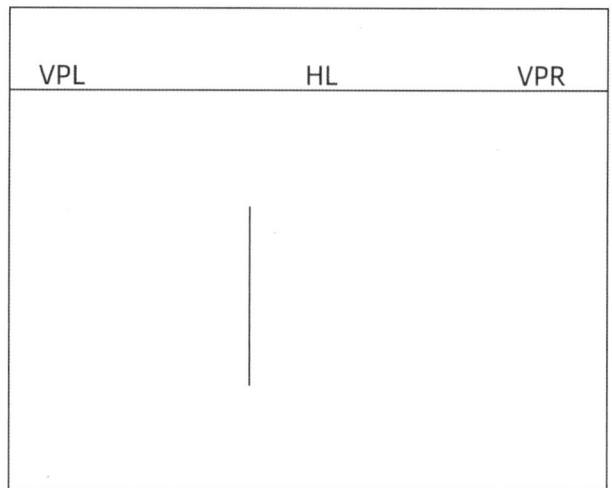

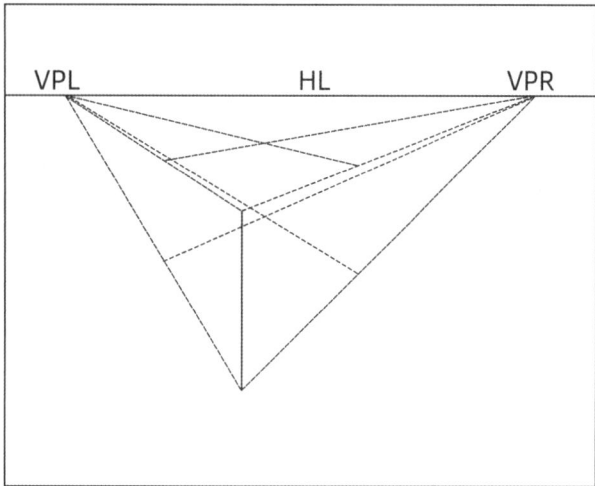

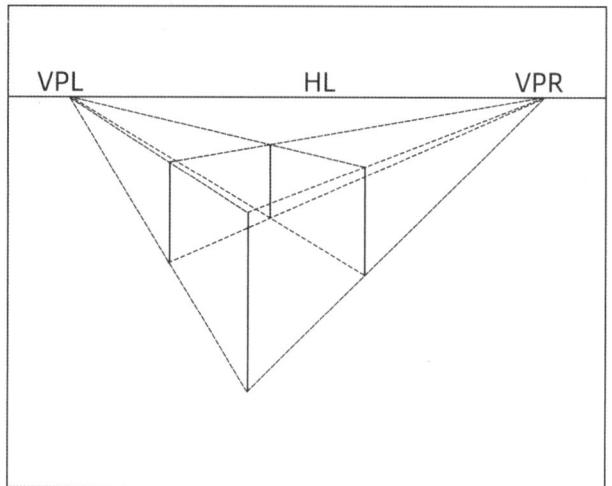

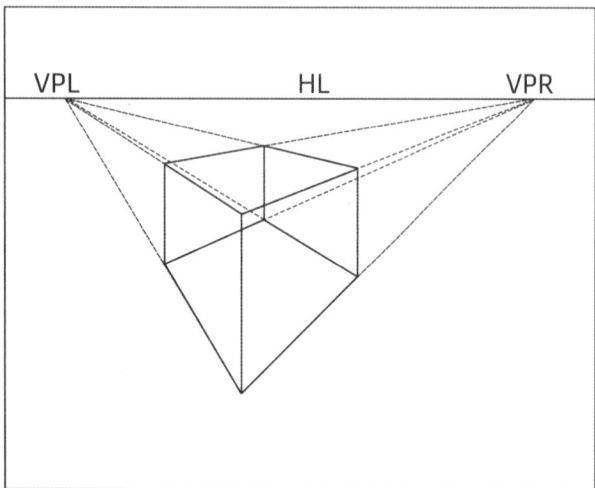

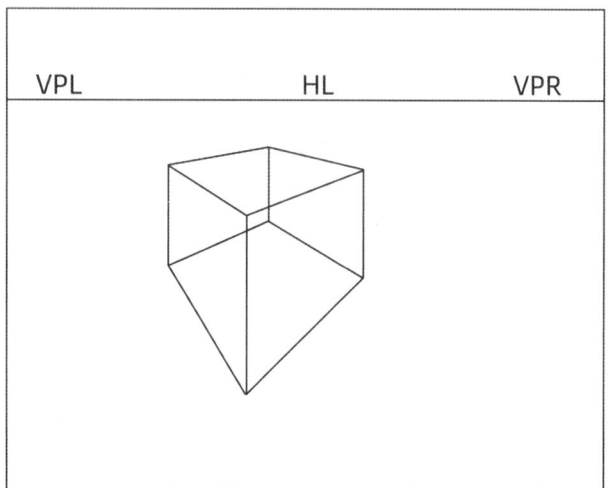

図2-20 成角透視原理图

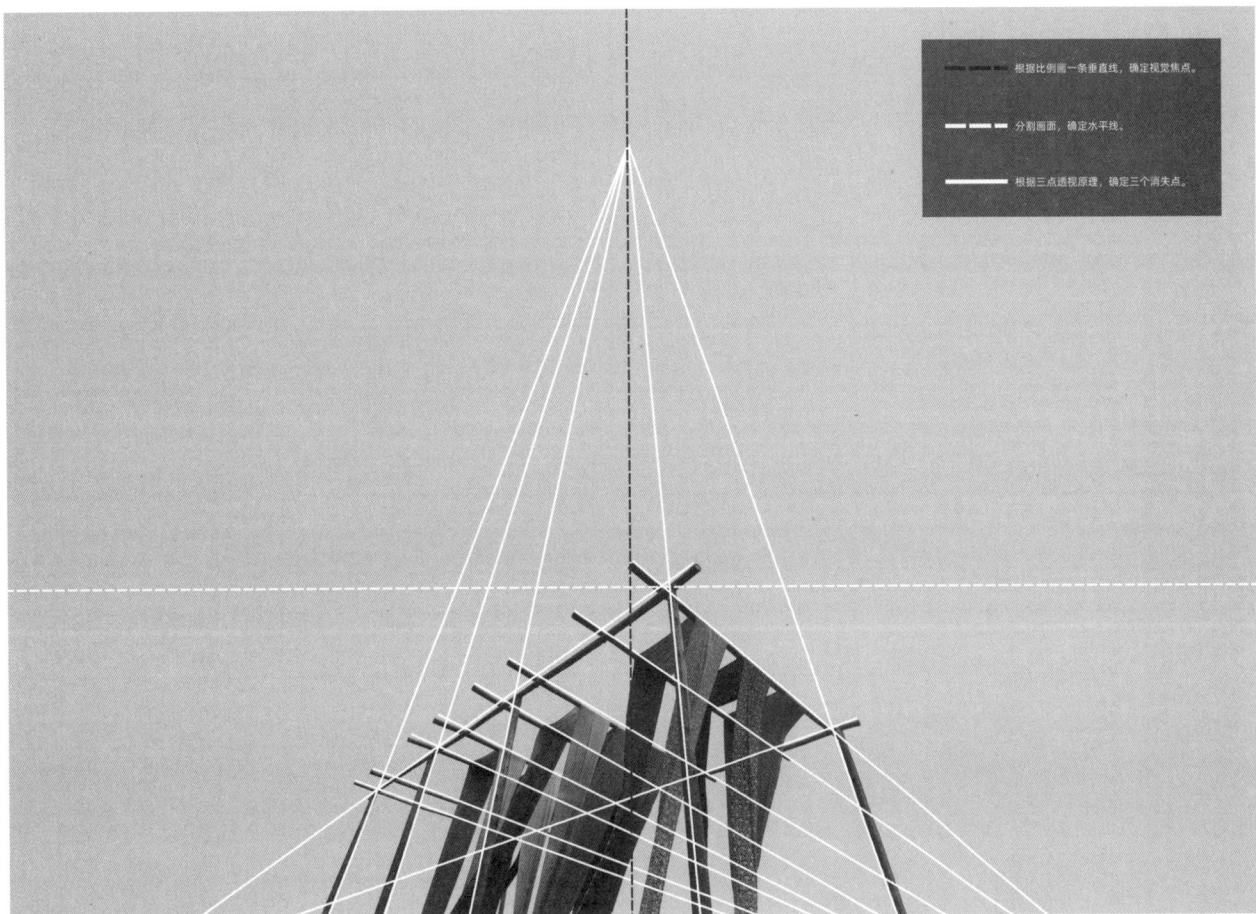

图2-21 斜透视场景图

章节小结

通过深入的练习,学习者可以有条不紊地发展自己的绘画技能,从而继承丢勒等大师的传统。他们也开始明白,除了技巧之外,正确的观察行为也是一种需要磨练的技能。随着这些步骤的进展,学习者会发现网格已经成为一种心理框架,而不是物理框架,透视画法也会变得越来越自然和直观。

在学习素描时,请考虑以下几点:第一,使用浅色线条绘制初始形状,以便随着设计的发展自由修改;第二,注意透视,尤其是透视如何改变素描中的空间感和比例;第三,善于利用阴影和底纹来赋予绘画深度和物质感;第四,素描不一定要完美无缺,素描是一个过程,是向更完美的产品迈进的一步。

在学习透视素描时,关键是要明白这些方法都是在平面上创造空间错觉的工具。在练习透视素描时,可以用方框或其他简单的形状设置简单的场景,以了解线条是如何工作的。一旦你对透视的技术方面驾轻就熟,你就可以将它们融入更复杂的素描中,并最终形成自己的风格。请记住,素描是一项需要长期观察、练习和耐心培养的技能。从简单的练习开始,逐渐过渡到更复杂的构图,注意透视对我们感知物体的比例和距离的影响。

章节课时

建议4课时。

章节思考题

1. 中心透视是绘图的一项基本技能,以拉斐尔的画作为例,分析中心透视的应用原则。

2. 通过学习和实践经典绘画作品,体会透视原则,如单点透视和前缩法,尝试设计更加逼真和引人注目的构图。

3. 如何在不同的艺术设计形式中利用透视原理进行创作?

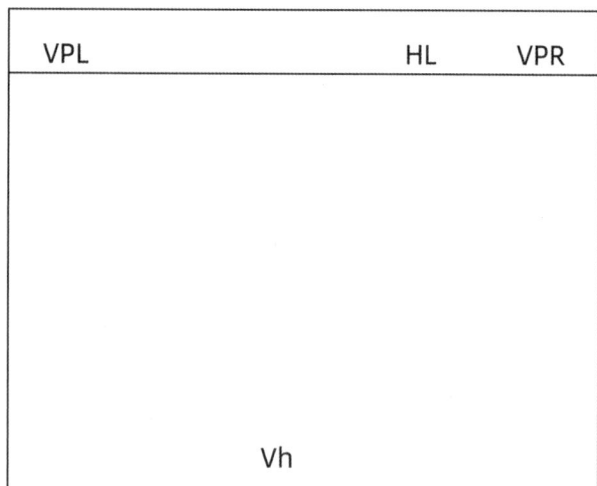

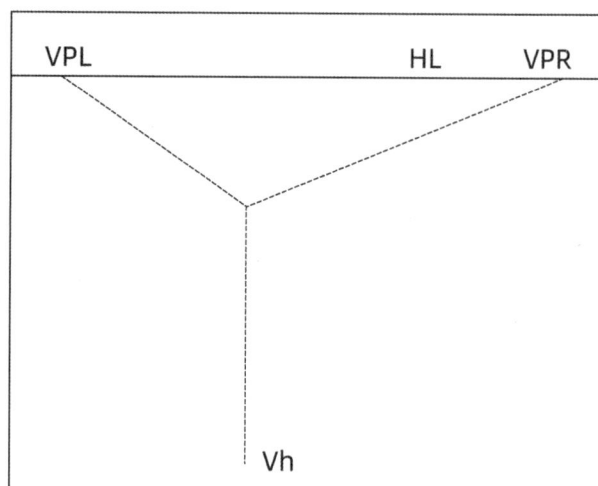

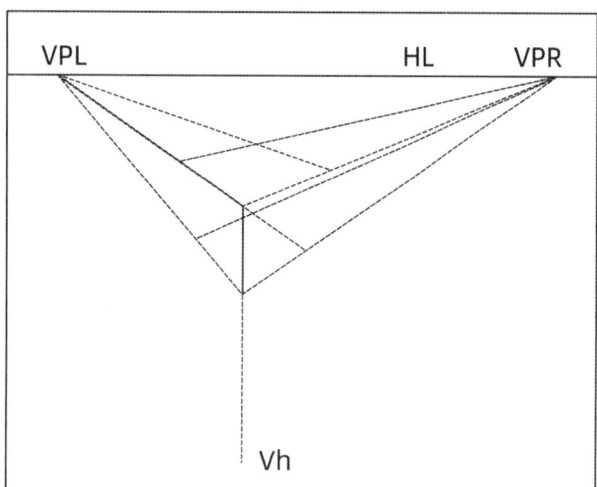

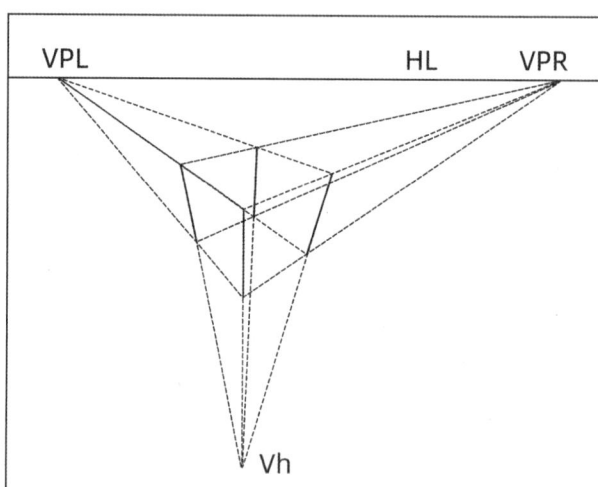

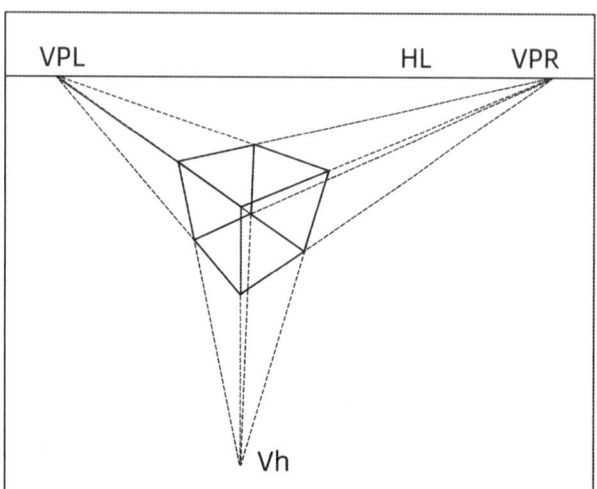

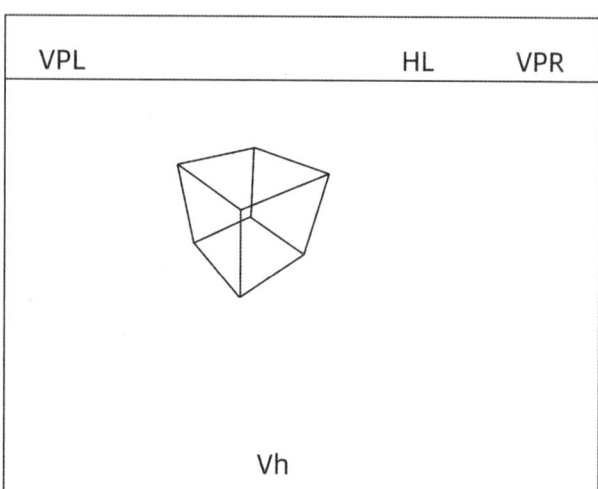

图 2-22 斜透视原理图

第三讲　设计素描的思维路径

3.1 脑：透视与行为的逻辑

设计素描是一条神奇的道路，蜿蜒于创意和技术技能之间。当学习者踏上这条道路时，他们必须接受这样一个理念，即素描不仅是手的行为，而且是眼、手、脑之间的动态对话。随着学习的深入，对视角的理解和对大脑在创作过程中行为方式的认知将成为他们的指南针和地图。

阶段1：认知绘图。当学习者拿起铅笔时，他们开始在脑海中构建认知地图，将三维空间转化为二维平面。这一阶段主要是建立透视画法的思维框架——了解消失点、地平线和前缩短原理。练习技巧：从复制身边的简单物体开始，使用网格法确保透视的准确性。逐步过渡到更复杂的构图。记住，大脑就像肌肉一样，练习得越多，空间认知能力就越强。

阶段2：眼手协调。发展眼手协调能力至关重要。大脑必须学会相信手能捕捉到眼睛所看到的东西。这是设计素描的触觉之舞，感知与行动紧密相连。练习技巧：进行轮廓素描练习时，将注意力集中在主体上，而不是画纸上。这种与绘画视觉反馈脱节的做法，能显著提高你的手模仿眼睛在物体上移动轨迹的能力。

阶段3：知觉转换。透视不仅是一项技术技能，也是一项感知技能。学习者必须训练自己的大脑从不同角度观察物体，并设想它们在平面上是如何呈现的。在这一阶段，转换视角的能力，无论是字面意义上的还是隐喻意义上的，都得到了强化。练习技巧：根据生活场景进行绘画，但每隔几分钟就要变换位置。这将迫使你不断重新评估对象的视角，加深你对空间形式存在方式的理解。

阶段4：建立视觉图书馆。随着眼睛学会看，手学会跟，设计师的大脑需要编制一个庞大的"视觉库"。无论是汽车挡泥板的弧度还是椅子腿的锥度，设计素描都依赖于对这些存储图像的调用和修改。练习技巧：在观察特定物体或场景后，花点时间凭记忆画素描。你会开始了解哪些细节会被记住，哪些细节会被淡忘，从而将学习重点放在薄弱点上。

阶段5：迭代完善。好的设计素描是需要迭代的。每一笔都是一个假设，随后的每一行都是一个测试和完善你的想法的实验。大脑的这种迭代行为可以完善你的素描，磨练你解决问题的能力。练习技巧：使用迭代绘画来完善概念。先用松散、宽泛的笔触来充实总体构思，然后在此基础上逐步细化设计。

阶段6：批判性思维和自我评价。自我批判的能力是设计素描途径进展的结果，大脑学会批判性地评估作品，考虑形式、功能和透视的一致性。练习技巧：将完成的素描放在一边，过一段时间后再重新审视，用全新的眼光来评估你的作品，并注意需要改进的地方。

阶段7：概念整合。归根结底，设计素描是将复杂的概念综合为连贯的视觉形式。大脑要学会将平衡、对齐、对比和层次等各种设计原则自然地融入素描中。练习技巧：通过概念项目挑战自己，这些项目需要集思广益、调查研究，然后将不同的想法整合成一个连贯的最终素描。

作为素描学习者，要明白纸上的每一个印记都会加深神经通路，提高你的技能和创造力。每一次观察、每一根线条、每一次透视挑战都会强化神经网络，使其成为设计思维的支柱。

参考阅读书目与文献

［1］ 杨波. 培养视觉思维的整体观念［J］. 美育与教学, 2022 (3).
［2］ 吕顺. 高校美术教育素描基础课程教学研究［J］. 决策探索（下）, 2020(9)：67–68.
［3］ 王亚英. 精微素描在风景园林专业教学中的创新应用初探［J］. 美术教育研究, 2020(6)：142–143.
［4］ 杨文. 高职院校设计素描教学中教学方法创新初探［J］. 大众文艺, 2019(21)：218–219.
［5］ 李春艳. 对高校设计类专业设计素描课程的教学探析［J］. 美术教育研究, 2019(19)：148–149.
［6］ 李琰铮. 试论高校美术教育中创意练习的应用［J］. 美术教育研究, 2019(13)：164–165.
［7］ 董安良. 试论高中美术素描有效教学的理论分析［J］. 美与时代（中）, 2018(3)：120–121.
［8］ 尚冠卫. 工业设计专业素描基础课教学的改革探索［J］. 戏剧之家, 2017(18)：167–168.

第三讲　设计素描的思维路径

3.2　眼：感知与呈现的原理

踏上设计素描之路，在视觉感知、技术执行和表现力等领域进行一次令人兴奋和富有启发性的旅程。这条学习之路将引领学习者从最基本的视觉感知到达创意转化的顶峰，以及原创设计理念的说服力表达。在这个充满活力的学习过程中，你将掌握各种工具和技巧，将周围的世界转化为能说话、有说服力和能激发灵感的素描。

阶段1：训练眼睛——掌握感知能力。设计素描的艺术始于眼睛。培养你的感知能力，学会看而不只是看。从了解周围的形状、形式和空间开始。从自然形态的微妙弧度到构建人造世界的锐利几何图形，培养对细节的洞察力。练习要点：每天进行素描练习，关注构成复杂物体的核心形状。进行观察性漫步，绘制场景的"缩略图"，将复杂的视觉效果分解为基本的几何形式，以了解其结构。

阶段2：技术基础——透视实践。在二维平面上渲染三维空间的基石是掌握透视。深入学习一点透视、两点透视和三点透视绘图。研究物体如何随着向远处退缩而缩小，并通过绘制房间内部、街景或桌面上的物体阵列进行练习。练习要点：设置简单的静物构图或使用几何图形块来练习不同的透视技法。有计划地变换视角——从上方、下方和正前方写生，将透视技巧内化于心。

阶段3：优质渲染——阴影和纹理。视觉感知不仅与线条有关，还与光影和纹理有关。发展你的阴影技能，为你的素描赋予形式感和立体感，描绘光线的落射方式及其在表面和材料上产生的动态效果。练习要点：使用不同的媒介尝试阴影技巧。创建一个从亮到暗的"阴影刻度"，并将其应用于球形物体，以模拟体积和深度。

阶段4：细节表现——画龙点睛。随着技法的成熟，要注重细微之处，为素描注入生命力。细部处理并不意味着绘制每一根线条，而是突出战略区域，引导观众的视线并描绘功能性，最终通过设计讲述一个故事。练习要点：绘制复杂物体的放大素描，如手表的连锁部件或皮包的缝合线。学会用尽可能少的线条来表现这些复杂的细节，使画面更简洁、更有冲击力。

阶段5：动态构图——策略性呈现。如何构图和呈现素描至关重要。你的构图应该有明确的重点，引导观众毫不费力地浏览你的设计。尝试不同的构图和视角，以展示作品最引人注目、最具传播力的角度。练习要点：为一个概念绘制多个缩略图，每个缩略图从不同的角度表现或突出不同的特征。对每个缩略图的故事性进行点评，并将最有效的缩略图细化为详图。

阶段6：通过素描讲故事——叙事可视化。纸上的每一行都应服务于设计的大故事。培养叙事可视化的技能，让你的素描传达的不仅仅是形式，还有背景、目的和体验。练习要点：绘制一系列素描，在不同的环境和用途中展示你的设计。例如，不仅要勾勒出一把椅子的独立形态，还要勾勒出它在桌子周围、繁忙的咖啡馆或宁静的图书馆中的形态。

阶段7：综合与演变——不断完善。每一幅素描都是持续改进对话中的一个步骤。综合运用感知知识、技术技能和表现能力，不断完善和发展你的设计。练习要点：采用一种循环往复的素描绘制方法——绘制、点评、再绘制。记下你的效果图，反思你的进步，重温以前的作品，运用新的见解。

在这一设计素描路径中，感知决定精度，而表现形式则将素描从简单的素描变成强大的可视化和交流工具。通过练习和坚持不懈的努力，你将不仅学会捕捉实物形态，而且能够捕捉设计概念背后的精髓和意图。在这条学习道路上迈出的每一步，都会提升你的视觉素养，让你的素描成为令人信服的视觉论据，向世界定义和展示你的设计理念。

第三讲　设计素描的思维路径

3.3　手: 纸与笔的肌肉记忆

设计素描是一段从一支笔、一张纸开始的蜕变之旅,也是一段让你的创意变成实物的旅程。在设计的世界里,素描往往是一种本能,也是一种智慧。这就是肌肉记忆发挥重要作用的地方,它将你的创意本能与精确的练习动作融为一体。

阶段1: 发展肌肉记忆——流畅的基础。肌肉记忆是设计素描的基石。肌肉记忆是通过反复练习、完善运动技能而形成的,直到运笔成为思维过程的自然延伸。当你的手开始本能地移动时,你会发现你的素描不仅创作速度更快,而且在执行时更有信心。练习要点: 每天抽出时间进行 "练习"。反复画直线、完美的圆和常见的形状。专注于压力的一致性和流畅性。这种单调的练习是动态素描的 "无名英雄",因为它能训练你的手在不自觉的情况下画出精确而慎重的笔触。

阶段2: 融入手势绘画——流畅的线条和动态的形式。手势素描是一种通过快速扫过的动作捕捉物体或人物的本质和感觉的技巧。它是一种头脑和肌肉的热身运动,有助于培养松弛、流畅的手感。练习要点: 每次开始练习时,先进行一分钟的快速手势素描。使用松弛的手腕和手臂动作,避免僵硬的线条。重点放在动作和物体的总体感觉上,而不是细节上。随着时间的推移,在手势素描中获得的自由度会渗透到更细致的作品中。

阶段3: 从基础开始——复杂结构。在通过手势绘画磨练基本技能和建立自信后,可以专注于创作更复杂的形式。建筑、产品和有机形态都拥有由简单形状组成的底层结构。练习要点: 练习将复杂物体分解成最简单的几何形状。然后,将这些粗略的形状细化为细节图。通过在基本形状上叠加细节,你会发现即使是最复杂的物体也是建立在基本形状之上的,而你的手现在已经熟悉了勾勒这些基本形状。

阶段4: 完善细节——重复和细化。对细节的关注使卓越的素描与众不同。在细节处理上进行微小而持续的改进,将使你的素描更加完美,并赋予其可信性和诱惑力。练习要点: 选择一个物体,多次绘制素描,每次迭代都要增加细节。密切关注纹理、阴影和光线的细微差别。你的肌肉会记住所需的模式和笔触,使随后的每一次素描都更加细致入微。

阶段5: 不断学习——适应和实验。就像运动员不断调整自己的训练一样,熟练的素描艺术家也会不断尝试新的技法。要提高素描能力,就必须不断挑战肌肉记忆,促使其适应新的形式和线条。练习要点: 定期将新材料和新风格融入你的日常工作中。在钢笔、铅笔、马克笔甚至数码工具之间切换。每种材料都能提供阻力、流动性和质感,需要你的肌肉去适应和学习。

阶段6: 反思练习——回顾和完善。建立肌肉记忆包括认识到成功之处和需要改进的地方。练习后的反思能将所学知识更深地融入肌肉记忆中。练习要点: 在素描练习结束后,花点时间反思一下哪些地方做得好,哪些地方做得不好。重点关注感觉笨拙的地方,并计划有针对性地练习来解决这些具体的难题。

阶段7: 整合与应用——综合运用。最后,真正考验你肌肉记忆的时候,是将你的技能整合并应用到设计素描中,以传达清晰、充分实现的想法。练习要点: 从头到尾开发一个项目,应用你练习过的所有元素。从最初的概念素描开始,通过迭代开发不断完善,最后绘制出详细的演示图。

章节小结

设计素描路径既是智力之旅,也是体力之旅。你的双手会学习线条、形状和纹理的语言,让你的构想越来越轻松地流淌在纸上,掩盖了每个标记背后复杂的思想。通过练习、坚持不懈以及不断完善技巧的意愿,你的肌肉记忆和创造性的洞察力会融为一体,将白纸转化为充满无限可能的画布。从本质上讲,设计素描不仅仅是准确的表达,而且是培养一种思维方式,将观察力、技术技能和想象力融合为一个完美的整体。坚持不懈地练习,专注地观察,批判性地反思,才能走好令人兴奋的设计素描之路。

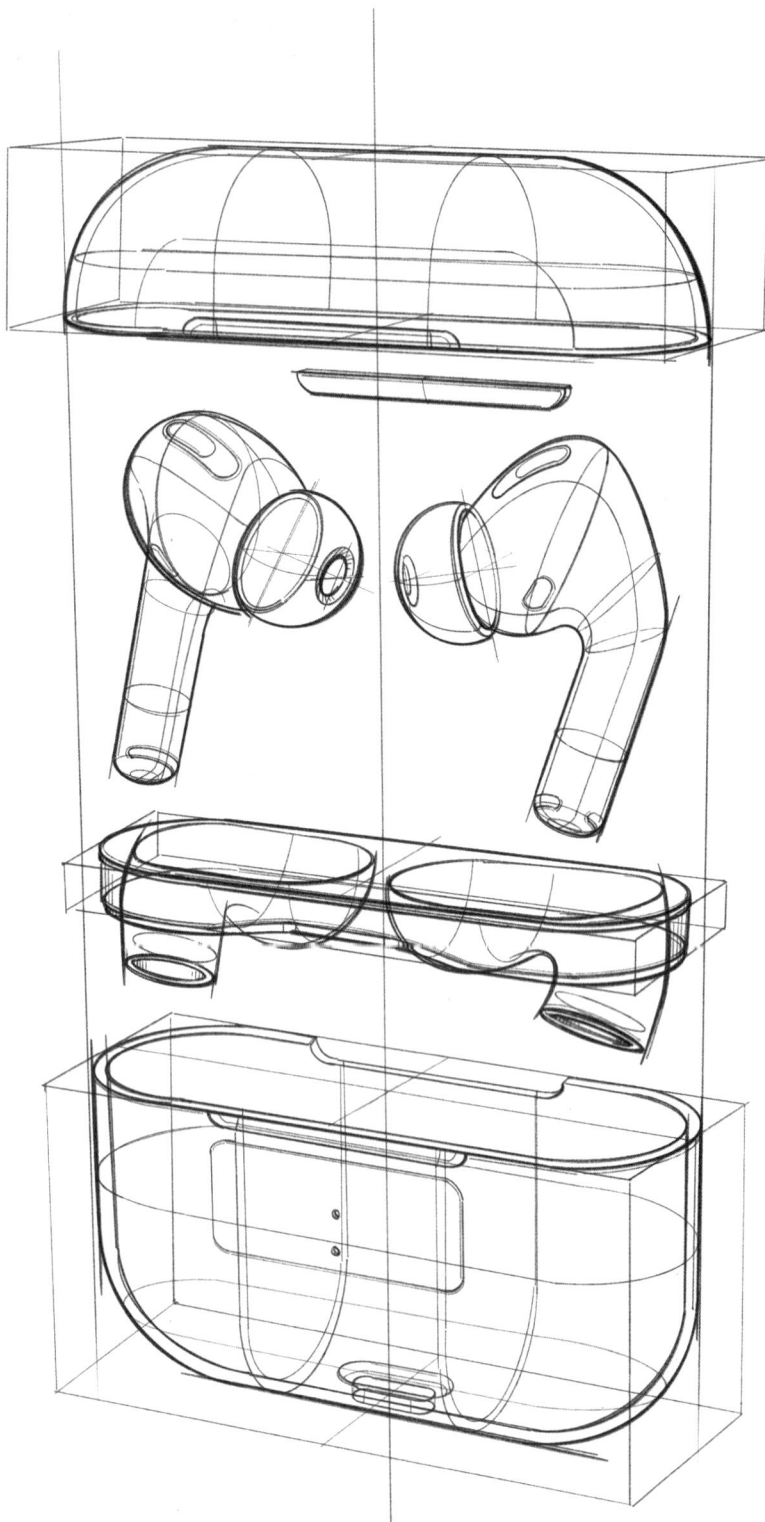

设计素描作品

Unit 2
Understand
of
Design
Sketching

单元二

设计素描的解读

注重以线为主的设计表达，用最便捷的方式找出设计目标的本质规律，在创造形态、勾画思路的时候，用线跃然于纸面，进行综合性思考，从正面到侧面，再从二维到三维。

临摹产品目录

P119

JBL 投影仪

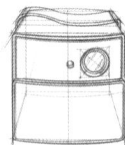

P119

苹果 iPod MP3

P119

ABUS
Gamechanger
骑行头盔

P119

苹果无线耳机
充电器

P119

陀螺旋转椅

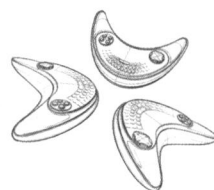

第四讲　产品设计常用的三种透视

4.1　平行透视

平行透视法通常也被称为等轴测图法,是产品设计领域的一项基本技术。与透视画法不同的是,透视画法会使形状随着距离的拉远而变形,而平行透视法则能保持物体的比例,使设计师能准确、有效地用视觉表达他们的想法。

在开始绘制素描之前,了解平行透视的核心原则非常重要:物体的轴线与水平面成30度,但根据平行透视的类型,也可以使用其他角度(如45度)。与透视画法不同,物体的比例不会随距离改变。这意味着所有面都以实际大小描绘。没有消失点。三维世界中的所有平行线在素描中也是平行的(图4-1)。

步骤1:设置网格。首先设置网格:画一条水平线,这将是你的基线。创建角度:从水平线上的任意一点开始,画两条与基线成30度角的线。这两条线代表三条轴线中的两条(通常是X轴和Y轴)。添加垂直线:笔直的垂直线将代表第三轴(Z轴)。

步骤2:绘制对象素描。勾画块的形状:首先,在网格中将产品的基本形状勾画为一个块状,紧贴轴线,并适当保持所有线条平行。逐步添加细节:在块状外形上添加细节元素,同样保持所有线条与轴线平行。

步骤3:完善素描。增加深度和特征:使用轴线引导你增加素描的深度,并确定设计的特征。标示材料纹理:即使在平行透视中,你也可以使用各种阴影技术来表示不同的材质和纹理。最后润色:清理轮廓,加强暗线,必要时添加阴影,以增加深度感(图4-2)。

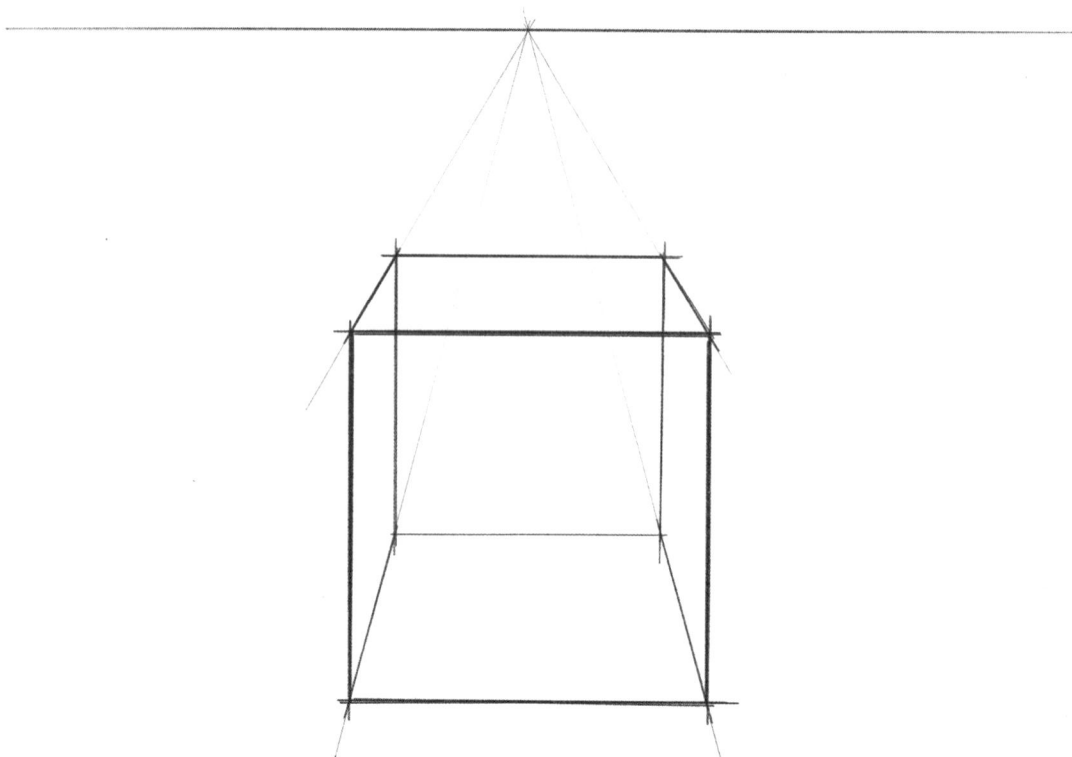

图4-1　平行透视

VC(视心)   HL(水平线)

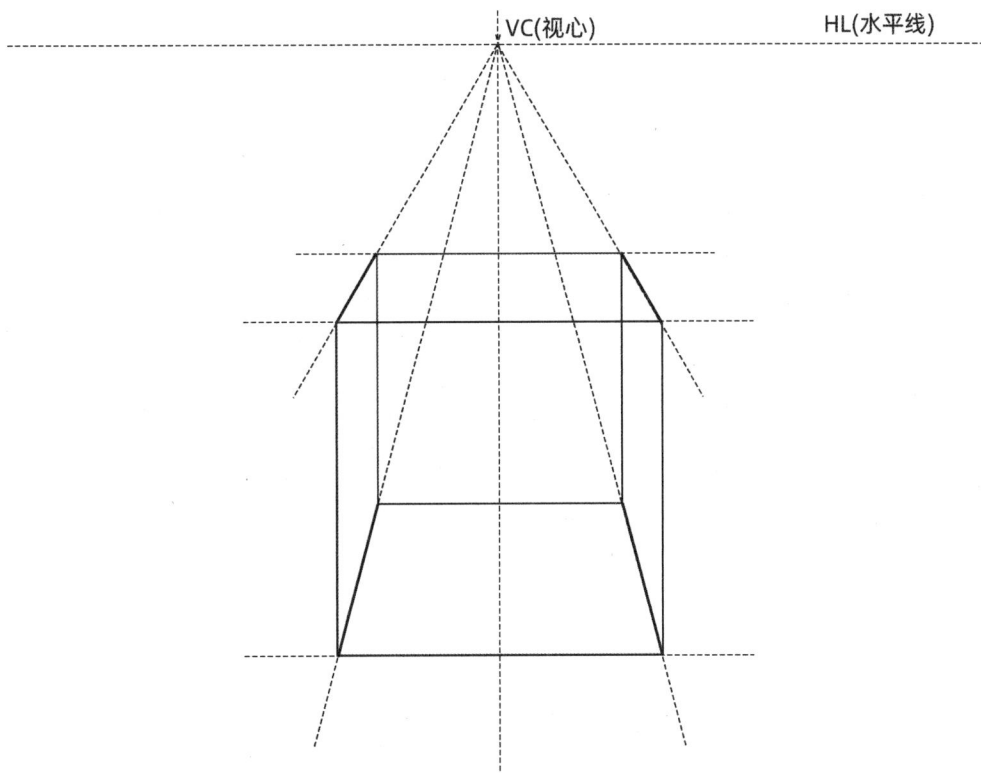

图4-2　平行透视解析图

练习示例

示例：投影仪设计素描训练（图4-3）。步骤1：先用一个简单的块来表现投影仪。使用网格确保所有边平行。步骤2：添加，确保它们遵循垂直线和倾斜线，以保持一致。步骤3：通过添加投影仪形状的曲线、产品的支撑和装饰元素来完善。

实训作业

练习1：智能手机。步骤1：为手机机身绘制一个矩形，使用网格线保持尺寸正确。步骤2：根据网格线勾画屏幕和按键的轮廓，以保持准确的比例。步骤3：为手机机身和细节（如相机镜头和扬声器）添加厚度，以增加深度。

练习2：等距立方体。使用网格绘制多个立方体，将它们放置在不同的位置，但确保每个立方体的边平行于网格轴。

练习3：复杂形状。将长方体或其他形状（如圆柱体

或金字塔）组合起来，创造出复杂的形状，如家具或电子产品。

练习4：现实世界中的物体。利用订书机或咖啡杯等简单产品，尝试用平行透视法复制它。

章节小结

练习要点：第一，一致性。始终以网格为指导，保持正确的比例和角度。第二，简单。从简单的开始，当你变得更有信心时再逐渐增加复杂度。第三，练习。定期练习是关键。从最基本的形状开始，然后逐步增加复杂的产品。

在产品设计中掌握平行透视是一项宝贵的技能，可以确保素描的准确性和清晰度。按照这些步骤，利用范例进行指导，并进行挑战技能的练习，你就能提高有效传达设计的能力。请记住，就像任何技能一样，熟练程度取决于实践，因此请不断改进你的技巧，不断挑战你的创造力极限。

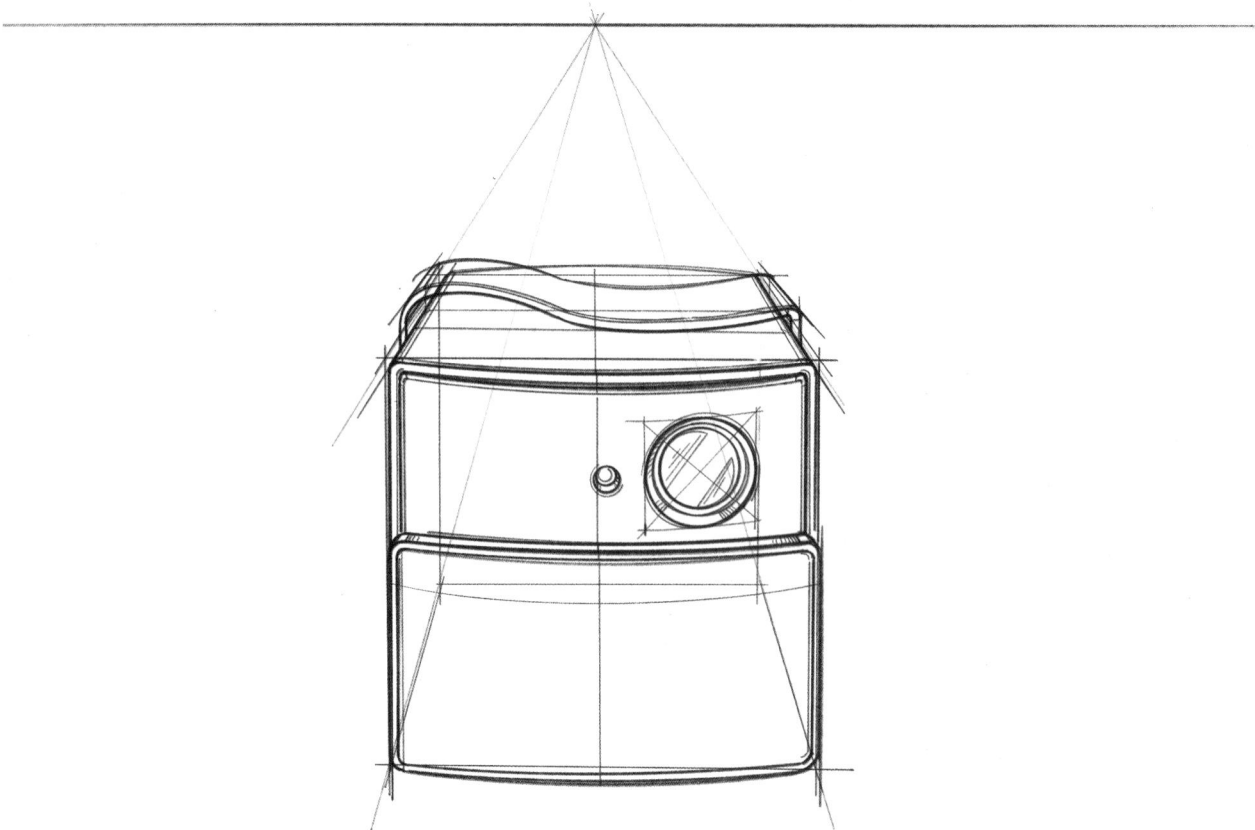

图4-3　平行透视 – 案例实训

第四讲　产品设计常用的三种透视

4.2 成角透视

在产品设计素描中掌握成角透视: 技术与实践。在产品设计领域, 通过素描传达想法与设计本身同样重要。角度透视法通常与两点透视绘图法交织在一起, 它能让设计师根据物体在空间中的方位来描绘物体在视觉上的表现。通过掌握角度透视法, 设计师可以为素描注入深度、真实感和参与感(图4-4)。

角度透视是指在地平线上设置两个消失点。当物体的侧面与观察平面不平行时, 这种方法尤其有用, 它能更动态、更真实地表现产品在现实世界中的外观。

步骤1: 水平线和消失点。确定水平线, 视平线也是素描的锚点。定位两个消失点, 将它们放在水平线的两端。它们之间的距离越宽, 素描中的变形就越小。

步骤2: 绘制产品。从最接近的角度开始, 从离你最近的物体角度开始勾画, 通常称为"前角"。将线条延伸至消失点, 从这个角度出发, 向两个消失点延伸线条。这些线条将引导物体的透视。勾画物体的比例, 以这些线条为指导, 绘制物体的其余部分, 并牢记它们在空间中向消失点后退时的比例。

步骤3: 添加深度和细节。增加深度, 沿着透视线选择点来确定物体的深度。将这些点连接回对面的消失点, 以巩固物体的形态。确定基本形状后, 添加设计细节。确保这些细节也符合通向两个消失点的透视线(图4-5、图4-6)。

练习示例

示例: 投影仪设计素描训练(图4-7)。前角: 从投影仪最近的一角开始。透视线: 从角落向两个消失点延伸线条, 勾勒出投影仪的顶部和侧面。细节: 添加按钮、触控板和任何端口, 确保遵循真实的角度透视。

实训作业

练习1: 基本形状。使用两个消失点, 从不同角度绘制基本的三维形状, 如盒子和圆柱体。

练习2: 家具部件。勾画简单的家具, 如书桌或椅子, 密切关注桌腿和表面如何向消失点后退。

练习3: 组装产品。绘制更复杂的组装产品, 如自行车, 其中多个部件相互交叉和重叠, 需要仔细注意角度透视。

章节小结

有效的成角透视素描技巧。第一, 消失点。确保消失点之间有足够的距离, 以减少变形并提供自然的外观。第二, 线条重量。在素描中使用不同重量的线条。较轻的线条应后退, 而较重较深的线条则暗示较近的边缘并增加深度。第三, 重叠元素。通过重叠设计部分来显示深度, 这也有助于显示它们的相对位置和大小。

在产品设计素描中, 角度透视是一种非常宝贵的工具, 它能使概念栩栩如生, 具有立体感和冲击力。通过设置地平线和消失点、有深度地绘制素描以及进行各种练习, 你将提高将复杂设计可视化并进行交流的能力。和其他技能一样, 掌握角度透视也需要耐心和练习, 但最终绘制出的充满活力、引人入胜的素描作品是值得付出努力的。

参考阅读书目与文献

[1] 吴珊. 场景绘画中透视运用重难点解析[J]. 美与时代, 2020 (3).

[2] 郭洋. 从小作业中反映出来的大问题[J]. 社会科学Ⅱ辑·中等教育, 2014 (22).

[3] 王冬培. 基于探究性学习的小学美术单元教学策略 —— 以"成角透视"单元为例[J]. 社会科学Ⅱ辑·中等教育, 2019 (3).

[4] 陈远大. 现代手绘室内效果图的透视应用[J]. 首届中国高校美术与设计论坛论文集(上), 2010.

[5] 邓美林. 大学美术专业透视课程教学方式的改革研究[J]. 湘南学院学报, 2011 (3).

[6] 白瓔. 艺术与设计透视学[M]. 上海人民美术出版社, 2005: 8.

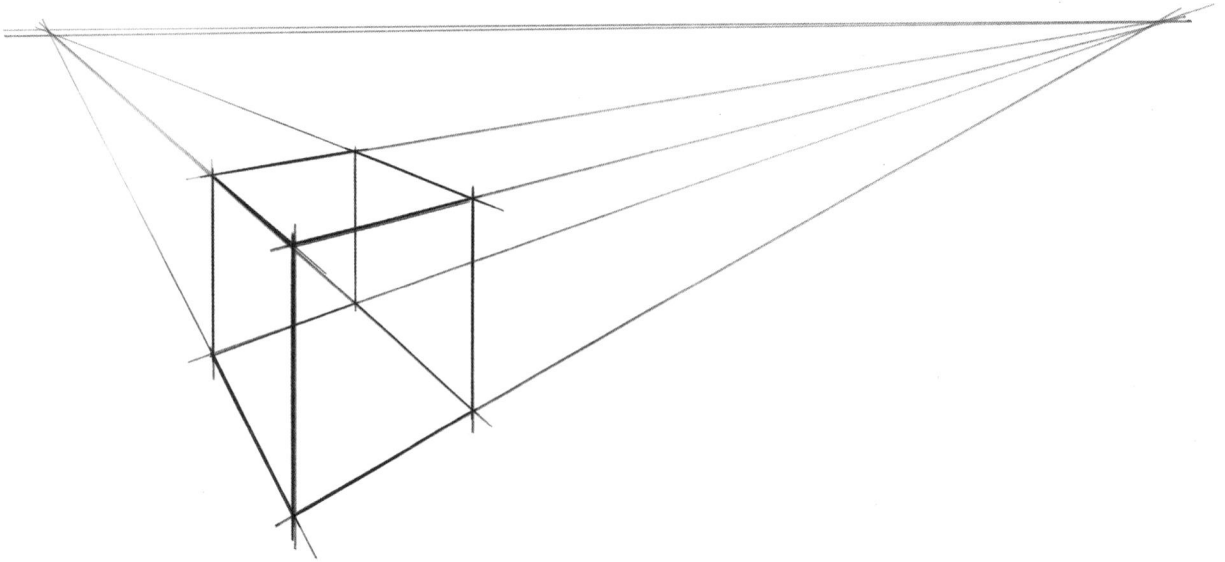

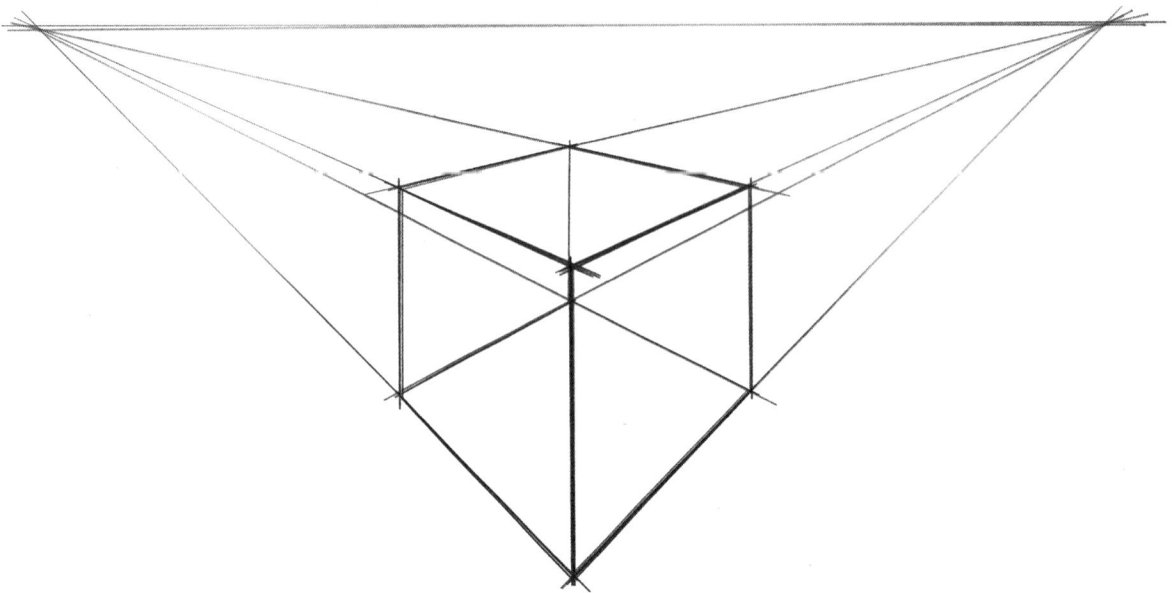

图 4-4 成角透视

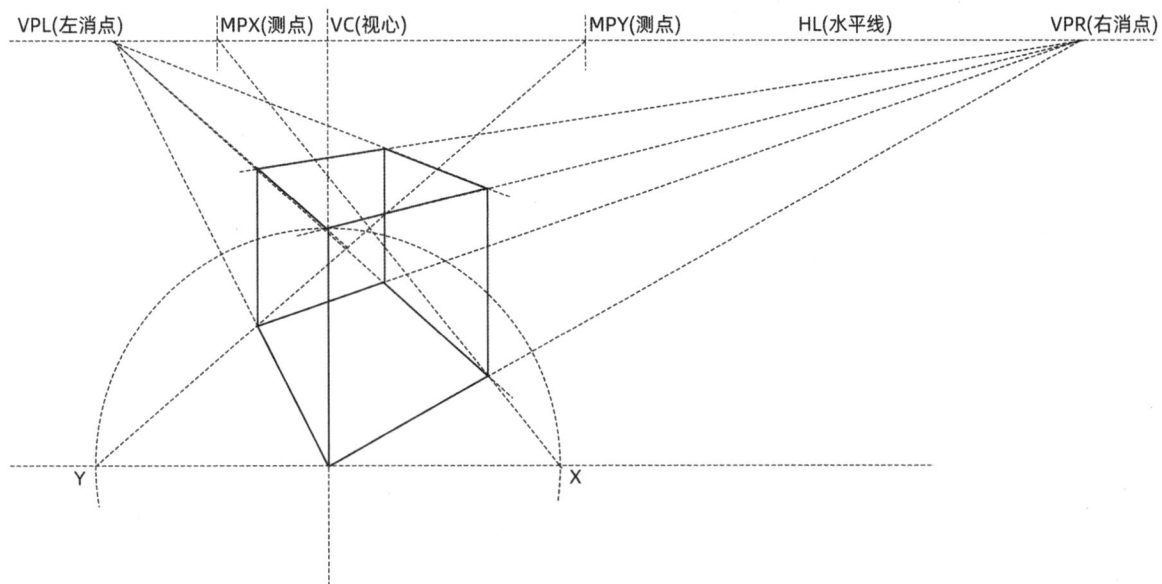

图4-5 成角透视30°-60°视域解析图

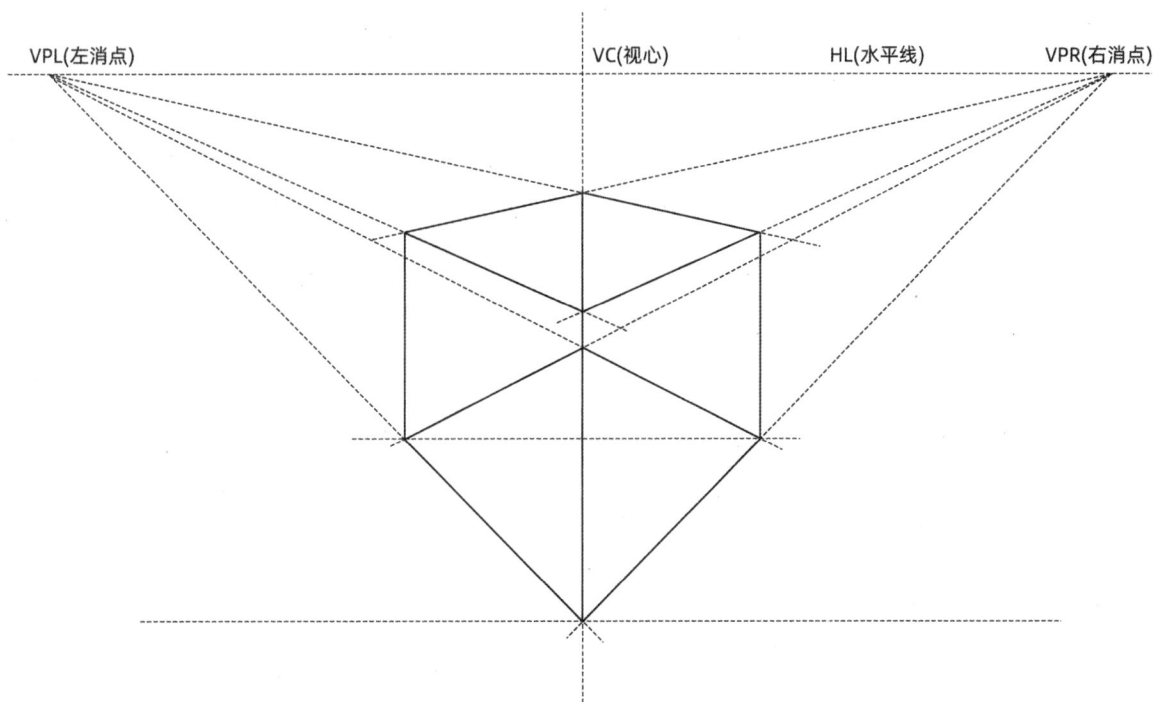

图4-6 成角透视45°视域解析图

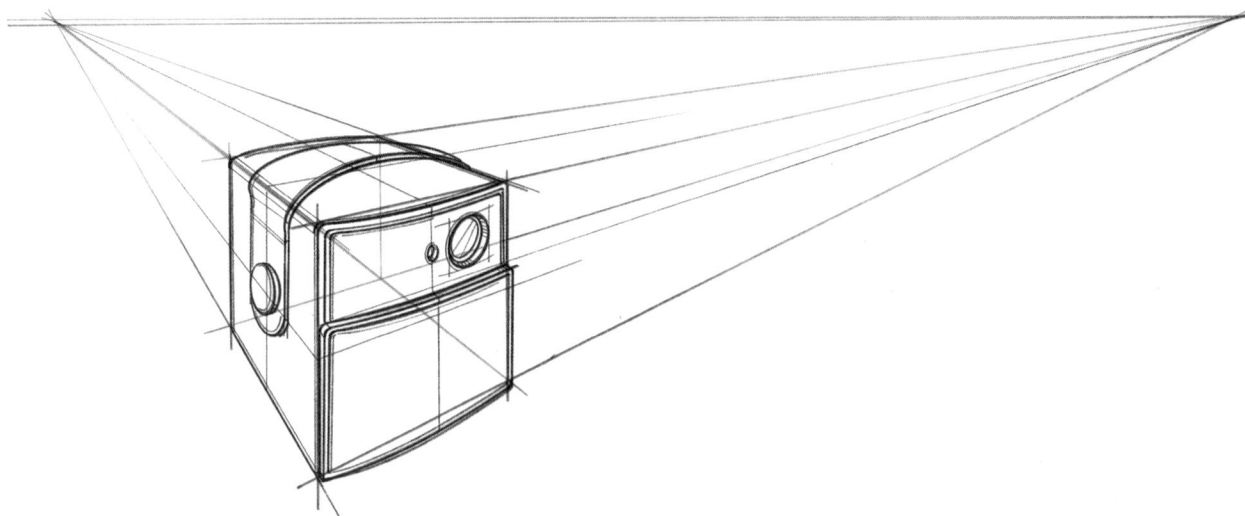

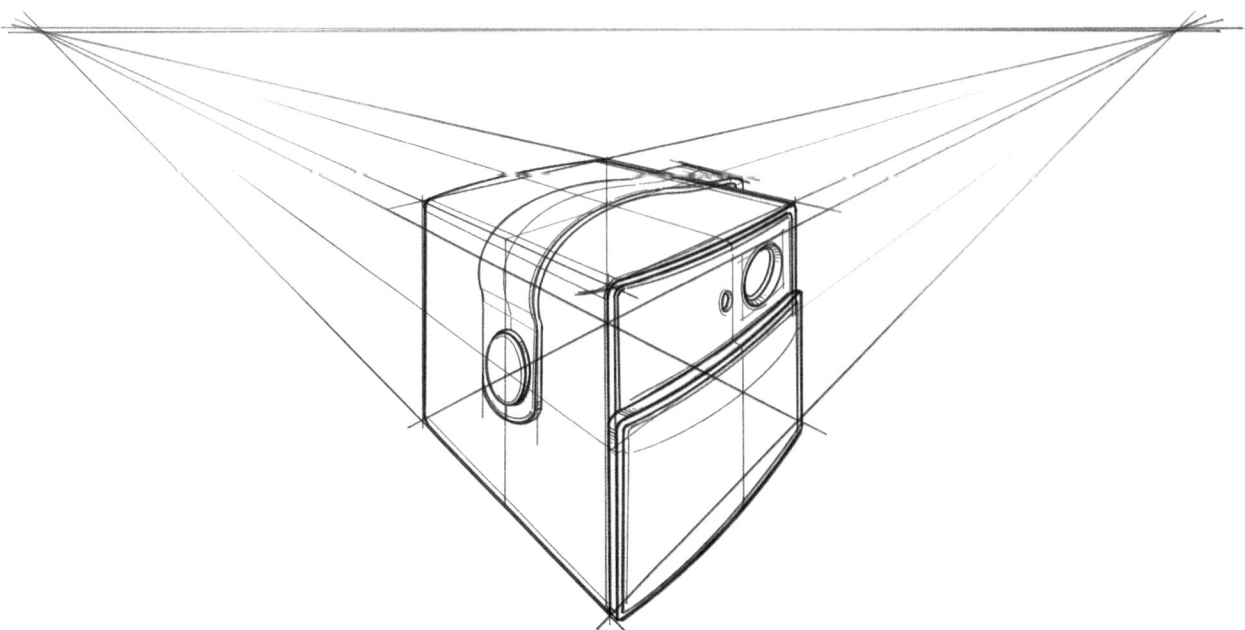

图4-7 成角透视 - 案例实训

第四讲 产品设计常用的三种透视

4.3 斜透视

在产品设计素描中利用三点透视法。对于产品设计师来说,设计素描是将概念想法转化为有形形式的第一步。三点透视法在此基础上更进一步,增加了真实感,反映了物体在三维空间中的视觉行为。当从低处或高处视角描绘物体时,这种视角至关重要,因为在低处或高处,物体的上下表面也会汇聚到一个消失点(图4-8)。

三点透视法又称"虫眼透视法"或"鸟眼透视法",它包含三组平行线,每组平行线都消失在三个点中的一个点上,其中两个点在地平线上,一个点在地平线上方或下方。第一,水平线:首先在页面上画一条水平线——这代表观众的视平线;第二,消失点:在页面两侧的水平线上放置两个消失点,第三个点要么在水平线之上,要么在

水平线之下(前者代表虫眼视角,后者代表鸟眼视角),通常在纸张之外;第三,汇聚线:现在,物体的所有垂直线都将汇聚到第三个消失点,而水平线则汇聚到地平线上的两个消失点(图4-9)。

步骤1:建立透视。绘制地平线并设置两个横向消失点。根据预期的角度,确定第三个点是在地平线上方还是下方——这个点可能不在实际的素描纸上。

步骤2:勾画物体。从物体最靠近观众的一角开始。以这个角开始,分别画出三个消失点。这些线代表物体的边缘。这些线与其他准则相交的地方就是产品的角和边缘。

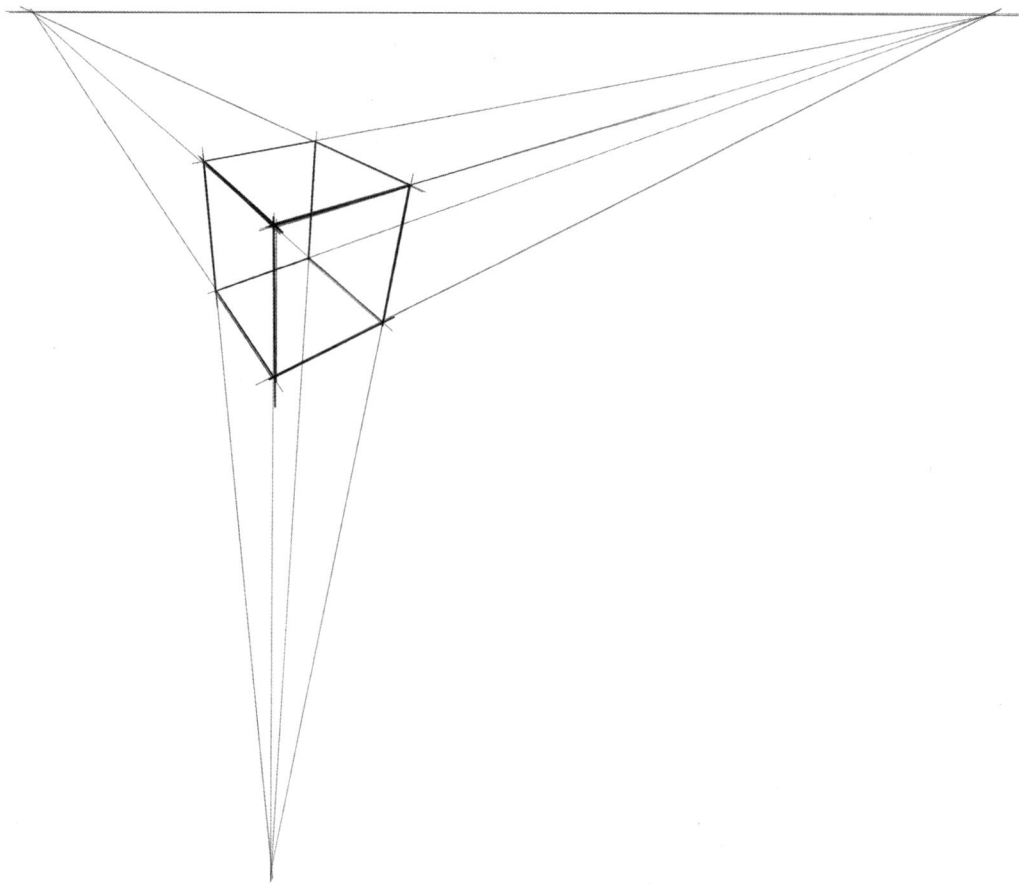

图4-8 斜透视－案例实训

步骤 3：添加细节并定稿。基本形状就位后，开始添加细节，即轮廓、功能元素和纹理。关键在于，每条线条都必须遵循透视图，直到其中一个消失点。

练习示例

示例：投影仪（图4-10）。步骤 1：绘制地平线，并放置横向消失点；步骤 2：从底座开始画一条垂直线，这条线应指向第三个消失点（顶部）；步骤 3：确定塔顶，并将边缘沿线连接到消失点。

实训作业

练习1：从高处俯瞰一辆汽车。步骤 1：将第三个消失点置于地平线下方（描绘鸟瞰图），画出汽车最近的一角；步骤 2：从这一点向所有三个消失点延伸线条，勾勒出汽车的几何轮廓；步骤 3：塑造汽车独特的曲线，并添加车门、车轮和车窗等细节。

练习2：空间中的简单方框。从画不同角度和高度的方框开始，将它们与三个消失点联系起来。

练习3：日常物体。继续勾画更复杂的日常物体，如椅子或楼梯，想象从下面或上面的戏剧性角度来观察它们。

练习4：比例练习。绘制一条城市街道或一个室内空间，将多个不同大小的物体融入其中，练习在三点透视中保持比例。

章节小结

精准设计素描的技巧总结：其一，拉开消失点的间距，确保消失点的间距较远，以避免出现极端变形。其二，突出线条重量变化，采用较轻的线条可以暗示距离，而较重、较深的线条则表示更近、更清晰的边缘。其三，指引是关键。在绘制素描时，尽量少用指引线；指引线可以稍后擦除，但在开始时对准确性至关重要。

综上所述，三点透视法有助于绘制出具有空间深度和动态角度的逼真产品设计素描。通过理解和应用这一技巧，设计师可以绘制出有效传达其理念并在展示中脱颖而出的素描。坚持不懈地练习日益复杂的形式和环境将有助于巩固你的三点透视技巧，使你成为专业产品素描绘制的先锋。

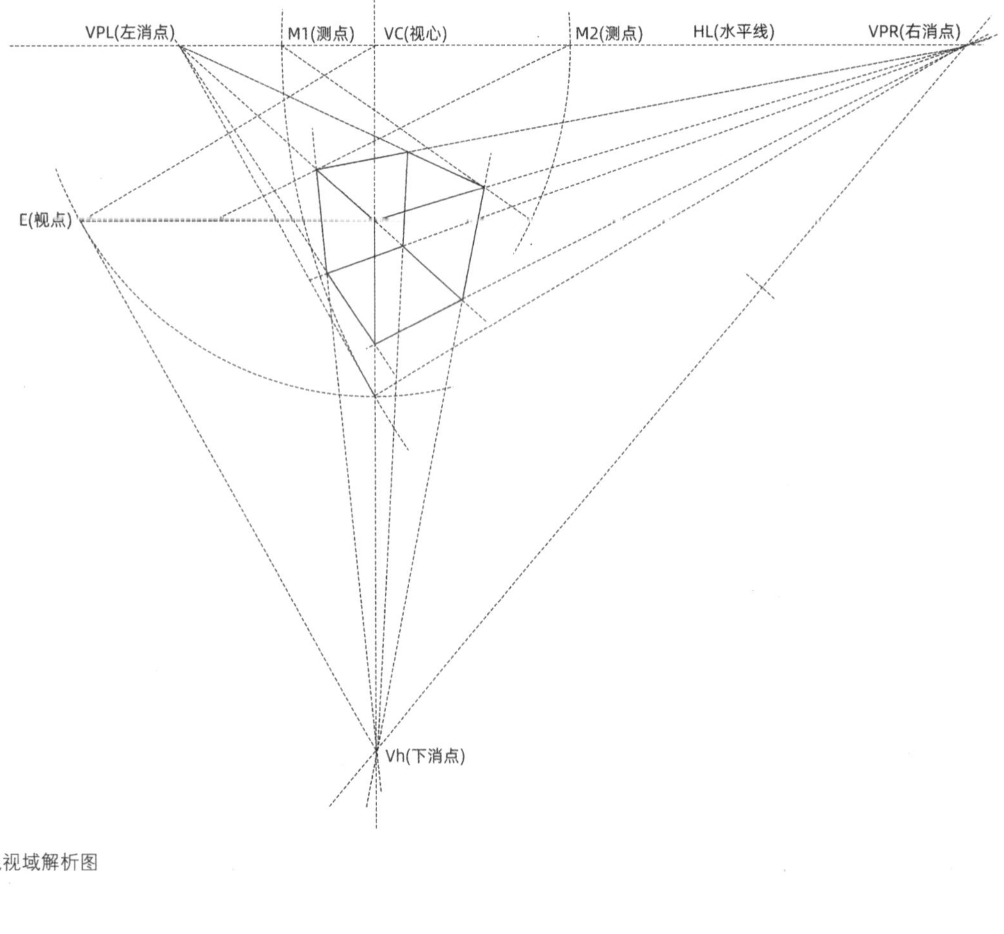

图4-9 斜透视视域解析图

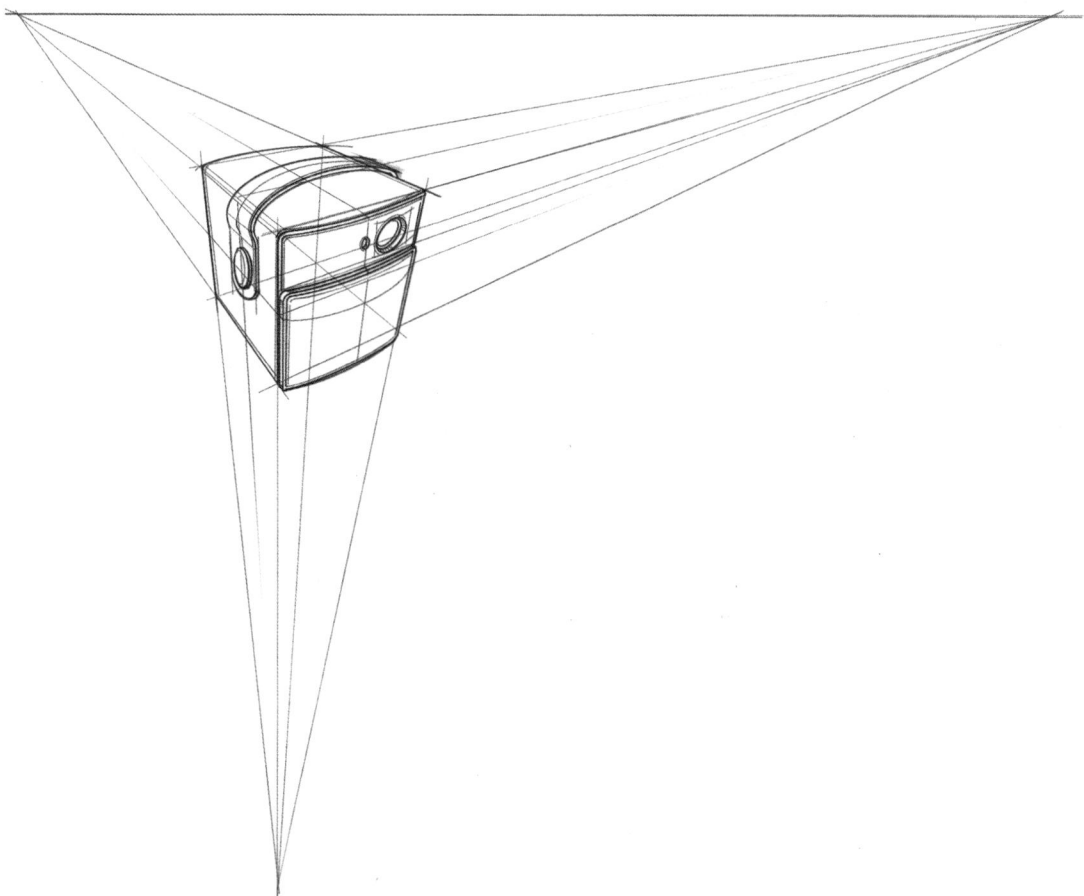

图4-10　斜透视－案例实训

章节课时

建议4课时。

章节思考题

1. 改变设计素描视角会如何改变设计的感知意图或功能?

2. 考虑素描中以多种视角展示一个物体,每种变化会如何影响观众对设计的理解或情感反应?

3. 在设计素描中,不同的透视(如一点透视、两点透视或三点透视)会以何种方式传达不同程度的复杂性或真实感?

参考阅读书目与文献

[1] 宋耀增. 斜透视投影中图解线段实长的一种方法 [J]. 工程图学学报, 1999 (1).

[2] 冯俊镛. 建筑形体平行斜透视的透射变换单灭点作图法 [J]. 无锡轻工大学学报, 2001 (1).

[3] 李静. 颠覆传统透视空间知觉的变形图像空间意识研究 [J]. 科技视界, 2017 (9).

[4] 陈志坚. 一种基于图像特征块匹配的电子稳像算法 [J]. 科学技术与工程, 2007 (7).

[5] 宋晓闯. 基于灰度和几何特征的图像匹配算法研究 [J]. 河北工业大学, 2008.

[6] 王晶. 基于 ROI 块匹配的全景图像拼接鲁棒性方法 [J]. 计算机应用研究, 2005 (11).

第五讲　设计素描对产品设计的作用

5.1 构思记录: 与自己沟通

绘制苹果iPod MP3的产品设计素描, 不仅需要对细节有敏锐的洞察力, 还需要对产品现有的设计语言有所了解。初期的设计构思记录性草图, 可以不要求对设计细节的全部把控, 而是突出设计的外部形态、结构和功能呈现的合理性, 尽管绘图呈现得有些潦草, 但可以通过多个形态、形式、形体的比对过程, 激发设计灵感, 所以构思草图是设计者与自己思维的深度对话 (图5-1)。让我们通过一个更精确的过程来了解产品设计师如何绘制现有iPod MP3的素描。

阶段1: 了解主题。第一步是详细研究当前一代iPod MP3。你要研究尺寸、边角的弧度、按钮布局、屏幕尺寸以及不同设计元素之间的整体关系。亲手操作该设备, 甚至拆解它, 可以让你深入了解它的构造。

阶段2: 准备工作。在工作区准备好所有必要的工具: 铅笔、橡皮、细线笔、记号笔、素描板或数字绘图板。选择精密的工具, 如线条质量稳定的机械铅笔和干净的橡皮擦, 以纠正错误, 避免画面的杂乱。

阶段3: 初步指导。通过绘制浅色引导线, 确定iPod MP3 的主轴和比例。这包括基于设备实际尺寸的整体高度、宽度和深度。使用直尺或数字工具保持这些指引线的准确性——它们是你今后详细工作的路线图。

阶段4: 拼接形状。导轨绘制完成后, 开始绘制基本形状。对于iPod MP3而言, 这通常是一个略带圆角的矩形。确保线条干净利落, 体现设备的时尚设计。

阶段5: 细化机械装置。现在是添加决定性特征的时候了: 屏幕、点击滚轮、侧面按钮和连接端口。使用参考照片或设备本身来精确定位这些元素。在你对这些元素的位置和比例有信心之前, 素描要保持简洁。

阶段6: 添加界面。对于iPod MP3而言, 界面是一项重要功能。勾勒出屏幕上的细节, 如图标和文字, 以及点击轮的分区和中央按钮。这需要一只稳定的手和一支细尖笔来准确捕捉错综复杂的细节。

阶段7: 细化。粗略素描完成后, 擦去不必要的指引, 使设计更加锐利。对不够准确或不够清晰的部分进行修改, 确保素描能够准确地表现产品。

阶段8: 透视图。现在, 绘制iPod MP3的三维透视图。选择一个能勾勒出产品的深度和立体感的角度, 如果使用手动方法, 则使用消失点来引导你的线条工作。

阶段9: 着色和材质纹理。为素描着色, 以显示材质感。考虑金属或塑料表面如何与光影互动, 并使用渐变阴影来复制外观。如果iPod MP3表面光亮, 则要突出反光和光泽。

阶段10: 最后润色并注释。对素描作品进行最后润色, 用深色调增加层次感, 或清理边缘, 使其看起来更光洁。如有必要, 可在素描上贴标签, 以解释功能组件或设计选择中不显眼的部分。

章节小结

向细节和设计致敬。在再现新一代iPod MP3的素描时, 对细节的关注至关重要。设计目标是抓住苹果公司简约设计的精髓, 即外形与功能的和谐统一。每根线条、每条曲线、每片阴影都不仅是物理属性的体现, 更是对苹果公司一丝不苟的设计理念的赞美。

图5-1 构思记录

第五讲 设计素描对产品设计的作用

5.2 架构信息：设计团队内部交流

用协作策略构思产品设计素描。在产品设计团队的热闹氛围中，设计素描的构思方法不仅是个人的设想，而且包括头脑风暴会议、情境分析和集体决策在内的团队综合努力。与许多创意过程一样，制作完美的产品设计素描既令人振奋，又充满挑战，同时，经过剖析内部讨论和方法，从而创造出具有影响力的设计方案（图5-2）。

通过头脑风暴释放创造力设计过程的核心是头脑风暴，无拘无束的创意洪流为创新奠定了基础。由设计师、工程师和用户体验专家组成的苹果公司多面手团队聚集在一个房间里，空气中弥漫着史蒂夫·乔布斯的"Think Different"精神。他们的目标是唯一的：设想一款能在内涵上与用户产生共鸣的 iPod MP3，同时在技术上推陈出新。白板、便签和数字构思平台等工具成为了想象力的画布。会议主持人要确保每个团队成员的声音都能被听到，倡导一种包容性的环境，以360度的视角捕捉潜在的设计途径。

有了头脑风暴会议提供的大量方向，设计团队就可以集中精力精心设计方案。这些叙述非常重要，它们是未来 iPod MP3 用户的故事。每个场景都深入到 iPod 所要服务的人一天的生活中，从早上的上班族到深夜的健身爱好者。这些场景丰富而详细，勾勒出新设计可能为这些不同用户带来的功能和优势。从这些丰富的想法中，情境方案开始出现。这不仅是素描，而且描述产品如何在现实世界中使用的叙述。场景非常宝贵，因为它迫使团队超越美学和功能，考虑用户的环境、挑战和需求。创建场景是一项充满想象力的工作，通常最好用故事板或素描序列来说明。它涉及到具体细节：用户是谁；他们面临什么问题；产品如何融入他们的日常生活。在这一阶段，同理心成为设计团队的重要工具。

采用焦点小组。获取反馈想法和方案需要验证，谁能比最终消费者更能提供意见？我们召集了焦点小组，从目标用户中选拔参与者，向他们展示设计方案，他们的反馈意见将成为提炼过程中的重要组成部分。从焦点小组中获得的见解可以让人大开眼界，提出新的考虑因素或突出被忽视的问题。与消费者的直接互动可以获得定性数据，这些数据与团队的专业知识相结合，可以完善每个方案。

详细勾画关键方案。焦点小组分析结束后，设计团队回到绘图板前——无论从字面上还是从形象上。根据反馈意见，选择 3-5 个关键方案进行详细素描绘制。在这一阶段，设计师们需要将抽象的想法转化为具体的素描，这就需要解释能力和技术能力。这些素描试图概括产品在预期环境中的本质，同时考虑形式、功能和可行性。由于每个方案的素描都是对其作为最终产品设计的选定方向的潜力的推介，因此细节水平在此不断提升。

有了详细的素描，就该做出艰难的选择了。这是一个批判和比较的过程。设计团队坐下来，将各种方案摆在面前，选出最佳候选方案。标准可能包括功能性、美学价值、可制造性，当然还有用户体验。决策工具，如评分系统、SWOT 分析（优势、劣势、机会、威胁）或决策矩阵，可用于筛选出最佳方案。这些工具从根本上为创造性过程带来了客观性，确保最终选择经得起检验。

章节小结

设计素描的信息架构是集体智慧的结晶。最终素描不仅仅是图纸，更是设计团队严谨的集体历程的体现。这个过程既不是线性的，也不简单；它错综复杂，充满了反馈回路和修改。然而，在这种复杂性中蕴藏着合作创造的魅力。最终形成的素描是形式与功能、以用户为中心和创新设计语言的和谐统一。这些素描为接下来的开发阶段奠定了基础，由于设计团队细致的内部讨论，这些素描牢牢扎根于对用户的理解和需求。这些素描不仅是产品本身的蓝图，也是倡导协作和深思熟虑设计的方法论的蓝图。

图5-2 架构信息

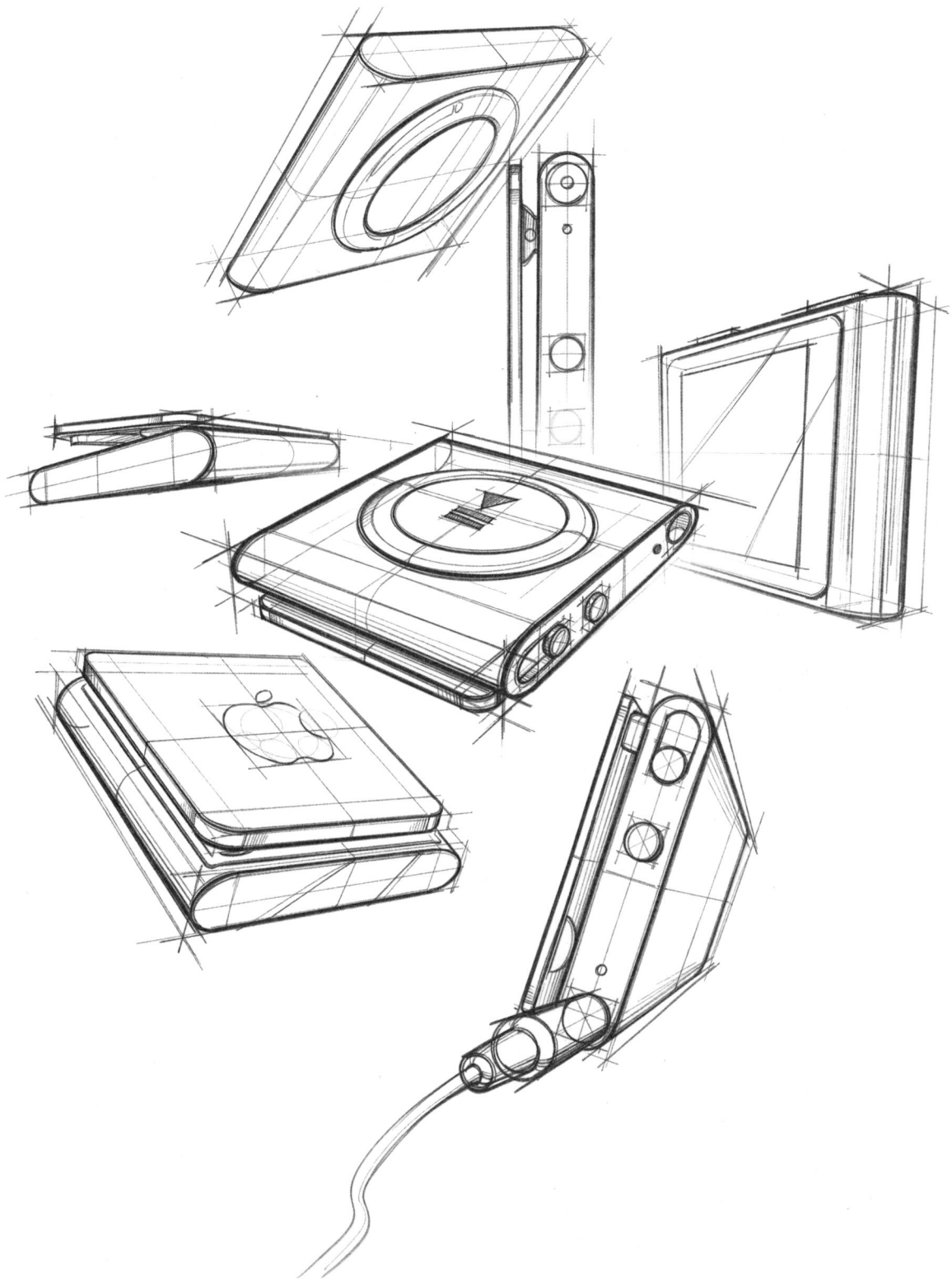

第五讲　设计素描对产品设计的作用

5.3 工程制图: 对接生产工艺

在产品设计和制造领域,计算机辅助设计(CAD)图纸是连接概念艺术和现实大规模生产的关键桥梁。苹果公司的iPod MP3是创新和优雅的象征,它的生命始于精确的CAD图纸,这些图纸将美学构想与工程设计的严格要求结合在一起。本文探讨了为iPod绘制CAD图纸的细致过程,以及这些图纸如何与生产流程无缝衔接,将素描转化为全球消费者熟悉的标志性产品(图5-3)。

从概念素描到CAD,从概念到有形的iPod MP3,首先要将设计素描转化为数字蓝图。这些最初的图纸饱含设计团队的构想,经过艰苦的努力被转换成CAD模型。苹果公司的工程师使用SolidWorks、AutoCAD或Creo等先进软件,构建出详细的3D模型,体现设计阶段构思的每一条曲线、每一个按钮和每一个界面。CAD模型是了解iPodMP3外观和手感的第一步,但更重要的是,它能让工程师检查各组件如何配合在一起,并作为一个连贯系统的一部分运行。

CAD提供了多种工具来定义精确的特征和尺寸。iPod MP3令人难忘的曲线不仅仅是为了美观,而且还符合人体工学和便携性。CAD使设计人员能够对这些曲线进行精确到毫米的处理,以确保舒适性和可用性。通过CAD进行尺寸分析,对于确保液晶屏、点击轮和电池等部件不仅能在预期空间内安装,而且能与连接器和安装点等对装配至关重要的接口保持一致至关重要。

材料选择和应力测试。计算机辅助设计(CAD)的一大奇妙之处在于能够指定材料并模拟它们在设计中的表现。对于iPod MP3的外壳,工程师可以利用CAD确定合适的聚合物或金属材料,在保持轻巧外形的同时提供耐用性。此外,CAD还可以通过施加模拟实际操作的力和条件来进行虚拟应力测试。这种分析可确保设计足够坚固,能够经受日常使用,同时又不影响iPod MP3众所周知的纤薄光滑的外形。与生产技术相结合,iPod的CAD工程设计的一个关键方面在于对生产流程的预测。

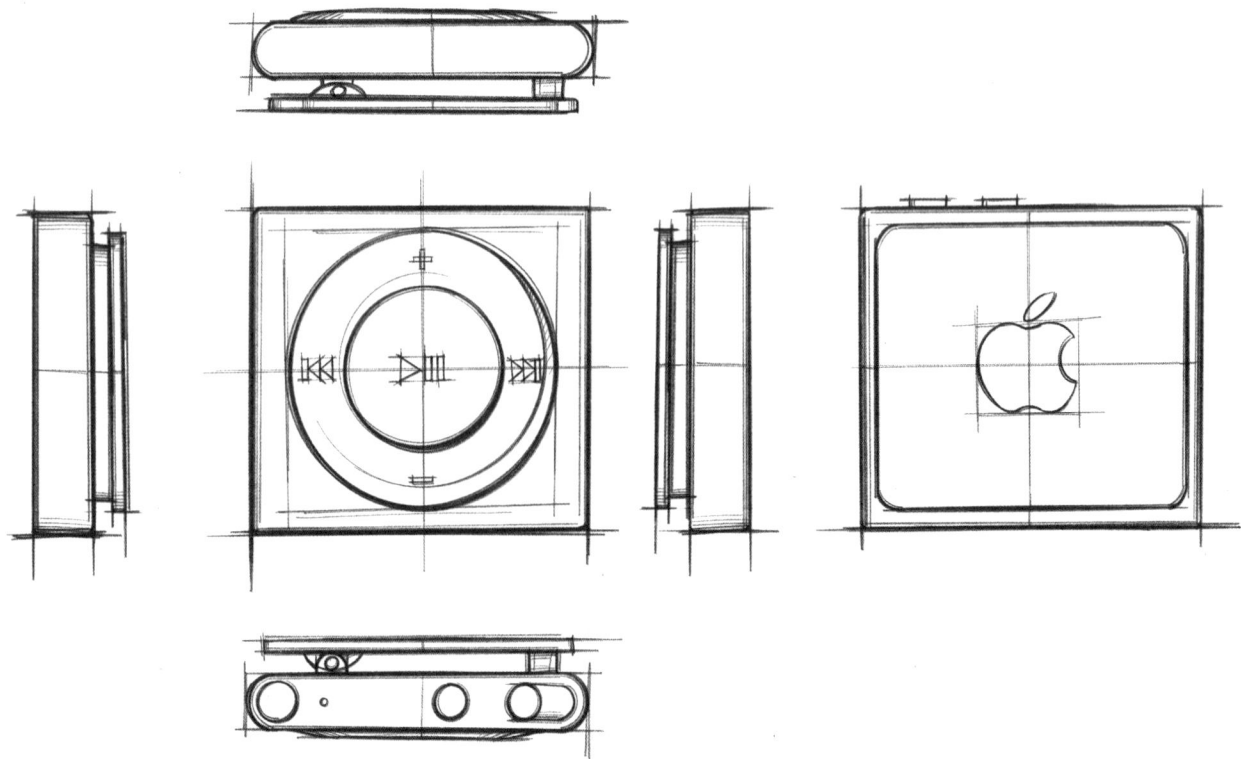

图5-3　工程制图

CAD模型融入了制造方法的特定功能,无论是外壳的注塑、点击轮的铣削,还是内部电路所需的精密装配,卡接、焊接点和螺纹凸台等特征都集成到了CAD文件中,从而简化了制造流程。

堆叠公差和确保匹配。为确保iPod MP3的各个部件完美配合(这对保持其流线型美感尤为重要),CAD图纸被用来分析公差堆叠,即单个部件公差对最终装配的累积影响。每个部件的公差都设定得非常严格,并对各种变化进行细致记录,以防止在生产过程中出现任何配合问题。

创建装配图和物料清单。根据CAD模型绘制的详细装配图为生产团队提供了逐步指导。这些图纸包括分层视图、爆炸图和剖面图,每张图纸都标注了关键信息,如零件编号和尺寸。与装配图一起,CAD模型还生成了物料清单。物料清单列出了每个零件和组件,以及制造所需的规格和数量,是采购和库存管理的重要文件。

促进数控加工和质量检查。CAD模型是现代制造环境不可或缺的一部分。它们直接与生产高精度iPod MP3组件的计算机数控机床相连接。CAD文件中详细列出的尺寸和路径可指导数控机床将材料加工成所需的部件。此外,在质量控制阶段,CAD图纸提供了一个主参考,实际零件和组件就是根据这个主参考进行测量的。这样就能确保生产出的每个iPod MP3都能最大程度地符合最初的设计意图。

当CAD图纸进入工厂车间时,每一行和每一个规格都会影响到生产iPod MP3的机器和工人。文件与自动化系统直接通信,从机械臂到装配线夹具,每一步都与数字精度同步。通过不断迭代和改进,即便在开始生产后,CAD图纸也不是一成不变的,而是不断发展变化的。根据制造团队的反馈以及技术和材料的不断改进,这些图纸会不断更新,以完善生产流程,提高最终iPod MP3产品的质量。

章节小结

设计素描中的工程制图是一次精密设计的体验。为iPod MP3绘制CAD工程图是设计远见与工程敏锐性的和谐统一。通过与生产流程的衔接,CAD营造了一个精确、优质和高效的环境。它保证了当消费者拆开iPod的包装盒时,他们手中拿的不仅仅是一项技术,而且是一个精心设计的奇迹,而这个奇迹最初只是一个想法,这充分证明了计算机辅助设计在现代制造业中的变革力量。

参考阅读书目与文献

[1] 徐昌鸿. CAD/CAM模型联合驱动的型腔特征数控工艺自适应设计方法[J]. 北京航空航天大学学报,2024(1).
[2] 黄波. 面向宏观工艺重用的三维CAD模型检索方法[J]. 计算机集成制造系统,2020(12).
[3] 杜雨佳. 基于三元组网络的单图三维模型检索[J]. 北京航空航天大学学报,2020(9).
[4] 于勇. MBD模型本体建模及检索技术研究与应用[J]. 北京航空航天大学学报,2017(2).
[5] HONG T. Similarity comparison of mechanical parts to reuse existing designs[J]. Computer-Aided Design,2006.
[6] LUPINETTI K. Content-based multi-criteria similarity assessment of CAD assembly models[J]. International Journal of Advanced Manufacturing Technology,2021(3).

第五讲　设计素描对产品设计的作用

5.4 原型呈现：向社会传递

在技术飞速发展的世界里，新产品设计原型的揭幕是创新历程与公众之间的综合时刻。对于像iPod MP3这样具有象征意义的设备来说，这种展示不仅仅是简单的揭示，而且是通过一系列富有表现力的图纸和图表，将创造力、精确性和前瞻性思想娓娓道来。在此，我们将详细介绍如何精心制作引人入胜的iPod设计原型演示与呈现，以确保有效传达每个设计理念，吸引观众的眼球。

iPod MP3设计原型的展示类似于讲故事。从透视图到剖视图，每一个元素不仅要传达设计的物理属性，还要传达设计的灵魂。要做到这一点，我们必须通过各种图解形式展开一段旅程。

第一，透视图：第一印象（图5-4）。一幅图胜过千言万语，这句谚语在展示设计原型时同样适用。透视图可以作为引子，栩栩如生地展示iPod MP3，吸引人们的视觉感官。

第二，关键视图。正面、背面和侧面透视图展示了iPod MP3的轮廓，暗示了人体工学方面的考虑以及该设备在消费者手中的触感。

第三，用户视角。添加交互场景，在场景中展示iPod MP3，从慢跑者浏览曲目到学生插入耳机，为这些绘图注入了活力。

第四，爆炸图：剖析设计。分解图将iPod MP3拆开为内部结构（图5-5），让人一目了然地看到每个组件是如何层层叠加、组合成一个整体的。

第五，分层讲述故事。从外壳到显示屏，再到电路板，每一层都按顺序展示，不仅注重组件的位置，而且注重组件之间的和谐。

第六，互动功能（图5-6）。当每个部件分开时，叙述性说明会注释其功能和设计考虑因素，例如解释扬声器设计背后的声学原理或材料选择。

第七，详细的插图：细节决定成败。细节插图放大了具体的设计特征，让利益相关者了解iPod MP3设计的精妙之处。

第八，特写镜头。聚焦点击滚轮界面、基座接口或耳机插孔等区域，从而突出产品触摸灵敏度或防水密封等功能。

第九，创新方面。例如，先进锁定装置的示意图不仅展示了组件，还展示了用户交互的便捷性。

第十，分析图：剖析用户体验。分析图从有形的产品转向无形的体验，详细说明设计如何转化为可用性和功能性。

第十一，人体工学分析。在iPod MP3设计上叠加手握模式，以说明不同手型的可用性。

第十二，流程图。将导航音乐库或调整设置的用户界面流程可视化。

第十三，360°虚拟模型。将iPod MP3带入虚拟生活。在数字平台大行其道的时代，360°模型和效果图让观众可以在虚拟空间中与iPod设计互动。

章节小结

通过互动探索，客户或利益相关者能够直接通过网络浏览器从各个角度旋转和检查iPod，利用材料和饰面增加产品的触觉体验。对于iPod MP3而言，产品的实体感与其功能一样不可或缺。展示所用材料的样品和表面处理选项，可以让人深入了解产品的触感。

虽然这些元素各有优点，但真正的艺术在于将它们编织成一个连贯的叙事。故事板可用于在不同类型的图表之间平稳过渡，将透视图与爆炸视图联系起来，用故事弧线来说明iPod从概念到最终原型的演变过程。

iPod MP3原型演示不仅仅是展示，而且通过精心制作的视觉和叙事旅程吸引观众。详细的图表、身临其境的模型和触感极佳的样品构成了一个完美的组合，不仅让人理解，而且让人兴奋。当观众浏览设计演示时，他们获得的不应该仅仅是知识，而应该是与iPod MP3的设计理念以及提供无与伦比体验的承诺之间的情感联系。这种情感上的共鸣才能真正使原型栩栩如生，并给观众留下持久的印象。

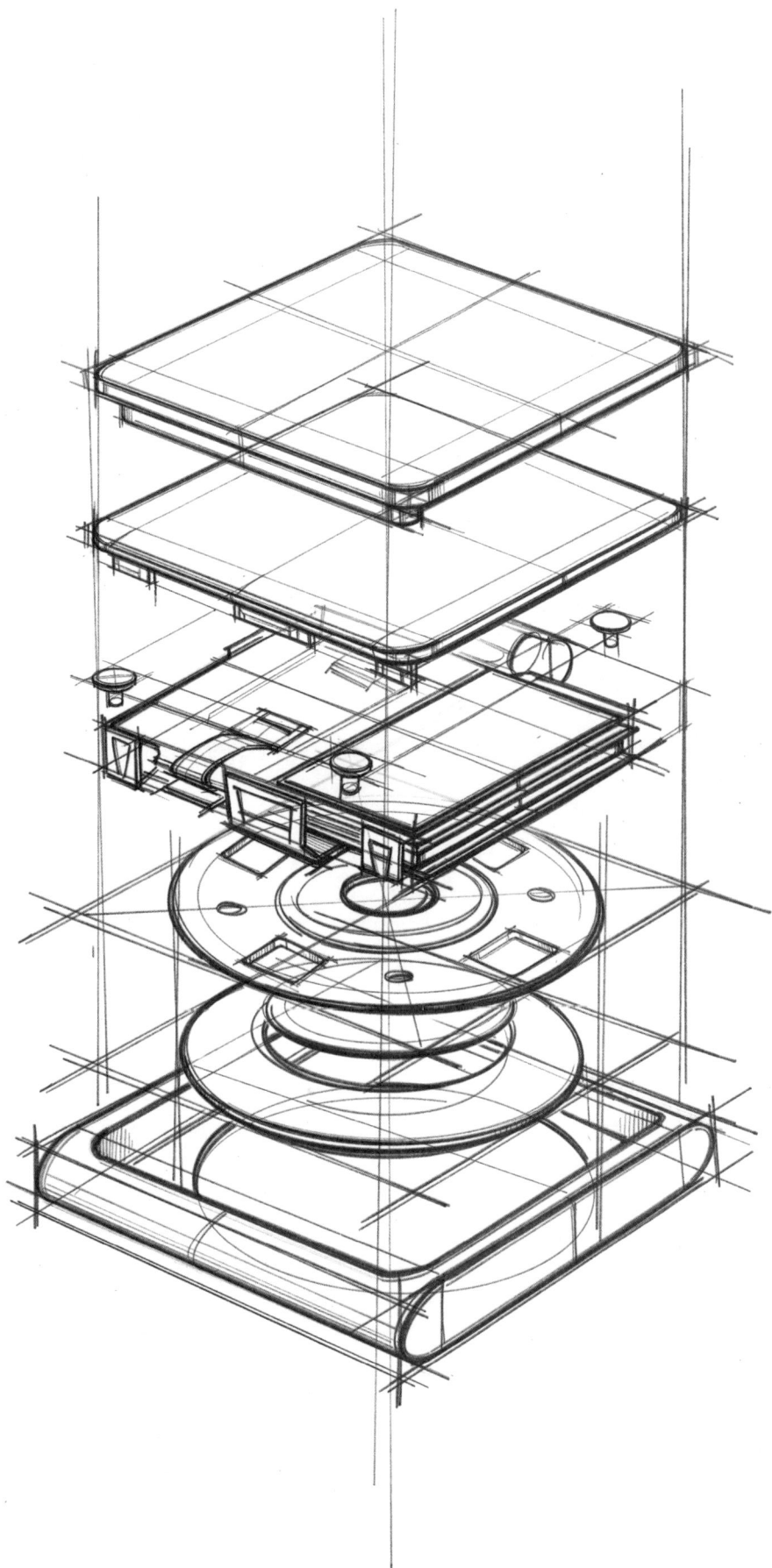

图5-4 原型呈现爆炸图

随身携带·易于佩带

随性播放按动开关

阳极氧化铝金属机身

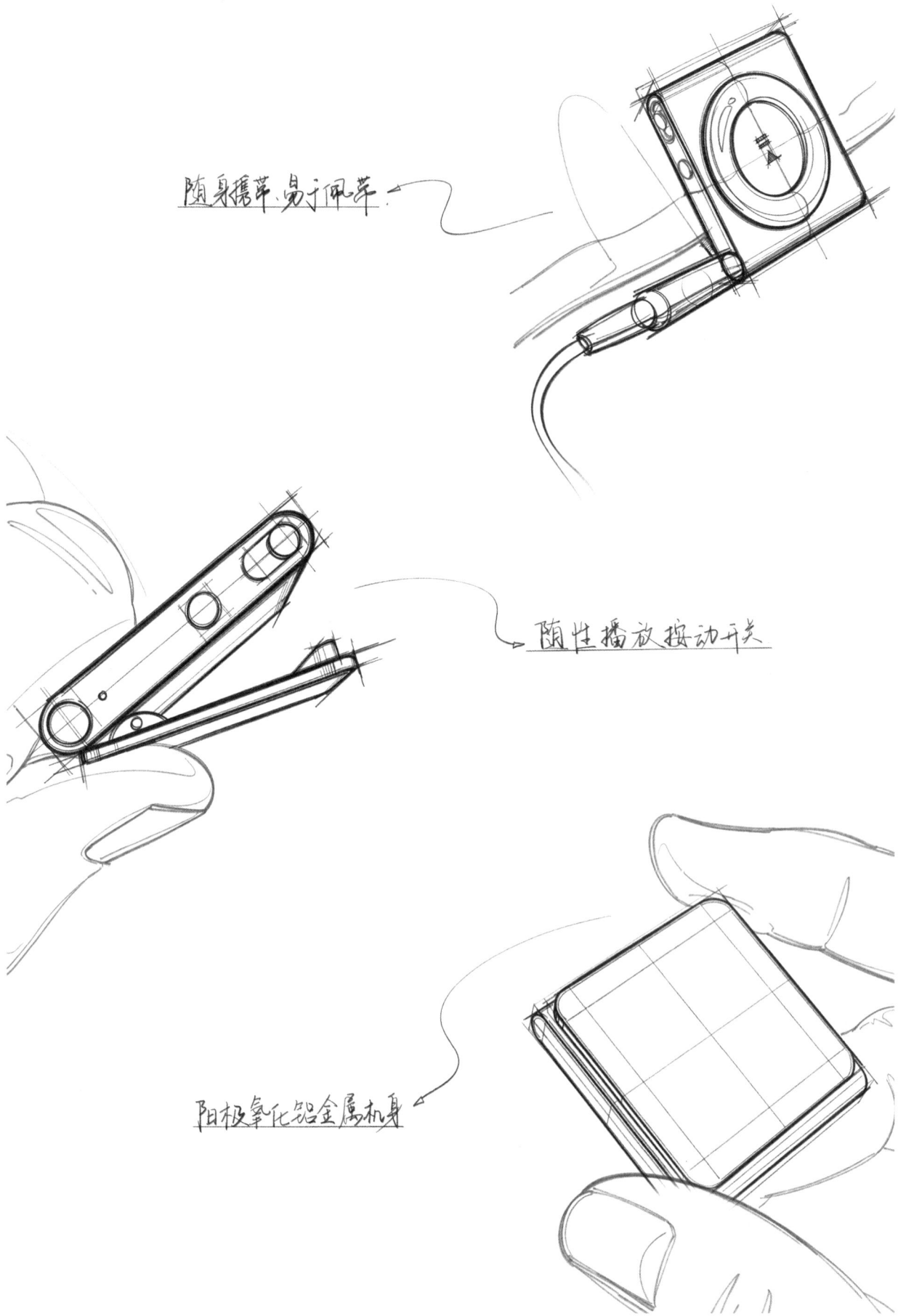

图5-5　原型呈现

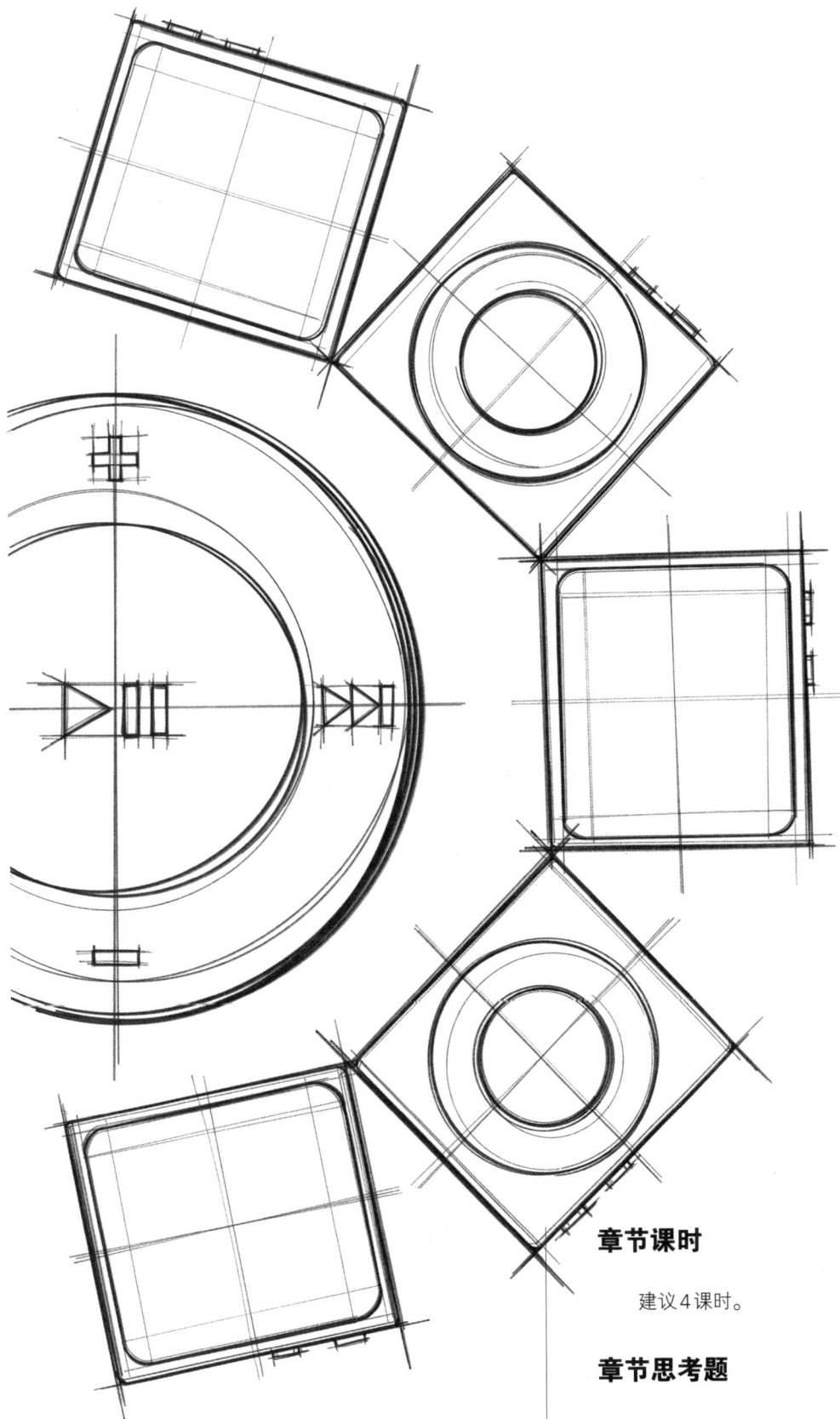

图 5-6　原型呈现

章节课时

建议 4 课时。

章节思考题

1. 在素描练习中与他人合作如何增强或挑战我的设计想法，我能从团队成员提供的不同观点和反馈中学到什么？

2. 素描中如何体现多样性才能有助于提供更具包容性的设计解决方案？

第六讲　设计素描表述产品设计结构

6.1 产品的表面结构

产品的表面结构是一个至关重要的方面,它暗示了设计的触感、材料特性和舒适度。对于学习产品设计素描的学员来说,了解如何准确地表现自行车头盔的表面结构(图6-1),可以弥补平面表现与逼真体现之间的差距。下面介绍如何在素描中表达自行车头盔表面的复杂细节。

步骤1:了解人体工学和表面结构。在开始绘制素描之前,了解自行车头盔的人体工学原理至关重要。人体工学形状与头部自然贴合,其轮廓可支撑头部和颈部。材料舒适度需要在手指触摸处采用柔软触感材料,质地可提供抓握感,但不会造成疲劳。此外,功能性相关联的包括按键和滚轮,以确保在操作过程中尽量减少疲劳。将这些特征转化为素描的重点是对每个表面的详细描述。

步骤2:绘制基本轮廓。首先,以符合人体工学的视角勾勒出自行车头盔的基本形状。用轻描淡写的笔触勾勒出舒适的握持形状,必要时保持不对称,以反映自然的握持姿势。

步骤3:细化表面纹理。让用户感受自行车头盔的材质和表面效果。使用淡淡的阴影或阴影线来显示表面光滑的地方,通常是头部的位置。使用高光和最小阴影显示反光,以说明表面光滑。对于有橡胶质感的区域,可添加条纹或交叉阴影来表现纹理。在头部与颈部应更加明显,以达到防滑的效果。使用均匀、浅淡的阴影来表现不反光的哑光质感,这在非握把区域很常见。如果设计中加入了透气功能,则必须以均匀一致的小点或圆圈来表示穿孔。使用紧密的弧形线条来表示柔软的填充物,以显示表面轻微凹陷,符合触感。

步骤4:突出轮廓。符合人体工学原理的自行车头盔通常都有明显的轮廓,用于放置头部,使用符合人体工学凹槽和隆起设计的弧形线条。阴影应显示深度和弧

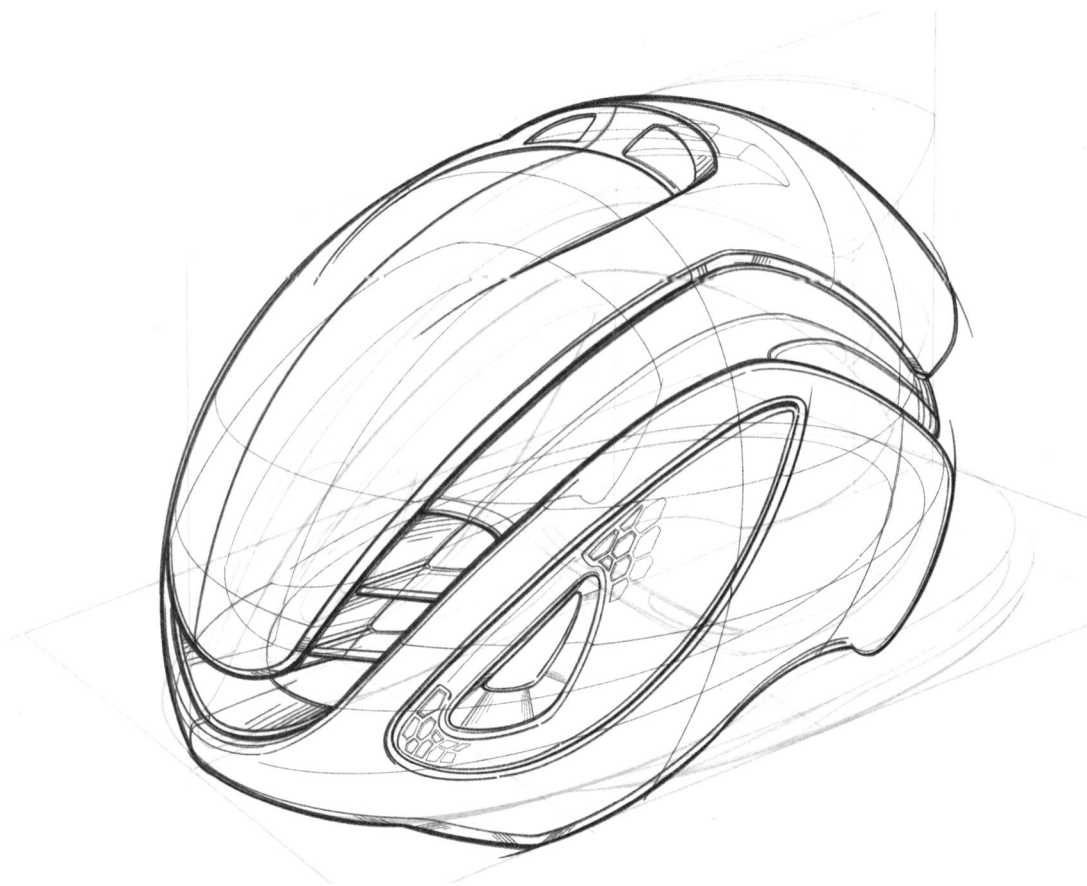

图6-1　产品的表面结构

度,而高光则表示凸起的区域。

步骤5:显示功能性,包括按钮和纽扣等细节。按钮应凸起或与主体截然不同。边缘的细线可以表示分离或移动的部分。卡扣的纹理轮可以用细的水平线或阴影来表示棱纹表面。确保卡扣嵌入其隔层中,而不是与自行车头盔表面齐平。

步骤6:融入用户互动。为了增加真实感,请在自行车头盔上以自然的姿势勾画出人体部分。人体头部的表述有助于适当调整人体工学特征的比例,并显示与各种表面纹理的交互。在头部与自行车头盔接触的地方使用细微的阴影,以突出压力点和抓握感。

步骤7:修改和完善。检查素描是否存在纹理、光线和阴影不一致的情况,这些情况可能会影响人体工学设计的效果。确保整个产品的纹理和阴影一致。加强与人体工学和可用性相关的细节。

步骤8:颜色和材料标注。在适用的情况下,在素描上标注配色方案和材料说明。标注色彩区域和过渡,尤其是在材料或质地发生变化时。在不使用颜色的地方,使用常用的填充符号来表示不同的材料。

章节小结

在产品设计素描中表现自行车头盔的表面结构,需要对人体工学和材料有深刻的理解,并通过细节、纹理和阴影来表达。一份细节丰富的素描不仅能传达视觉吸引力,还能体现人体工学头盔的触感和用户舒适度。掌握了这一技能,产品设计学习者就能让素描栩栩如生,让人一窥其设计的实用性和愉悦性。

6.1.1 产品轴测图

轴测图是一种能让设计师对物体进行三维说明的绘图。在产品设计中,绘制自行车头盔的轴测图需要有条不紊地进行,以确保准确捕捉每个角度、按钮和轮廓。本教学课件将指导学习者全面绘制人体工学头盔的轴测图。

步骤1:了解轴测法。在轴测图法中,物体相对于投影平面沿着一个或多个轴线旋转。轴测图有三种类型:第一,等轴测。所有三条轴线的度数相等,三条轴线之间的夹角为120度。第二,二等分。两条轴的度量相同,但第三条轴的度量不同。第三,三等分。所有三条轴线的度量都不同。在产品设计中,等轴测图是常用的绘图方法,因为等轴测图能平等地表示物体的所有面,便于标注尺寸。

步骤2:设置等距网格(图6-2)。画三条线,分别代表三条轴线(x、y、z),三条线相交于一点。三条线之间的夹角应为120度。从每条轴线延伸出平行线,等距排列,创建等距网格。

步骤3:勾勒基本形状(图6-3)。在等距网格上,开始勾勒自行车头盔的大致形状,即一系列与主轴相匹配的矩形或立方体。请牢记自行车头盔的形状要符合人体工学,它不是一个简单的矩形,而是一个轮廓形状,在头部的位置略微凸起。

步骤4:雕刻形状(图6-4)。有了基本的体积,就该雕刻出自行车头盔的形状,添加曲线和轮廓以体现人体工学设计。与线性透视图不同,这些曲线必须与网格轴线平行,以保持轴测透视。注意自行车头盔的主要功能,功能应清晰定义,保持等距对齐。

参考阅读书目与文献

[1] 崔晓慈.基于品牌文化与结构设计结合的产品外观造型设计研究[J].明日风尚,2023(21).
[2] 黎恢来.产品结构设计提升篇[M].电子工业出版社,2014.
[3] 杨志.品牌文化形象设计[M].中国建筑工业出版社,2013.
[4] 曾琦.传统非遗文化文创品牌视觉形象的创意设计表现[J].大观,2023(9).
[5] 李泰江.机械类产品结构要素设计要点探究[J].MACHINECHINA,2023(25).
[6] 钱永海.机械产品设计的结构优化技术运用分析[J].中国机械,2023(1).

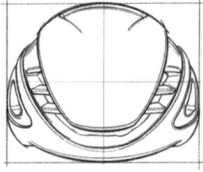

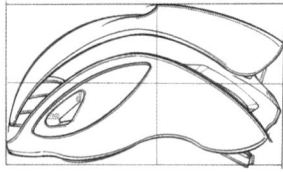

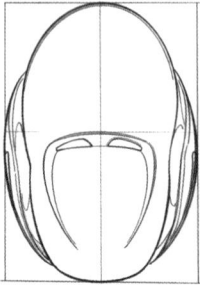

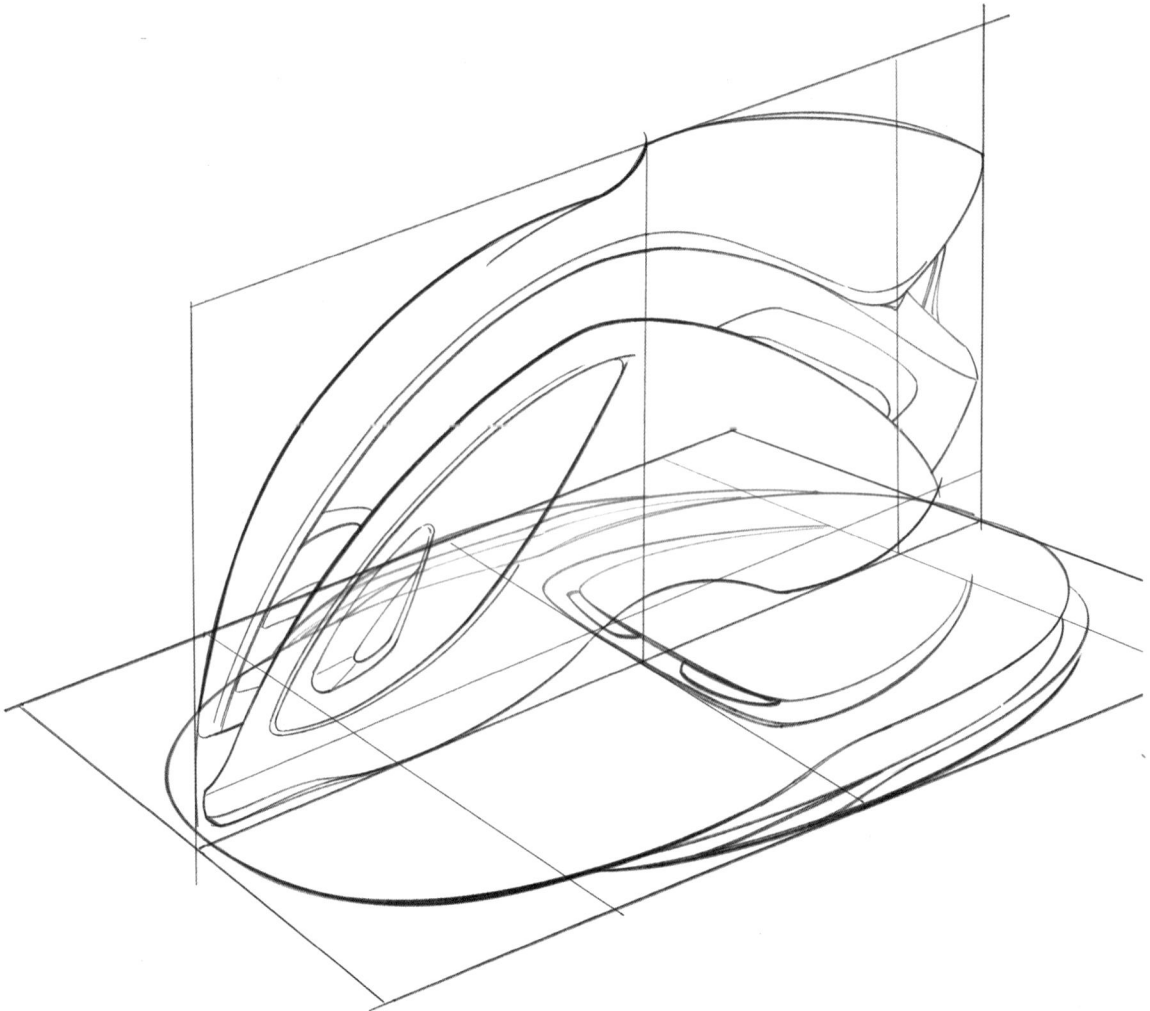

图6-2 产品轴测图1

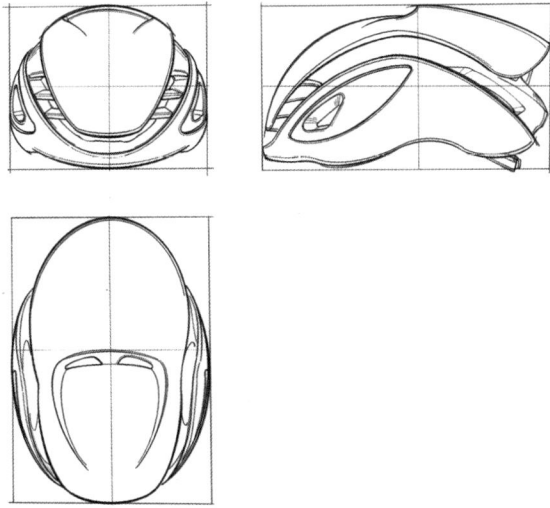

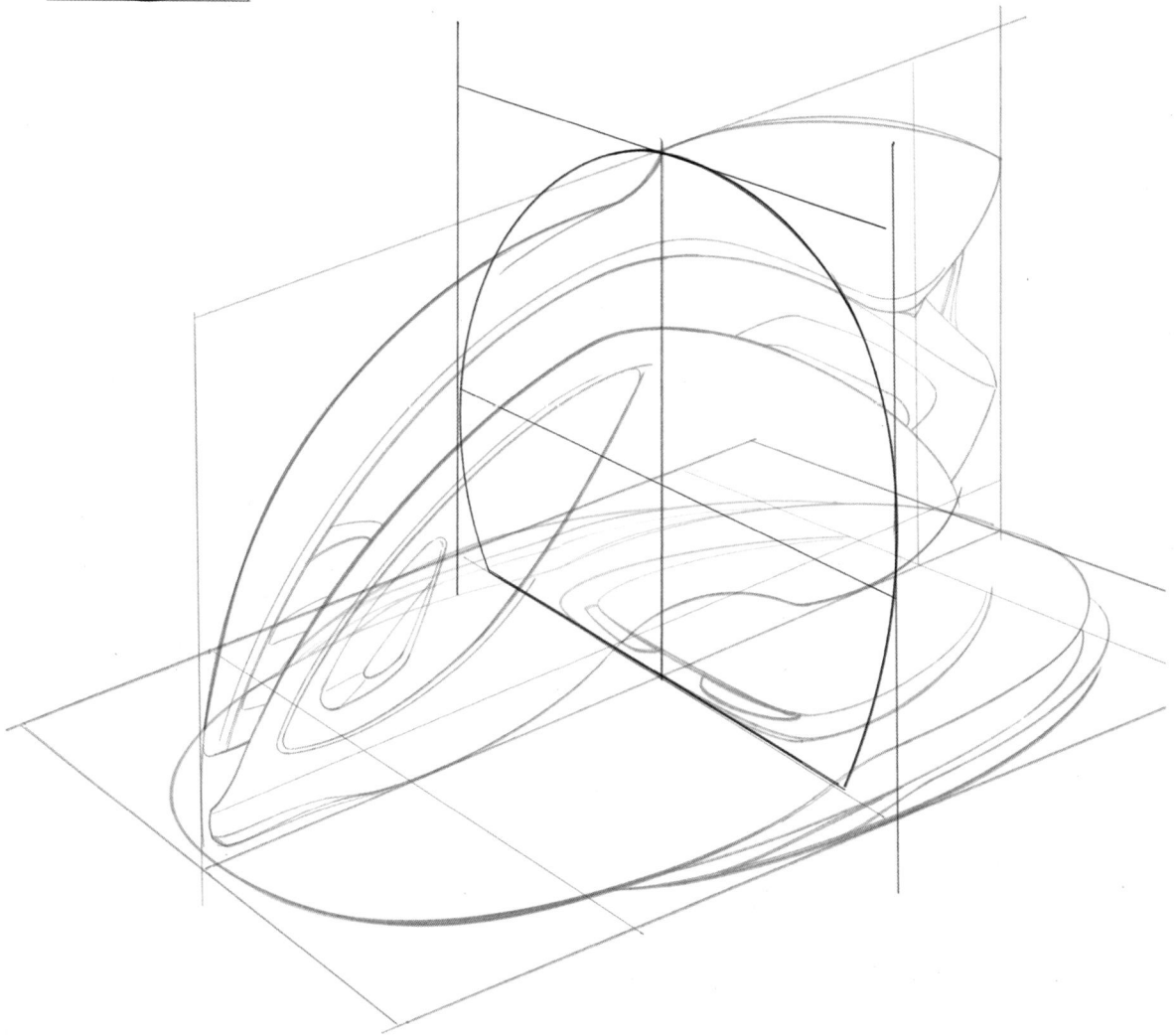

图6-3　产品轴测图2

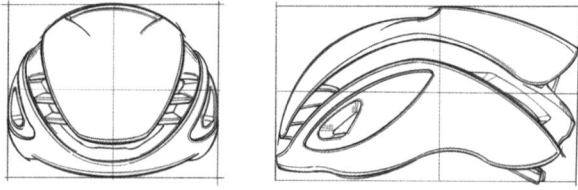

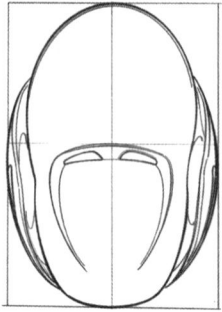

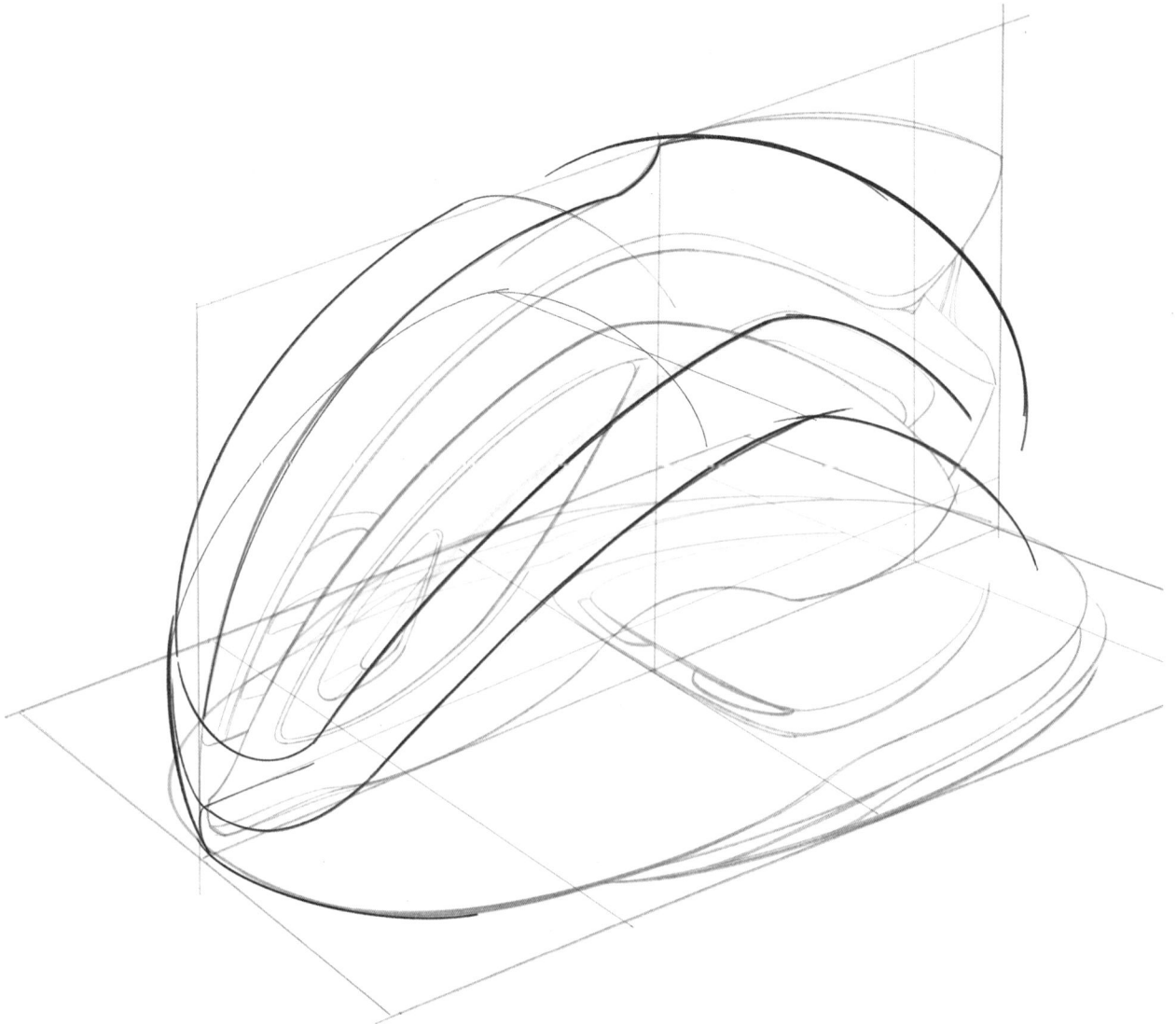

图6-4 产品轴测图3

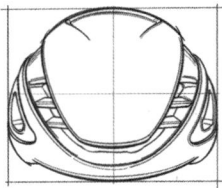

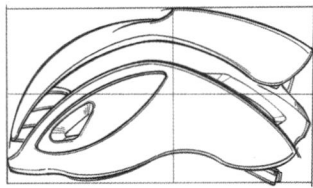

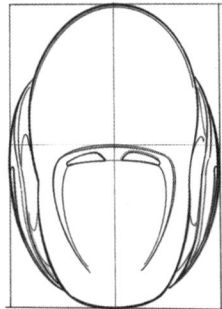

步骤5：定义细节（图6-5）。添加使自行车头盔独一无二的细节元素：绘制开模线与空洞以及略微凸起的区域或明显的形状，以符合自行车头盔主体的弧度。用同心圆和侧面轮廓表示滚轮的位置和旋转方向。添加其他细节，如品牌、指示灯或连接接口，确保每个细节都遵循正确的等距角度。

图6-5　产品轴测图4

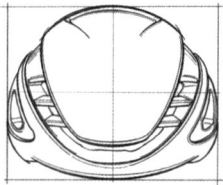

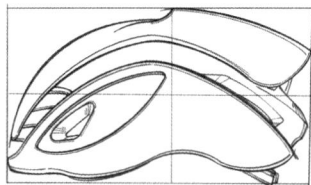

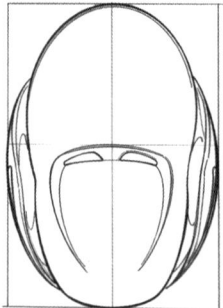

步骤6：完善轮廓（图6-6）。符合人体工学的外形意味着需要调整标准的形体轮廓。使用平滑的过渡和流畅的线条来展示自行车头盔的轮廓。要表现头部与面部的人体工学凹痕，可使用一系列平行的弧形线条，这些线条应遵循握把的形状。仔细检查等距对齐方式，确保所有元素都与网格保持一致。

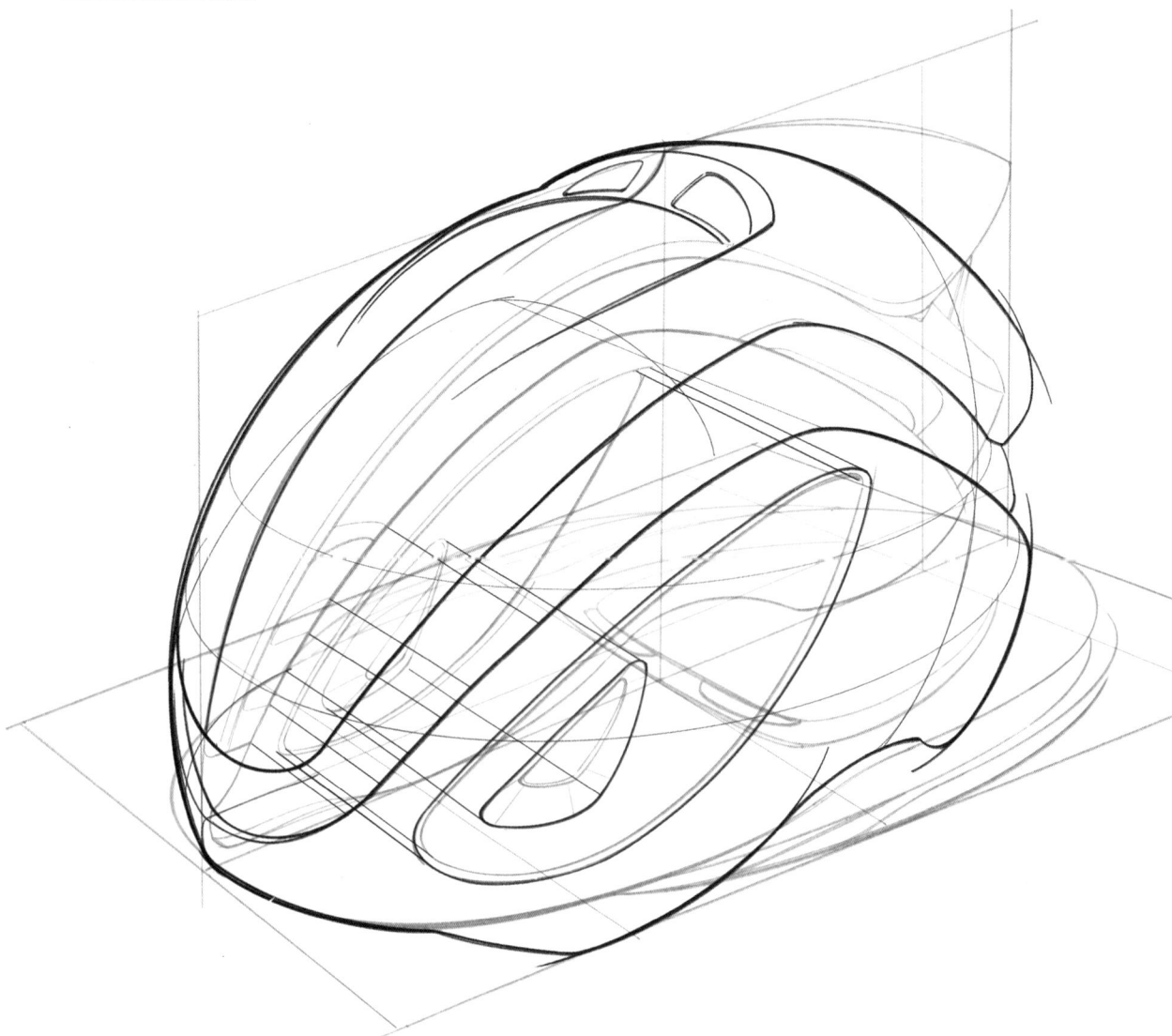

图6-6　产品轴测图5

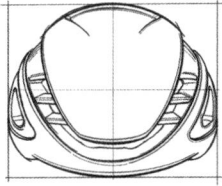

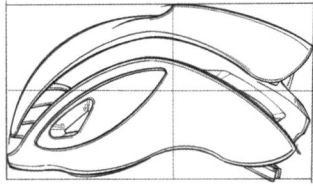

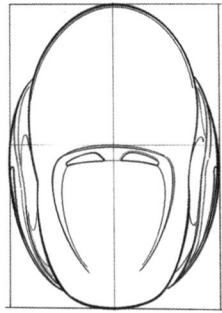

步骤7: 应用纹理和材质（图6-7）。使用不同的填充图案或条纹来显示纹理差异，例如哑光表面和亮光表面。使用更紧密的填充图案来表示橡胶或柔软触感区域，以显示不同的材质属性。如果自行车头盔有用于通风的网眼或穿孔区域，则用等距透视法排列的圆点或小圆圈来精确描绘。

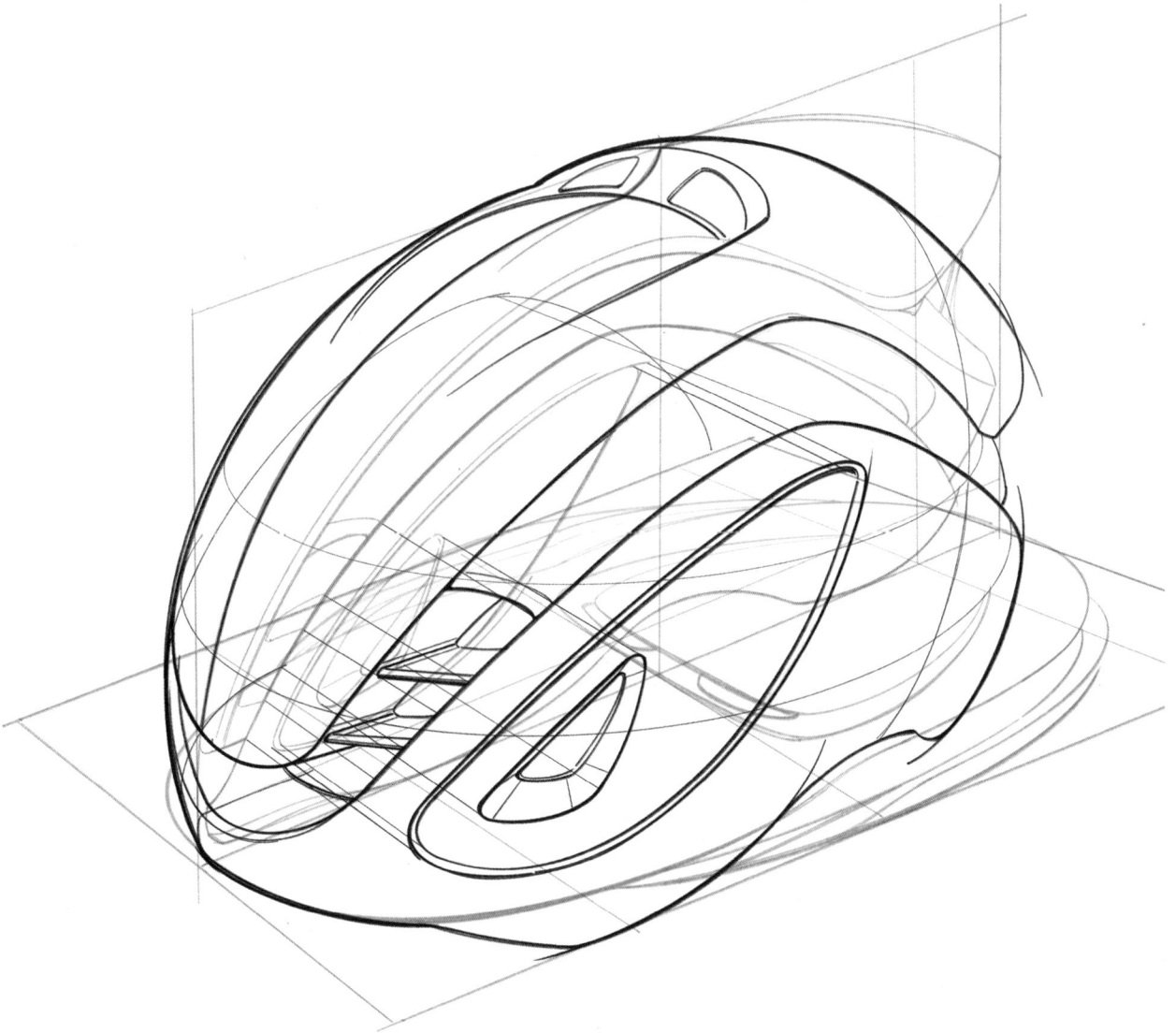

图6-7　产品轴测图6

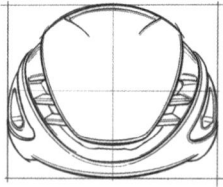

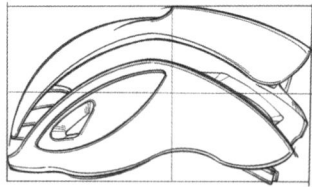

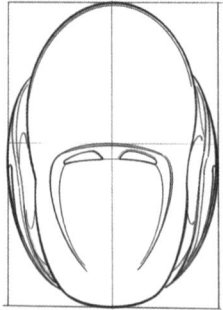

步骤8：添加阴影和底纹（图6-8）。阴影和底纹能让绘图更有深度。在等轴测图中，它们有助于突出人体工学特征。确定光源方向，并在光源对面投射阴影，保持阴影线与等距线平行。使用渐变色对头盔的凹槽进行阴影处理，以显示深度。确保阴影区域与所选光源一致，并有助于突出头盔的立体感。

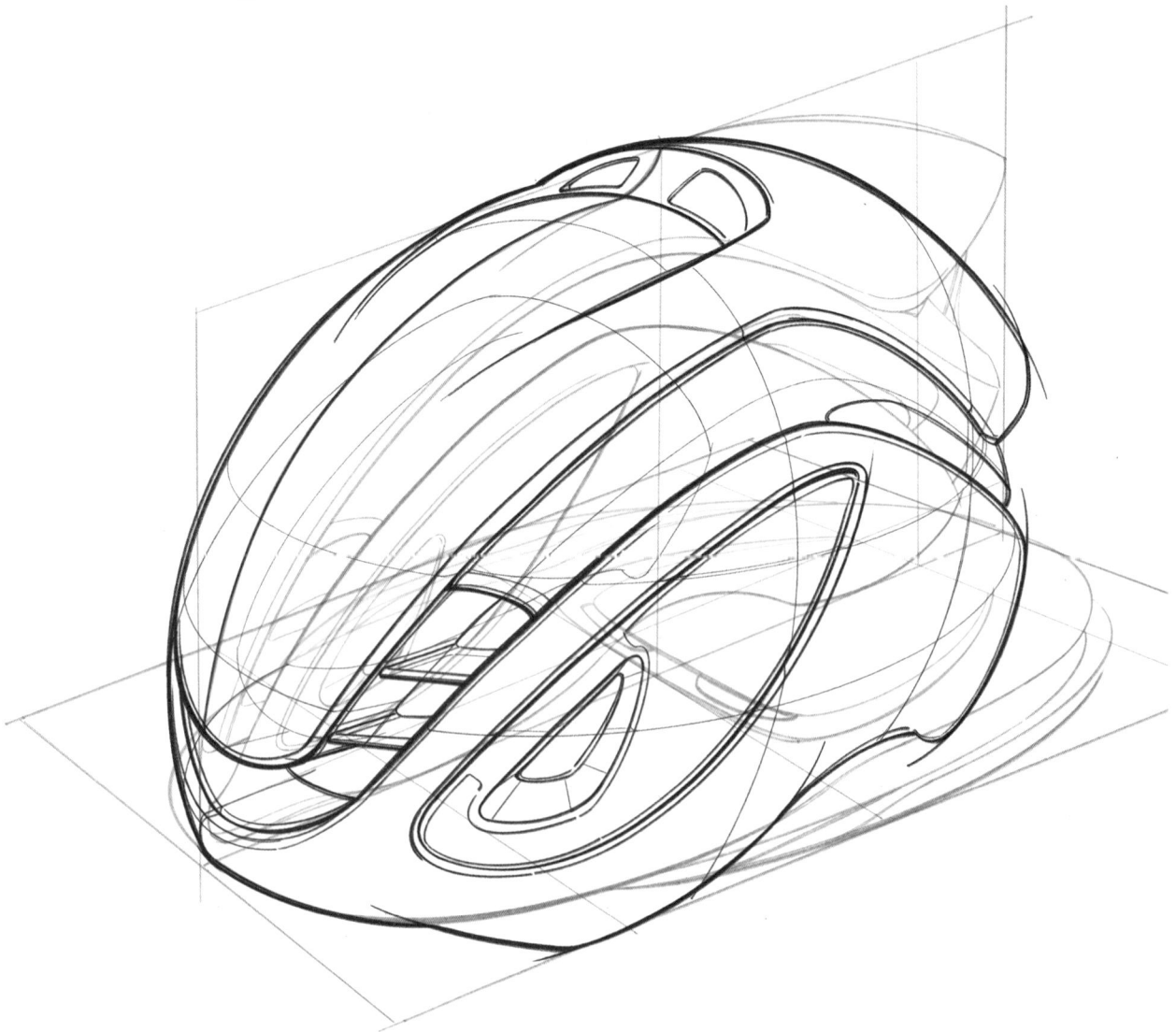

图6-8　产品轴测图7

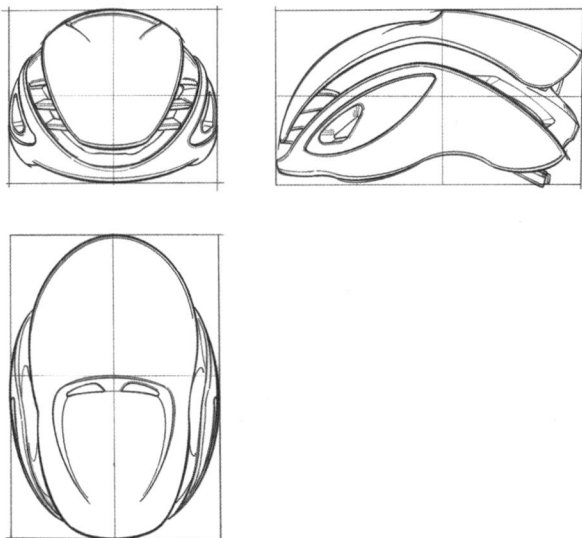

步骤9：最后润色（图6-9）。检查绘图的准确性和清晰度，确保自行车头盔设计的每个元素都清晰可见，并正确倾斜以适应等距透视。清理任何多余的线条，完善曲线平滑准确。

章节小结

自行车头盔的轴测图应兼顾技术性和视觉清晰度。最终结果应从展示人体工学优势的角度清楚地传达产品的外形和功能。使用各种型号的头盔进行练习有助于提高绘制这类图纸的精度和速度。学习者逐渐熟悉轴测法后，便能够将人体工学转化为详细而准确的素描，这在产品设计领域至关重要。

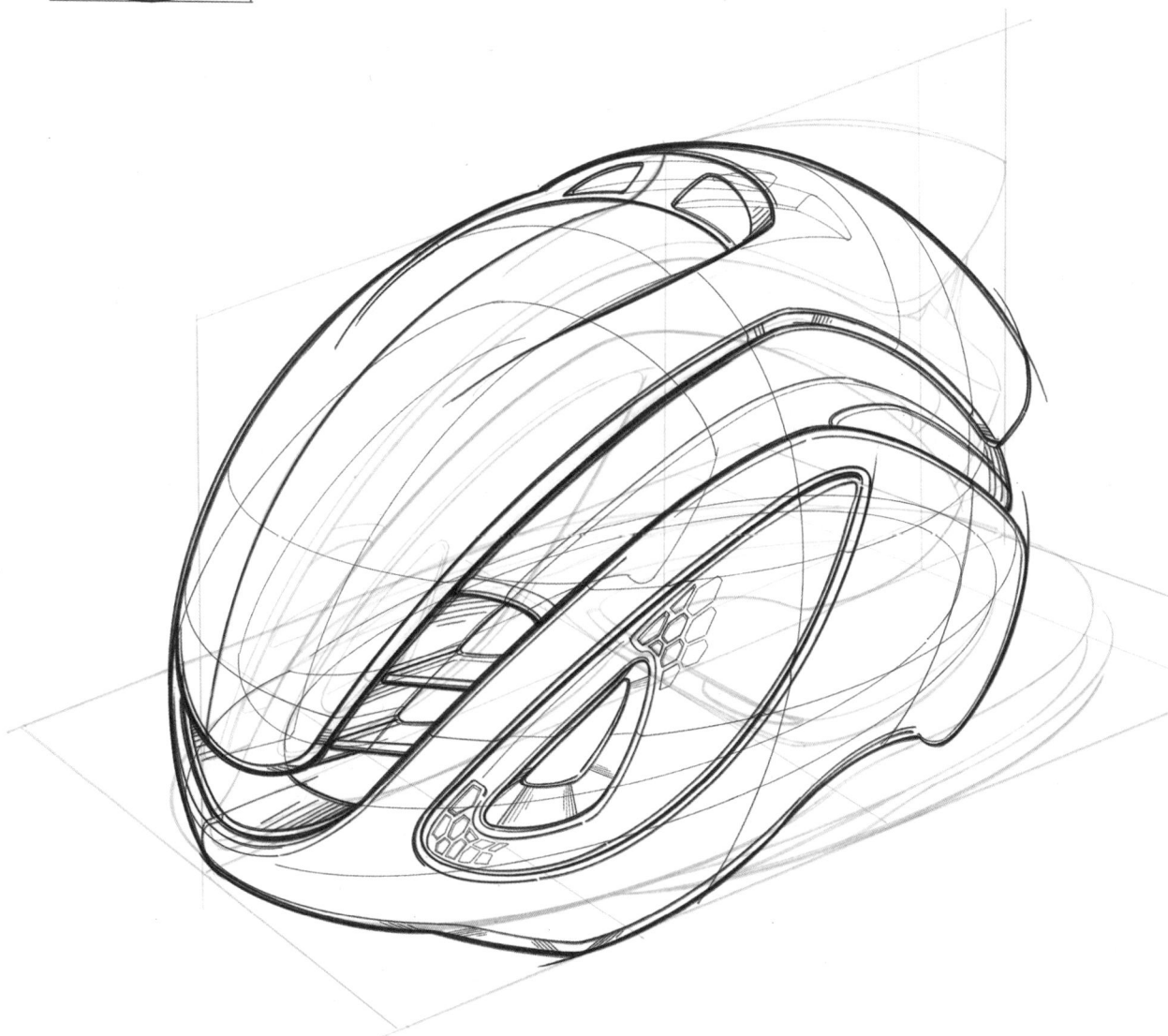

图6-9　产品轴测图8

6.1.2 产品三视图

在产品设计素描中,用三个标准视角:正面、顶部和侧面来表现产品(图6-10),对于全面了解物体的外形和功能至关重要。本章节将重点介绍如何使用这三个视角来表现自行车头盔,这也是学习者掌握产品设计素描的基本做法。

步骤1:掌握三视图的重要性。前视图(立面图):该视图通常显示自行车头盔的高度和最具特征的面。俯视图(平面图):从上方说明宽度和轮廓,对于了解自行车头盔的人体工学至关重要。侧视图(剖面图):展示自行车头盔的深度和侧面轮廓,有助于了解其人体工学特性的垂直方面。了解每个视图的目的可以确保重要细节不被忽视,并确保设计在三种表现形式中能够保持一致。

步骤2:准备素描区域。用尺子将绘图区划分为三个相等的区域,每个视图一个区域。给每个部分贴上相应的标签:正面、顶部和侧面。

步骤3:从一个包含自行车头盔大致尺寸的矩形开始。在这个矩形内,画出自行车头盔的轮廓。自行车头盔的前视图将显示出佩戴位置的弧度、按键和连接方式。勾画出结构分区、开孔位置的微妙弧度,以及其他任何正面细节,如指示符号或产品标志。

步骤4:绘制顶视图素描。在前视图部分的正上方或正下方,将顶视图与前视图的宽度对齐。绘制从上方看自行车头盔的整体轮廓,捕捉左右轮廓,以适应头部的自然静止位置。包括孔洞的位置,以及为符合人体工学而设计的任何凸起或凹陷。注意按钮的大小和空间、外形和内部的弧度以及头盔设计的整体流线。

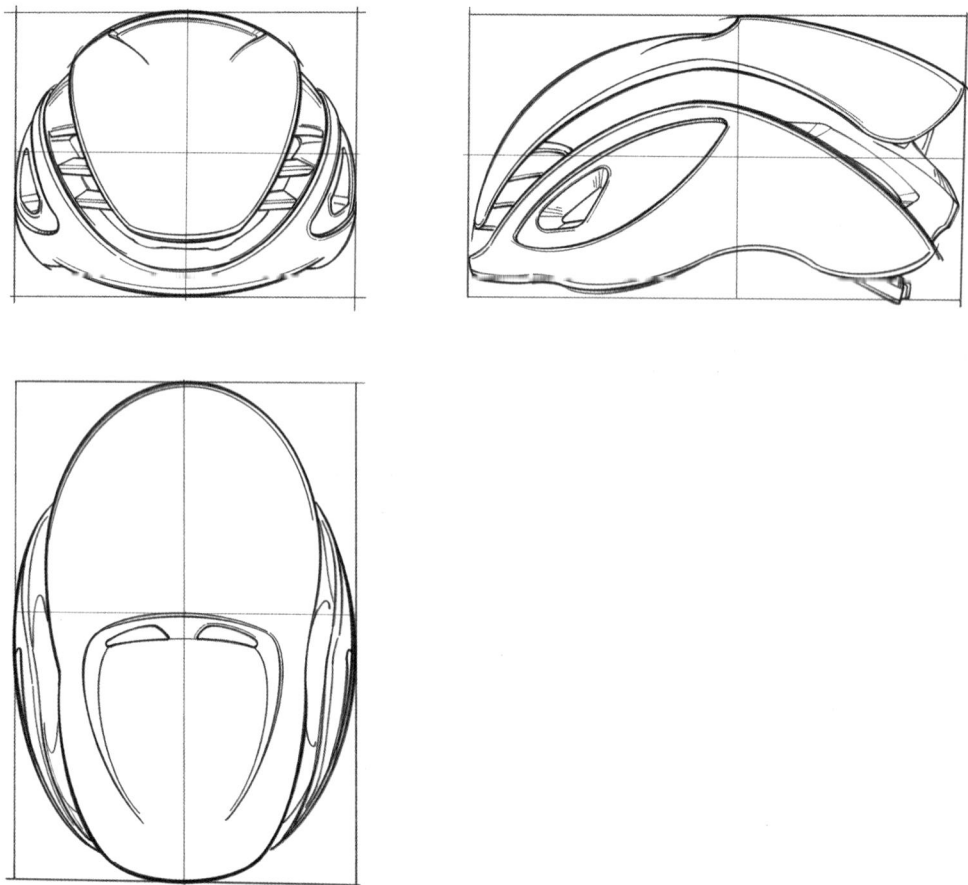

图6-10　产品三视图

步骤5：绘制侧视图。将侧视图分别与正视图或俯视图的高度或宽度对齐。描绘自行车头盔的轮廓，显示其深度。显示产品的侧面轮廓，并包括任何侧面按钮或孔洞。确保该视图与正视图和俯视图准确对应。高度和宽度应一致，并提供无缝的侧面显示。

步骤6：确保各视图的准确性。使用引导线（也称为投影线）将主要点从一个视图延伸到其他视图，例如自行车头盔的最顶点或底部。检查所有视图之间的特征是否正确对应。例如，如果自行车头盔在俯视图中的某一点弯曲，那么这条曲线在正视图和侧视图中都应该出现在正确的位置。调整任何差异，确保比例一致。

步骤7：添加细节和深度。轮廓就位后，开始使用阴影添加深度。即使在这些平面视图中，自行车头盔也应呈现出立体感。使用浅色阴影表示曲线和柔和的边缘，使用深色阴影表示较深的轮廓和凹陷。细化材料纹理，用适当的阴影和纹理方法区分橡胶细节、塑料主体和金属装饰。

步骤8：细化和注释。清理杂线，强化主要轮廓，使视图从页面中突显出来。在素描中加入尺寸、材料说明或其他不容易表达的重要信息的注释。

章节小结

三视图从正面、顶部和侧面清晰、准确地表现产品设计，其目的是使自行车头盔的功能性和人体工学特性更加突出，让人对产品的外形和可用性毫无疑问。图6-11的苹果耳机无线充电器三视图准确地注重细节和所有视图的一致性，这是学习者掌握产品设计素描的关键。通过练习，这种方法将成为第二天性，使学习者能够通过素描有效地传达他们的设计。

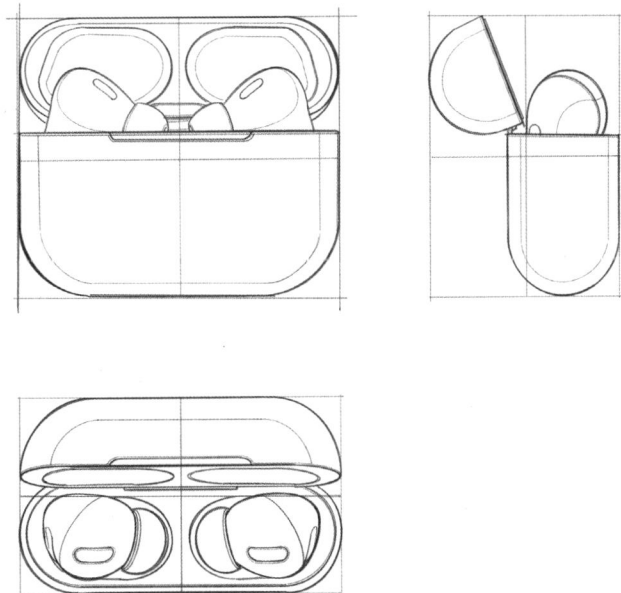

图6-11 产品三视图

参考阅读书目与文献

［1］ 尚莹莹. Auto CAD在陶瓷产品设计三视图中的应用研究［J］. 研究与应用, 2023（6）.
［2］ 谭斐. 计算机辅助设计Auto CAD在陶瓷生产制图中的运用研究［M］. 陶瓷科学与艺术, 2022（12）.
［3］ 白青青. Auto CAD绘图速度优化的方法研究［M］. 无线互联科技, 2022（7）.
［4］ 徐庆伟. 计算机辅助设计AutoCAD在陶瓷生产制图中的运用研究［D］. 景德镇陶瓷学院, 2019.
［5］ 张亚丽. 多媒体艺术设计［J］. 中国电力出版社, 2007（5）.
［6］ 周一楠. 艺术的技术——数字艺术系列丛书［M］. 中国广播电视出版社, 2006.

6.2 产品的隐性结构

在绘制产品设计素描时,重要的不仅仅是外观美感,了解隐藏结构的重要性,并说明支撑自行车头盔产品外部功能的隐藏结构也是至关重要的。本书将指导学习者如何表现自行车头盔符合人体工学的隐形内部结构。

在深入研究素描之前,了解隐藏结构为何如此重要至关重要:第一,支持人体工学:内部框架可确保自行车头盔舒适地贴合用户的头部。第二,确保耐用性:在需要的地方提供必要的刚度和强度。第三,实现功能性:自行车头盔内部的缓冲结构与保护装置。总的来讲,隐藏结构是设计的支柱,了解它是证实产品功能和结构可行性的关键。

步骤1:从透明概述开始。以简单、透明的轮廓形式绘制自行车头盔,使用浅淡的虚线来表示结构的轮廓,如果自行车头盔是不透明的,这些轮廓通常是看不到的。这种"X光"方法为将要说明的内部组件提供了一个参考点。

步骤2:绘制主要内部组件图(图6-12)。从主要结构元素开始绘制自行车头盔的主要支撑框架或骨架。这可能是一系列肋骨,也可能是一个坚固的底板,具体取决于设计。划出设计用于放置结构元件的区域。在内部支撑结构的位置画出简单的几何图形,标明它们在自行车头盔中的确切位置。用简化图形表示按钮、卡扣和孔洞。

步骤3:标明材料厚度和剖面图。沿着自行车头盔轮廓的边缘勾画双线,说明材料的厚度。通过绘制部分内部结构,然后叠加部分外部形状来显示剖视图。外部表面和内部元素之间的这种对比,突出了内部对外部形状的贡献。

步骤4:细化隐藏的部件(图6-13)。开始为内部结构添加更多细节,例如支撑和安装预设零件。表述要直截了当,但要足够清晰,以表达其功能。对于具有可调节功能的部位,应说明使其成为可能的机制,如弹簧、刻度盘或滑块。

步骤5:使用横截面图来清晰说明(图6-14)。选择一个平面进行横截面观察,这对了解自行车头盔的内部架构设计特别有启发。切开自行车头盔最厚的部分,或沿着内部细节丰富部位切开。绘制产品剖视图时,就像自行车头盔被切开一样,露出内部的所有层和组件。确保与外部形状正确对齐,以便准确表现。

步骤6:使用重影技术。使用"重影"技术来减少视觉表现的干扰,即以一种低调的方式绘制隐藏的结构,例如使用较浅的线条,使其不会盖过头盔的可见部分。这种方法既能让观众"一窥"内部结构,又不会使其成为主要焦点。

步骤7:突出交互性。在相关情况下,显示隐藏组件的动态:对于移动,用箭头表示方向性。例如,展示连接组件如何向下进行装配,使用虚线或折线表示可调节部件的运动轨迹。

步骤8:最后完成插图(图6-15)。检查素描,通过加深外部线条和保持内部结构的浅色来增加图画的对比度和深度。确保所有内部元素都已捕捉到,并与之前详细描述的外部设计相匹配。

章节小结

通过对隐藏结构的详细说明,自行车头盔的产品设计素描就不仅仅是形式的描绘,而且是功能的映射。对于学习者来说,培养表现这些隐藏元素的技能是不可或缺的,它可以增加设计过程的深度,并提供对产品工作原理的整体理解。有了对可见和不可见元素进行素描的能力,设计师就能创造出更明智、更实用、最终更成功的产品。

参考阅读书目与文献

[1] 向东.产品设计中多领域只是表达、获取及应用研究[J].华东科技大学,2012(5).
[2] 邓家�.产品概念设计理论方法与技术[J].机械工业出版社,2002.
[3] 罗绍新.机械创新设计[J].机械工业出版社,2008.
[4] 冯培恩.机械制造工艺对称性的概念体系及其应用思路[J].工程设计学报,2010.
[5] 谢友柏.产品的性能特征与现代设计[J].中国机械工程,2000(2).
[6] 周一楠.基于知识驱动的产品设计过程建模及应用研究[J].中国机械工程,2008.

6.2.1 产品剖视图

产品设计中的剖视图是一种强大的说明技巧,它可以剥离产品的外部层次,揭示内部组件及其排列。对于学习产品设计素描的学生来说,绘制自行车头盔的剖视图有助于理解其功能和结构。以下是如何绘制剖视图,以表达自行车头盔内部运作的复杂性和精确性。

步骤1:研究并了解产品组件。在开始绘制素描之前,研究自行车头盔,了解其外部形状和内部组件,从内部支撑件到连接机构、卡扣、开孔和人体工学衬垫。收集参考资料,获取实际产品图片、制造商明细或3D模型,以全面了解自行车头盔的内部布局。

步骤2:从外部轮廓开始绘制自行车头盔(图6-12)。首先从选定的视角绘制头盔的完整实体素描。确定切割区域,决定切割的位置。通常情况下,会选择沿长度方向的纵切面,但横切面也很有参考价值。

步骤3:确定切割平面。画一条粗虚线,标明自行车头盔的"切口"位置。这条线应清楚地向观众显示材料已被移除。确保这条线符合自行车头盔的视角,尊重头盔的弧度和人体工学特征。

步骤4:说明暴露的内部结构(图6-13)。想象将自行车头盔的上半部分剥离,勾勒出内部组件的轮廓。显示装配结构、卡扣、减震垫和开孔位置的基本形状。不需要绘制得非常详细,但足以给出准确的位置和尺寸。在内部结构的部分与外部表面对齐的地方,使用浅色线条或透明"重影"技术来表示材料的厚度或深度。

步骤5:细化剖视图(图6-14)。使用不同的纹理和凹槽表现不同的材料,显示塑料、金属触点、橡胶材料等。在剖视图的边缘使用渐变色来提供深度,以说明外壳的厚度。剖面图中显示的是机械功能,如按钮装置,则应使用箭头或线条来描绘动作。

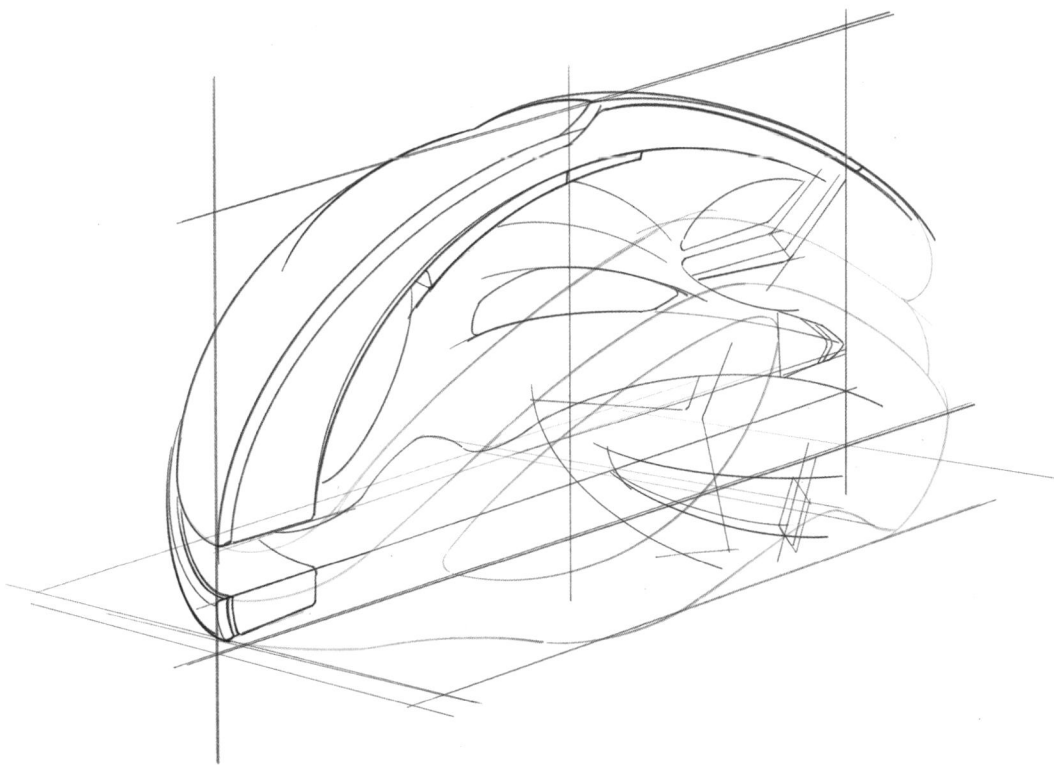

图6-12 产品剖视图1

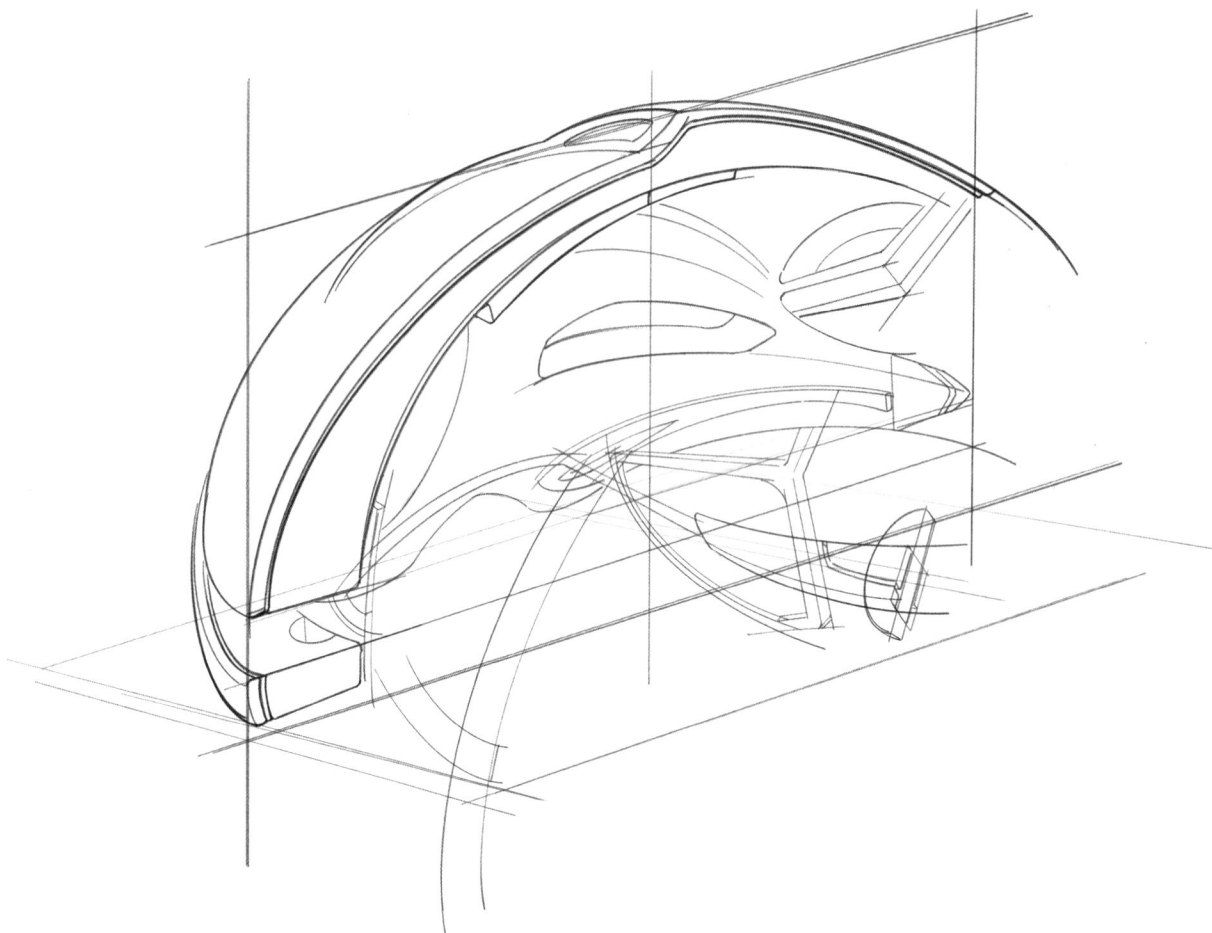

图6-13 产品剖视图2

步骤6:应用阴影和底纹。在适当的地方添加阴影,以暗示部件的深度和整体密度。使用渐变阴影来表示圆柱形,如头盔的人体工学支架。

步骤7:添加注释。使用注释来标注内部组件,如"可调节结构"、"开合结构"或"可拆卸结构"。在操作部件旁简要注明其功能,例如"卡扣可以调节档位和宽松度"。

步骤8:完善和审查(图6-15)。擦除任何不必要的引导线,并进行最后调整,以清理素描。确保外部线条粗犷、清晰,内部线条细致但不夸张。

步骤9:强调设计特征(图6-16)。如果人体工学支撑垫(如凝胶垫)在内部,则应标明其位置并切开以显示其深度。将内部结构与人体工学联系起来:解释部件的位置如何有助于形成符合人体工学的形状或重量分布。

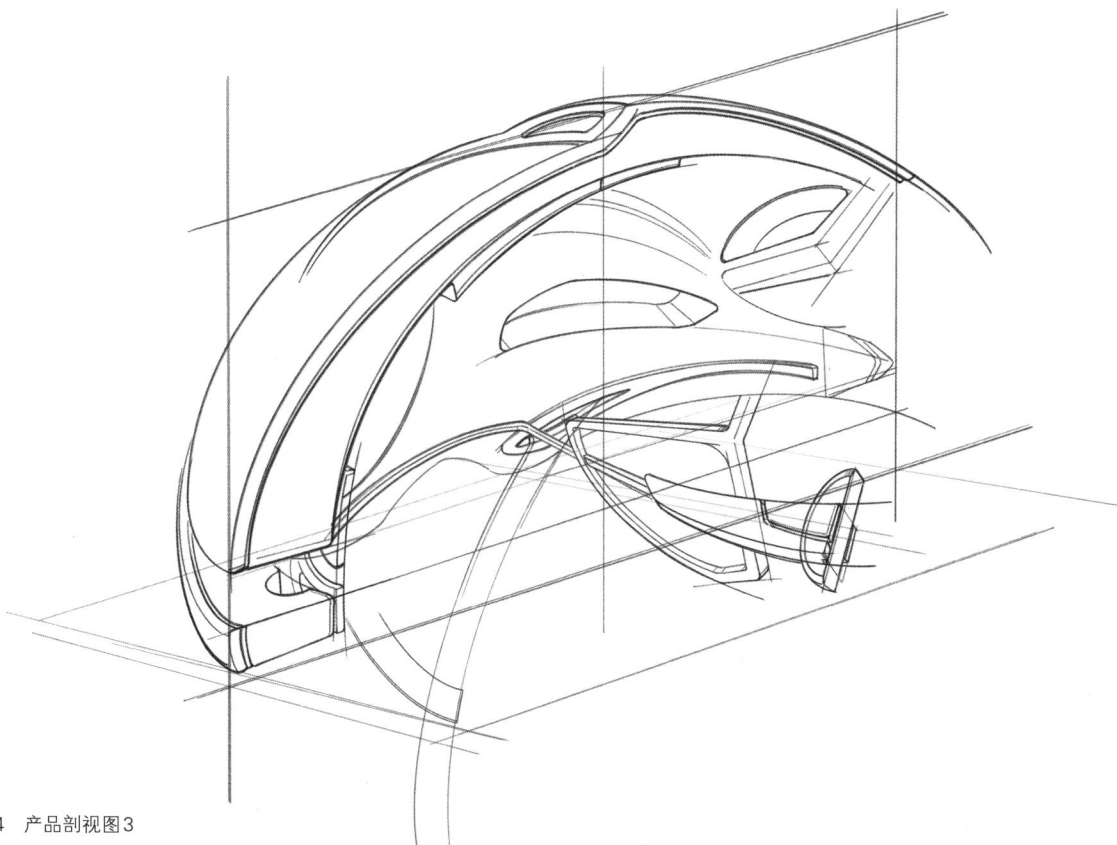

图6-14 产品剖视图3

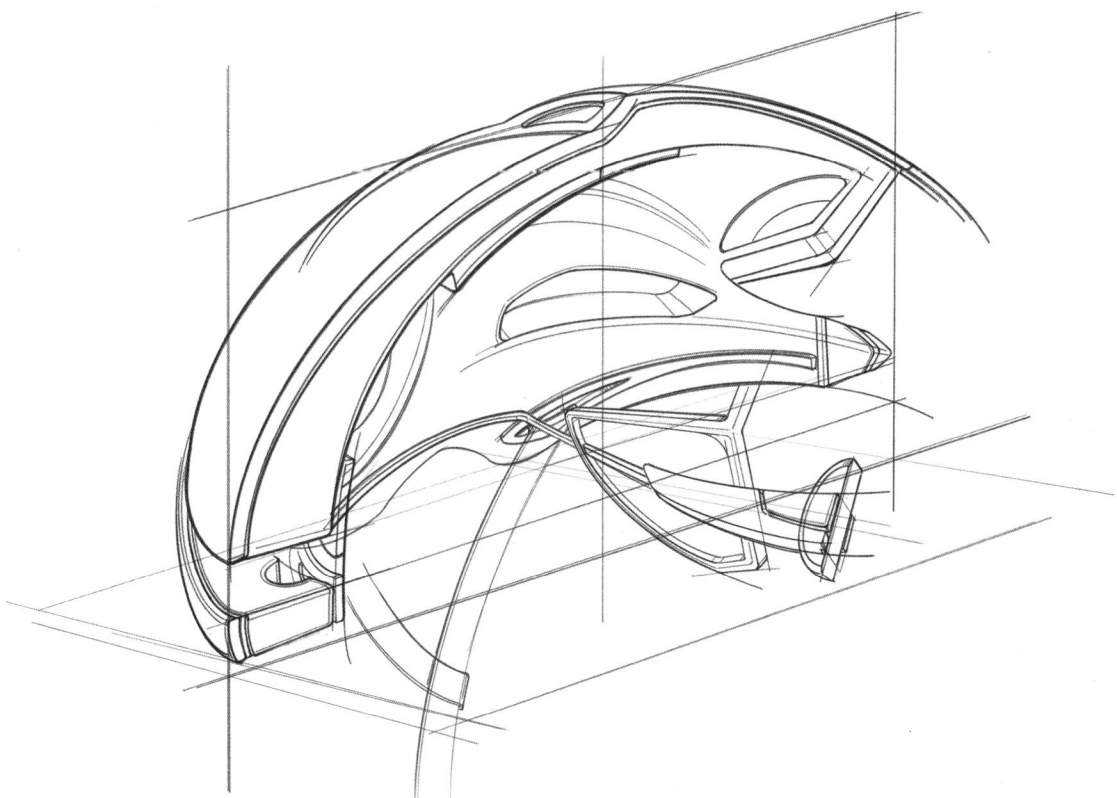

图6-15 产品剖视图4

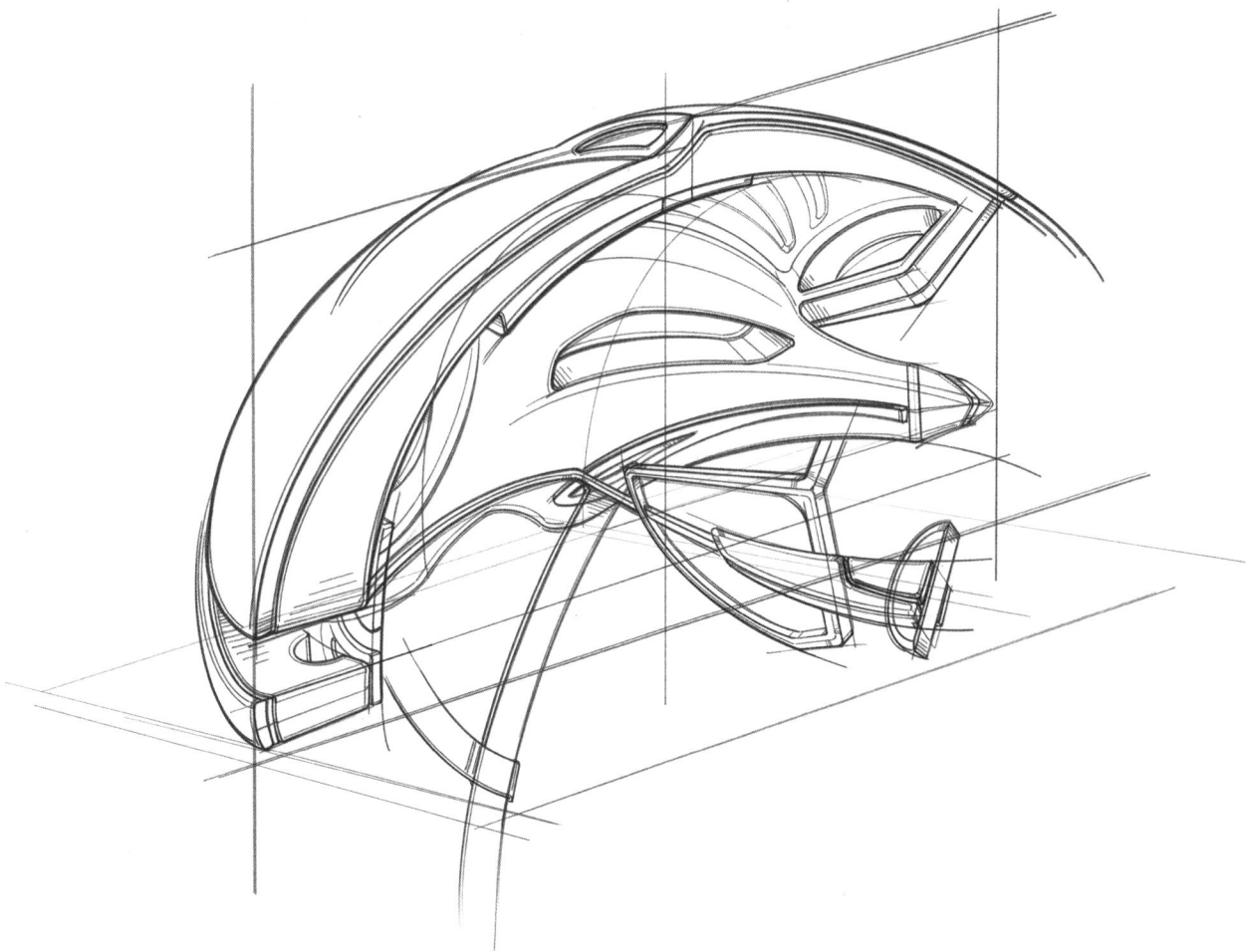

图6-16 产品剖视图5

章节小结

　　绘制自行车头盔的剖视图是一个复杂的过程，它揭示了产品不为人知的一面。这种素描可以让学习者深入了解头盔的内部功能以及设计选择如何影响用户体验，从而成为一种教育工具。掌握这项技术可以大大提高设计师通过视觉手段传达复杂工程概念的能力，在概念设计和实际功能之间架起一座桥梁。

6.2.2 产品爆炸图

爆炸视图素描是一种引人注目的视觉手段,用于展示产品的组装和各个部件之间的关系。它将产品拆解为基本部件,这些部件分散但排列整齐,以显示组装顺序和方法。就自行车头盔而言,爆炸视图的设计素描揭示了有助于实现人体工学和功能的复杂设计选择。下面是产品设计素描学习者有效绘制自行车头盔爆炸视图的教学步骤。

步骤1:理解自行车头盔结构。如果可能,拆解实际的自行车头盔或查阅组装文档,了解头盔的拆解方式和部件的组合方式。识别所有部件,包括外壳、按钮、防护垫、开孔、卡扣和重量。

步骤2:规划爆炸视图(图6-17),决定爆炸是垂直(通常最能说明问题)还是水平。在脑海中记下每个部件的拆卸方向,拆卸方向通常与组装方向相反。

图6-17　产品爆炸图1

步骤3: 绘制核心结构素描 (图6-18)。通常核心指的是产品的框架或底盘, 因为其他部件都连接在上面。在图纸的中央和下部, 给自己留出足够的空间在周围布置其他部件。

步骤4: 分别勾画每个部件 (图6-19)。从内向外开始按顺序绘制部件, 按照从自行车头盔上拆卸下来的顺序勾画每个部件。确保各部分对齐, 因为它们应遵循核心结构的逻辑路径。

图6-18 产品爆炸图2

步骤5：显示连接关系（图6-20）。使用虚线或细线表述零部件可能进入的位置或部件卡合的位置。明确定义接头和接口，在部件相接或相互作用的地方，要通过仔细的细节描绘加以明确。

步骤6：细化每个部件（图6-21）。以爆炸视图勾画自行车头盔的轮廓形状、柔软触感表面和按钮，尊重人体工学设计的特点。应用不同的阴影或图案来表现不同的材料和表面处理。

图6-19　产品爆炸图3

图6-20　产品爆炸图4

图6-21 产品爆炸图5

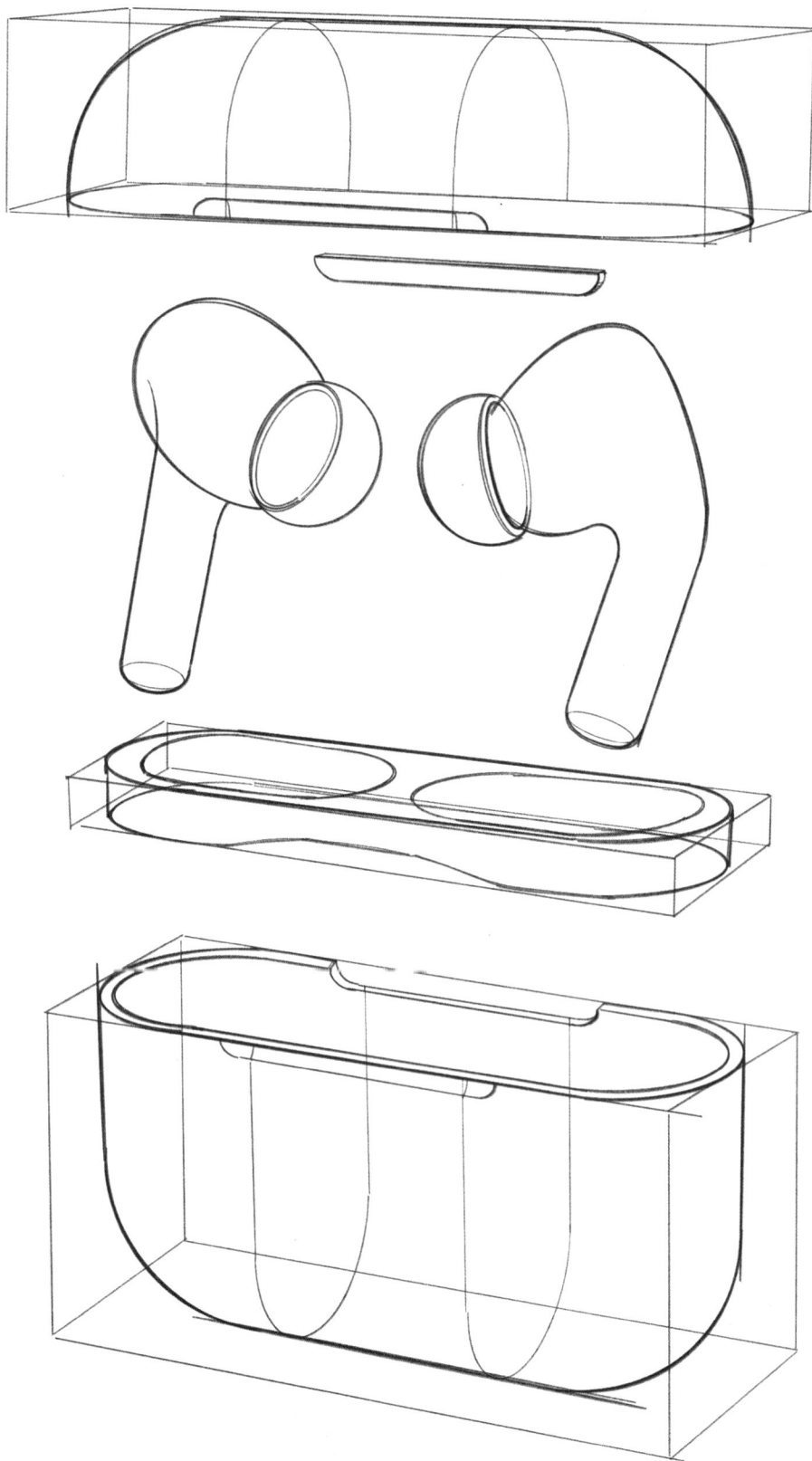

图6-22 产品爆炸图示范2-1

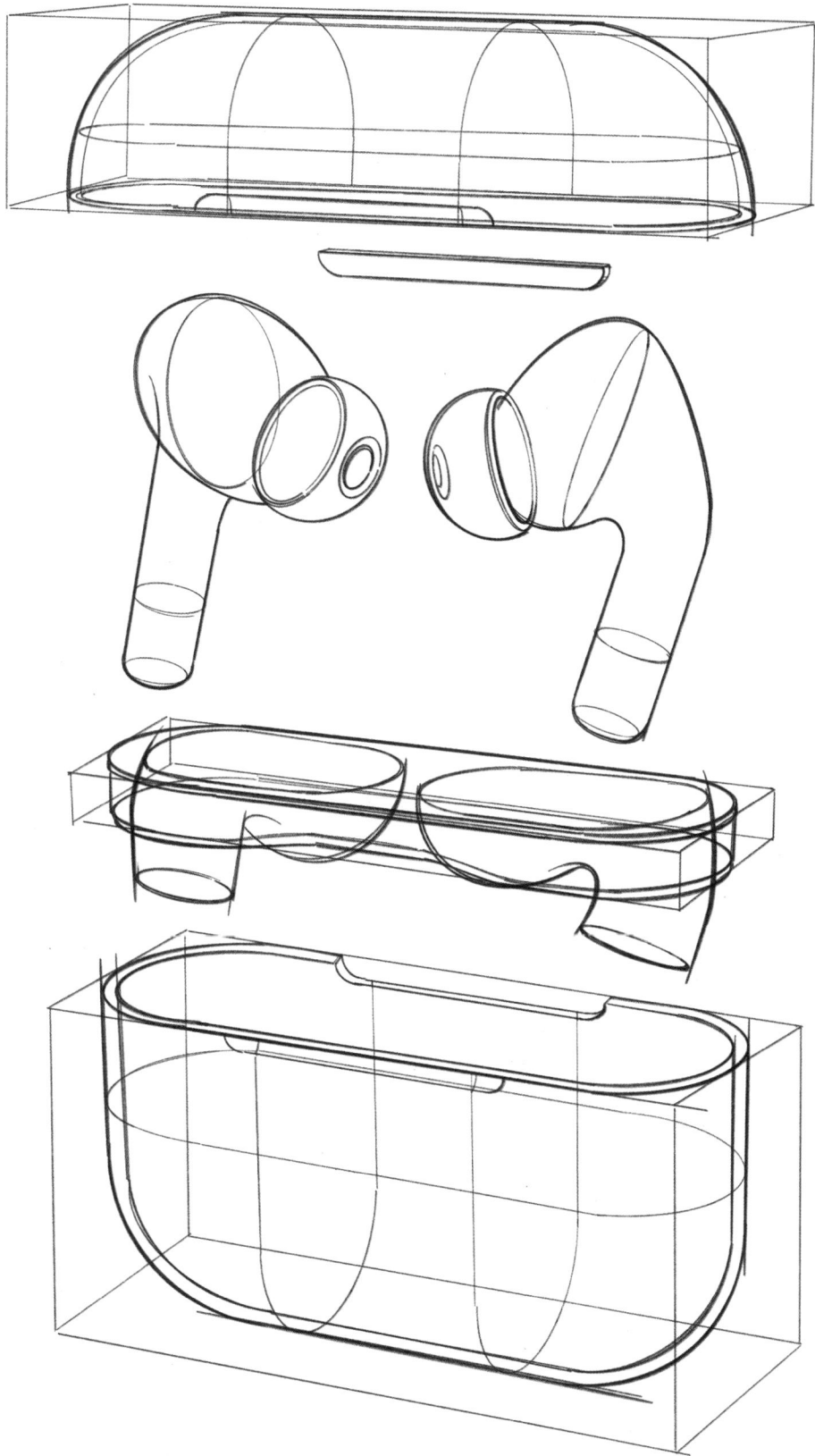

图6-23 产品爆炸图示范2-2

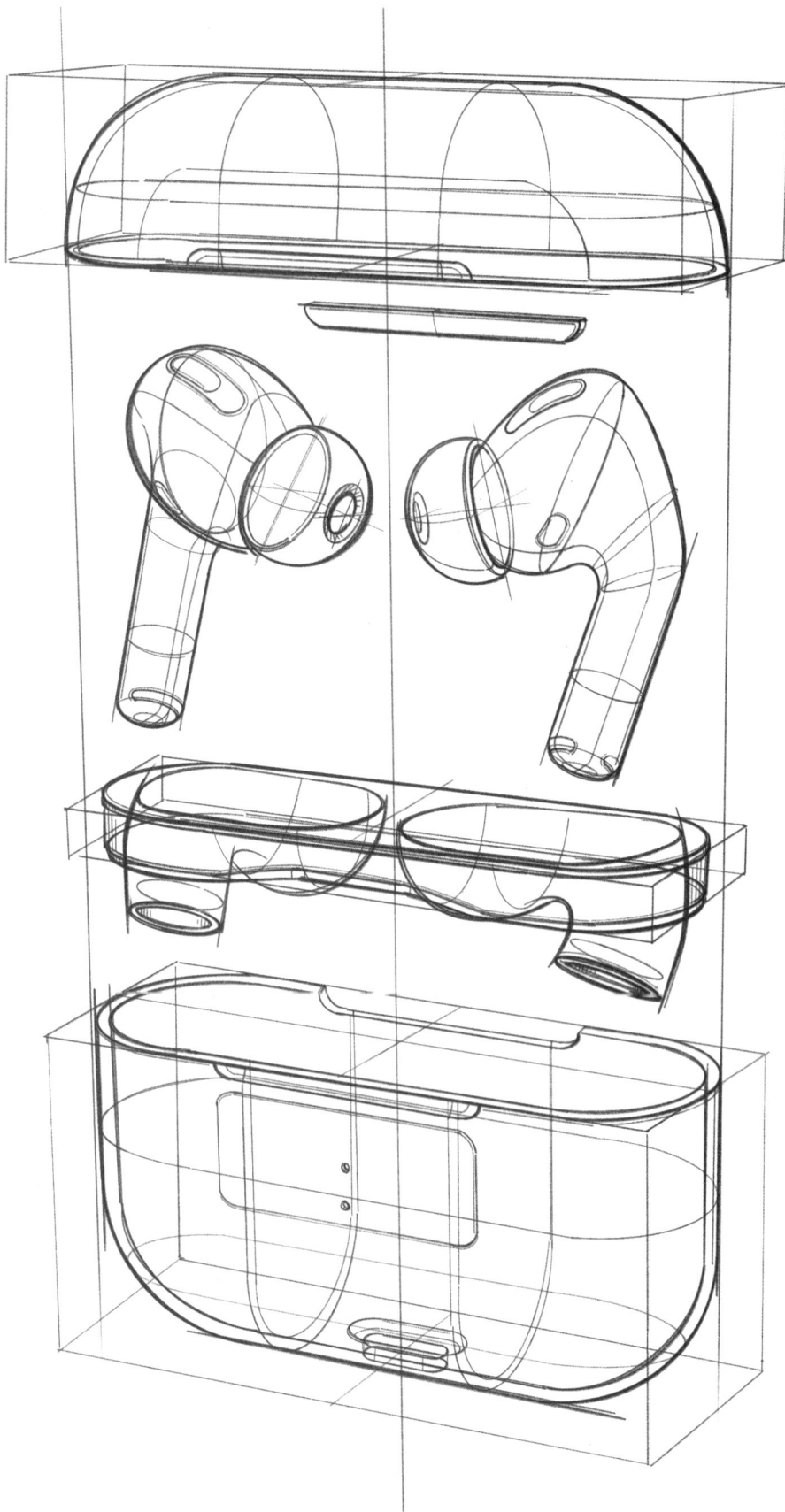

图6-24 产品爆炸图示范2-3

步骤7: 加入阴影和底纹。部件下的阴影可以加强部件浮动的感觉, 并让人更好地了解它们是如何融入头盔的。使用渐变来显示组件等复杂部件的形状。

步骤8: 使用标签和组装提示进行注释。给每个部件贴标签, 清楚地写出每个部件的名称, 可能的话加上与图例或组装说明相对应的编号。添加箭头, 这些箭头可以显示部件滑入、拧到位或扣合的位置, 为前面提到的拆卸方向提供背景信息。

步骤9: 完善并审核素描。仔细检查所有部件似乎都能按照正确的顺序组装在一起。擦除不必要的引导线, 并加深最终轮廓以确保清晰。审查整个版面的平衡、构图和信息完整性。

步骤10: 强调人体工学方面因素。例如, 头部、拇指托或手指凹槽, 确保其装配清晰明了。将人体工学与内部结构联系起来, 说明内部重量或结构如何有助于自行车头盔的平衡和手感。

章节小结

　　爆炸视图素描不仅是一种艺术表现形式, 还是一种将产品的复杂性分解为易于理解的部分的教育性图表。就自行车头盔而言, 它不仅展示了材料和部件的组织结构, 还显示了人体工学原理是如何由内而外地融入产品的。案例2是苹果无线耳机的充电盒的爆炸图分解过程图 (图6-22至图6-24)。掌握了爆炸图的解析过程与呈现方法, 学习者就能更有效地传达精心设计的产品背后的技术细节和装配逻辑。

章节课时

建议4课时。

章节思考题

1. 如何在素描中直观地体现产品设计的核心精神?
2. 如何在素描中平衡产品的美感和功能?

第七讲 设计素描呈现产品设计构图

7.1 聚焦：对比与统一

产品设计素描最重要的一点是有效传达设计的能力。对比和统一是设计中的两个基本原则，有助于创作出具有视觉冲击力和连贯性的素描（图7-1）。对于提高产品设计素描技能的学习者来说，掌握这些原则至关重要。本教材将指导你在产品设计素描中应用对比和统一。

步骤1：了解对比和统一。对比，其中包括区分设计中的元素，以吸引注意力或创造视觉趣味。在素描中，对比可以通过线条粗细、质地、价值（阴影）和大小的不同来实现。统一的原则是要在设计中营造一种和谐感和整体感。它确保素描的所有部分都能相互配合，并被视为一个完整、有凝聚力的整体。

步骤2：规划构图。构思和绘制缩略素描，尝试各种布局配置，以及如何运用对比和统一。决定关键特征，确定产品需要突出的方面，如人体工学方面、功能组件或独特的设计元素，并思考如何使用对比来突出这些特点。

步骤3：运用对比。使用线条重量：较粗的线条可以将产品的某些元素凸显出来，而较细的线条则可以将其他元素推向背景。用它来突出重要的轮廓或显示深度。对比色值：运用明暗色调来产生趣味并模拟光线。合理的应用可以暗示曲线、纹理和材料属性。纹理对比：使用不同的渐变技术来区分材料类型或展示设计中各种表面的特性。尺寸和比例：大的元素会吸引注意力，应该用于设计中最重要的部分。较小的元素容易退缩，可用作背景或次要信息。

步骤4：创造统一性。使用形状、线条或纹理等重复元素，在素描中创造出一种节奏，引导观察者的视线贯穿整个设计。将相关元素放在更近的位置，以建立视觉联系，传达出它们共同发挥作用或属于同一组的信息。确保设计元素具有流动感。这可以通过线条或曲线的延续来实现，引导视线穿过构图。将元素沿着中心线或轴线对齐，这有助于创造更有序、更有条理的表现形式。

步骤5：平衡对比与统一。绘制素描的过程中，应不断评估和调整、退后一步审视自己的作品。这样做的目的是利用对比度来集中观众的注意力，同时保持统一性，使设计连贯而不乱。注意没有设计元素的空间。留白应策略性地使用，以帮助设计的各个部分呼吸，并加强设计的结构。

步骤6：审查和完善。让其他人审阅你的素描，看看他们是否能识别焦点并理解整体产品设计。考虑所创造的对比是否达到了目的，构图是否统一。根据需要进行调整。

章节小结

绘制一幅成功的产品设计素描不仅仅是呈现产品的形状。通过运用对比和统一的原则，设计师可以绘制出不仅能让人眼前一亮，而且能和谐地将产品表现为一个单一的整体的素描。既要突出某些特征，又不能造成构图上的不统一，这就是一种平衡。实践和评论是掌握这些原则的关键，可以增加产品素描的深度和专业性。

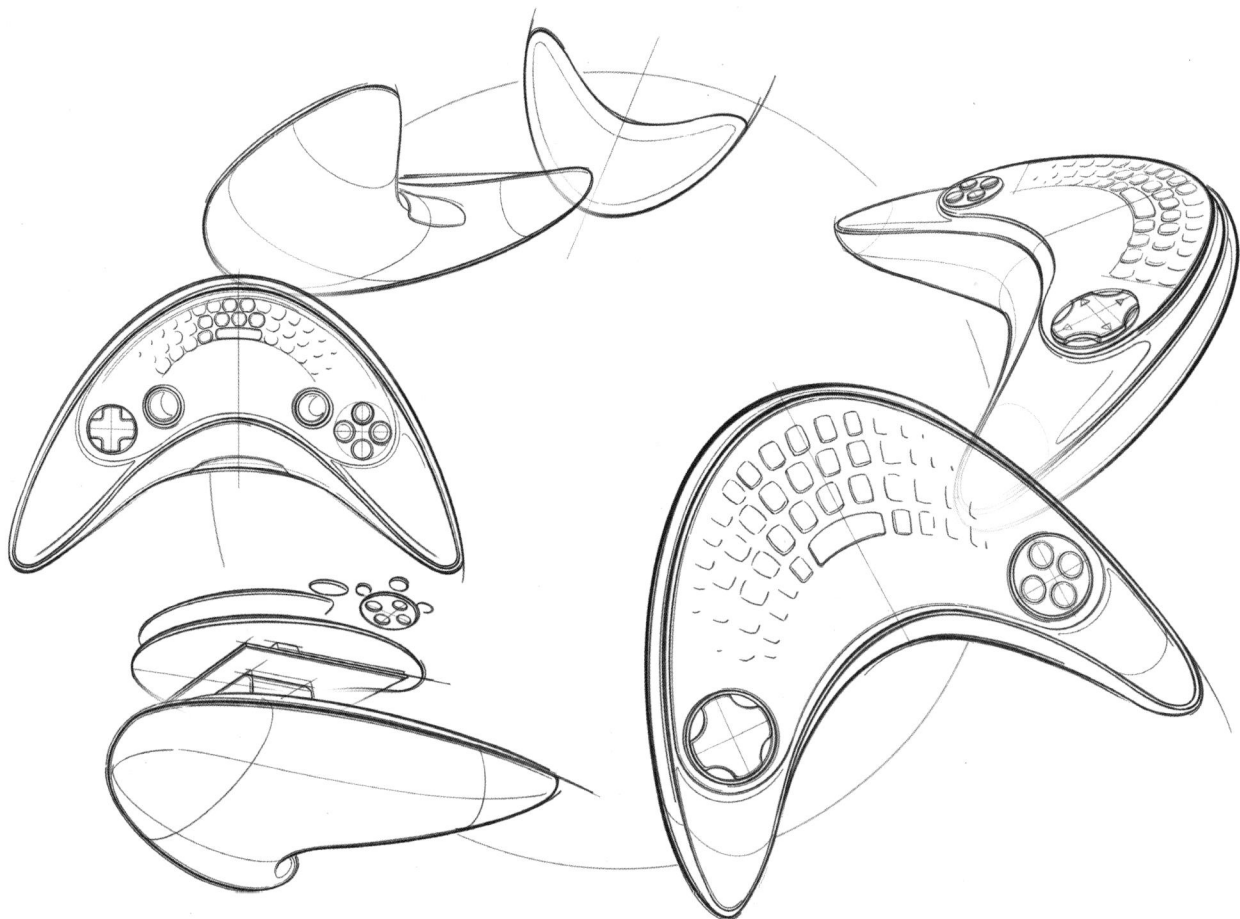

图7-1 聚焦: 对比与统一

参考阅读书目与文献

[1] 王玉凤.型与色的对比统一——浅谈摩托车中色彩与造型的搭配[J].摩托车技术,2021(3).

[2] 张寒凝.魅力色彩·工业产品色彩设计教程[M].广西美术出版社,2009(1).

[3] 林溪.浅析对比与统一在版式设计中的运用[J].哲学与人文科学·美术书法雕塑与摄影,2015(6).

[4] 王同旭.版式设计[M].人民美术出版社,2010.

[5] 赵志勇.版式设计[M].上海交通大学出版社,2012.

[6] 程朝远.浅谈版式设计的个性表现形式[J].美术大观,2013(12).

7.2 叙述: 对称与均衡

对称与平衡是设计中的基本概念, 有助于提高产品的美感和功能清晰度 (图7-2、图7-3)。在产品设计素描中, 对称与平衡的构图不仅赏心悦目, 而且暗示着稳定和秩序。以下是在产品素描中实现对称与平衡的分步指南。

步骤1: 了解对称与平衡。对称构图是指元素在轴线两侧形成镜像。在产品设计中, 这通常对应于一条中心线, 它将物体分为互为镜像的两半。平衡是指构图中各元素在视觉上的平等或均衡。它可以是对称的, 也可以是不对称的。在非对称平衡中, 不同元素具有同等的视觉重量或吸引力。

步骤2: 建立轴线。首先在产品设计中设想对称的

地方轻轻勾勒出一条垂直或水平的中心线。对于某些产品来说, 对称轴可能并不在中心, 而是与设计中决定其对称性的功能或视觉元素对齐。

步骤3: 创建对称布局。在轴线的一侧勾勒出产品的基本几何形状, 保持形状简单。在另一侧仔细复制这些形状, 确保它们完全是镜像。通过测量或使用描图纸来做到这一点。

步骤4: 平衡细节。确定细节元素, 例如, 按钮、刻度盘或把手等元素应与两侧的轴线保持等距, 以保持对称性。考虑功能性表述的清晰, 有些元素虽然是镜像, 但由于功能的原因可能会有不同的形状。确保这些元素在视觉上保持平衡的分量。

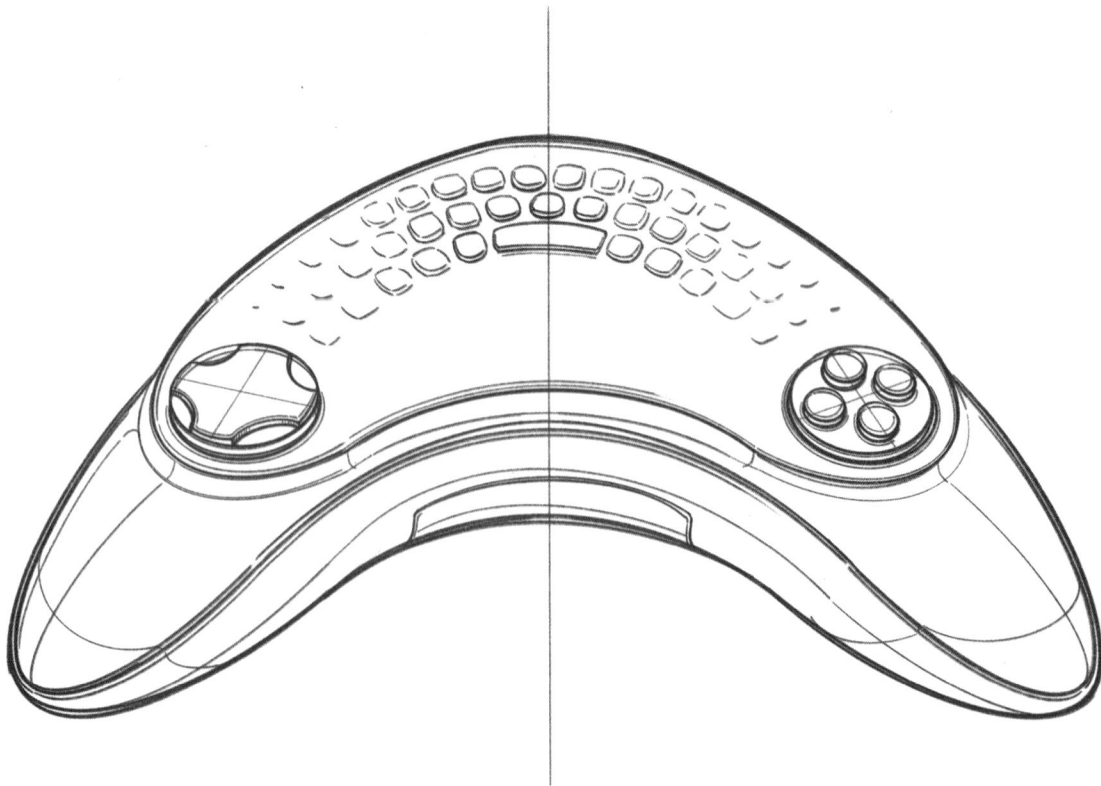

图7-2　叙述: 对称与均衡1

步骤5：检查比例平衡。衡量构图每一面的视觉重量。视觉重量较大的元素，如大型特征或较暗的色调，应该有一个平衡点，以保持整体平衡。使用尺子或比例分隔器检查镜面元素的距离和大小是否一致。

步骤6：不对称平衡。如果设计没有达到对称平衡，则应通过在素描上均匀分布视觉重心，确保构图仍能保持稳定。使用负空间让物体周围的空间设计保持整体平衡，调整间距有助于均匀分布视觉重心。

步骤7：应用阴影和纹理表述结构。在素描中为构图的两边一致地涂上阴影。在对称的产品中，阴影有助于加强镜面效果。在添加纹理或图案时，确保它们与整体的对称或平衡、保持镜像或平衡。

步骤8：审查和完善。退一步回顾设计素描，评估作品对于和谐与对称的表述是否准确，如果不对称，设计是否仍有凝聚力和稳定性。对任何破坏构图平衡或对称的元素进行调整。

步骤9：素描定稿。对作品的对称和平衡感到满意后，加强线条，最终完成素描。擦除多余的用于建立对称性的指引线，清理素描，使其呈现出光洁的外观。

章节小结

掌握对称与平衡构图，对于学习产品设计素描的学生来说至关重要。这些素描不仅要传达产品的美感，还要传达其结构的完整性。对称给人以形式感和美感，而平衡则给人以稳定感和凝聚力。这些原则的有效应用将确保产品设计具有视觉吸引力并易于理解，而这正是成功产品设计的关键目标。经常练习，再加上对细节的敏锐洞察力，就能磨练出绘制对称平衡、具有视觉吸引力的产品素描的能力。

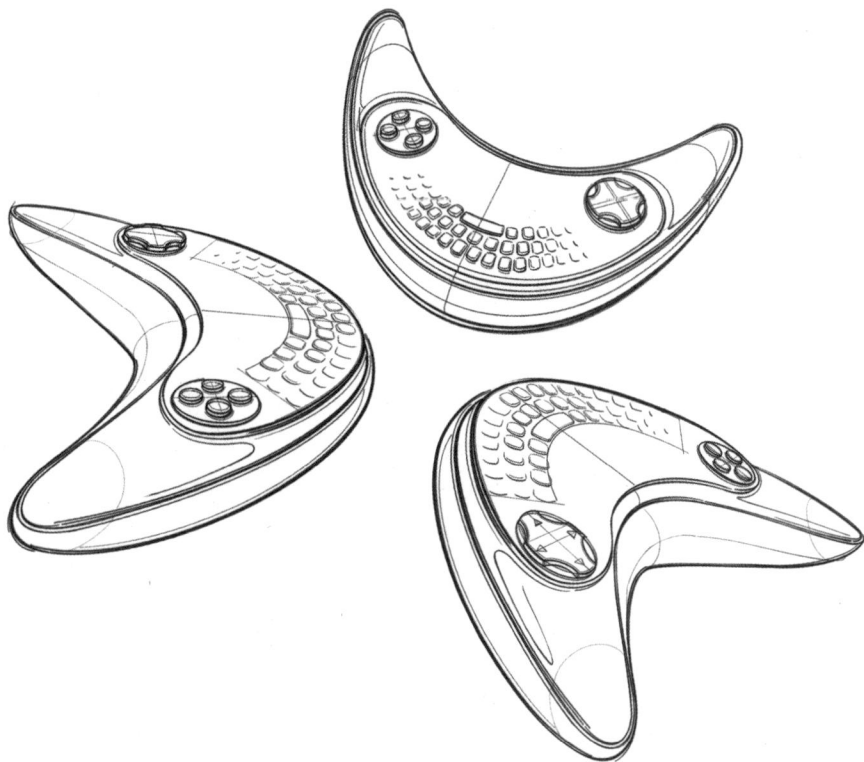

图7-3　叙述：对称与均衡2

第七讲　设计素描呈现产品设计构图

7.3 秩序: 节奏与韵律

在设计语言中, 节奏与韵律指的是在构图中形成的视觉流程和模式 (图7-4)。它们对于引导观众的视线穿过设计、创造动感和生命力至关重要。对于学习产品设计素描的学生来说, 了解如何在素描中融入节奏与韵律, 可以将普通的设计提升为具有视觉吸引力和活力的设计。让我们来探讨如何将这些概念有效地融入素描中。

步骤1: 了解设计中的节奏与韵律。节奏是指重复使用视觉元素来创造一种有组织的运动感。节奏与声音中的音乐性相似, 设计中的节奏与人们感知节奏模式的步伐和流程有关。

步骤2: 规划节奏元素。确定视觉主题中哪些元素可以作为主题, 可以是设计中重复出现的形状、线条或图案。间隔和间距决定图案重复的间距。相等的间距可以产生稳定的节奏, 而不同的间距则可以产生切分音或变化的节奏。

步骤3: 建立节奏型。绘制第一个动机: 首先勾勒出你所选动机的第一个实例, 你认为节奏应该从此处开始。将图案复制到整个设计中, 考虑细微的变化会如何影响整体节奏。例如, 改变比例或旋转方向可以在保持节奏的同时增强视觉趣味。

步骤4: 用节奏引导视线。将有节奏感的元素放置在设计中, 引导观众的视线。这可以通过让元素上升、下降、向外辐射或环绕产品外形来实现。确保节奏在设计的断点 (如边缘或功能分隔点) 上自然延伸和流动。

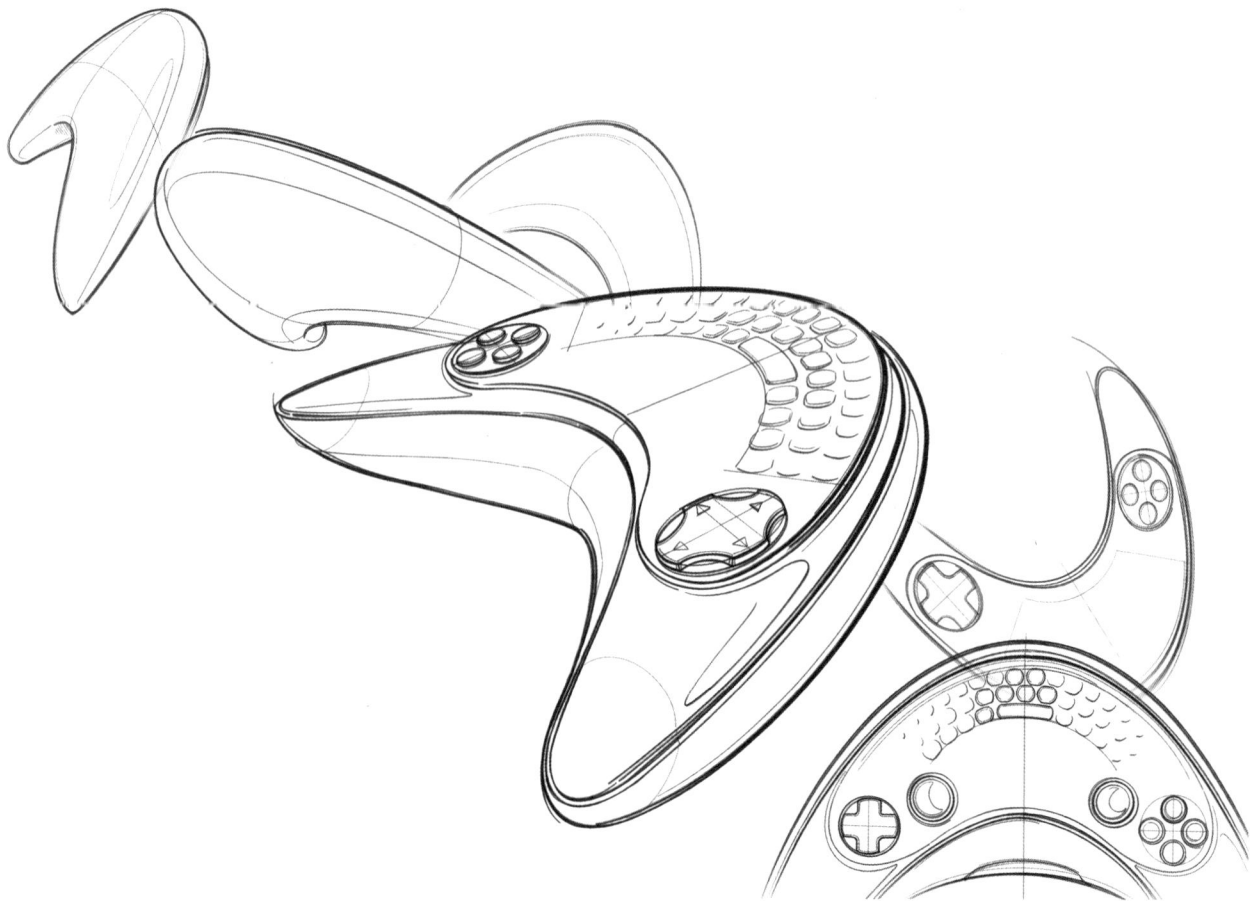

图7-4　秩序: 节奏与韵律

步骤5：平衡节奏与稳定性。虽然节奏涉及运动，但不应造成视觉混乱。用稳定、不重复的元素来支撑你的节奏元素，使设计接地气。将节奏与对比结合起来，创造出兴趣点和休息点。节奏应该让人感觉是有意而深思熟虑的。

步骤6：在素描中将节奏可视化。勾勒线条和图案，创造出平滑或鲜明的视觉流线，模拟你想要达到的节奏——流畅、宁静或充满活力和动感。考虑设计的"速度"。紧凑、重复的图案可以营造快速的节奏，而宽阔、间隔的图案则会减慢节奏。

步骤7：用阴影和纹理增强效果。使用渐变阴影来增加深度和视觉节奏。渐变的过渡可以表现出柔和、缓慢的节奏，而数值的突然变化则可以表现出较快的节奏。纹理也能营造节奏。设计中的纹理图案可以促进视觉节奏，甚至可以将视线引向特定的方向。

步骤8：检查和调整构图。经常后退一步，检查节奏和韵律元素是否与整体设计融为一体。查看是否有任何区域显得静止或突然停止了视线的流动。对节奏与韵律进行必要的调整，直到设计感觉连贯、平衡，让观众始终保持兴趣。

步骤9：素描定稿。加强对节奏与韵律最有帮助的图案和花纹的线条，以突出它们。擦除任何可能影响设计节奏和流畅性的残留引导标记或多余线条。

章节小结

节奏与韵律是在素描上创造视觉元素的舞蹈。它们能让设计充满活力，讲述一个能引起观众共鸣的故事。节奏与韵律感强的素描不仅能给人带来审美愉悦，还能体现出产品设计背后的深思熟虑。学习者通过练习将学会凭直觉平衡素描中重复和流动的视觉元素，创造出既能吸引眼球又能激发想象力的构图。

章节课时

建议4课时。

章节思考题

1. 当产品设计从最初的素描发展到最终的蓝图时，在素描绘制过程中是如何体现变化和调整的？

2. 素描是否预见并适应了潜在的结构修改，如何通过素描记录并反思设计思路的演变？

3. 在设计素描的构图中，从产品在框架中的位置到留白和周边元素的使用，如何选择这些元素来传达产品的预期功能和重要性？

4. 如何在设计素描中建立视觉层次来引导观众的视线并围绕产品展开叙述？这种层次结构如何促进设计的故事性，并影响观众对产品目的的感知？

5. 如何在设计素描的构图中平衡张力与和谐，以反映产品在现实世界中的互动和背景？运用了哪些方法或原则来确保素描传达出一种平衡感和动态感，从而引起观者的共鸣，并与产品的品牌和标识相一致？

参考阅读书目与文献

［1］ 马聪.节奏韵律在动态海报设计中的运用［J］.设计艺术研究,2023 (31).
［2］ 王受之.世界现代平面设计［M］.艺术家,2000.
［3］ 尼葛洛庞帝.数字化生存［M］.海南出版社,1997.
［4］ 靳埭强.商业设计艺术［M］.清华大学出版社,1987.

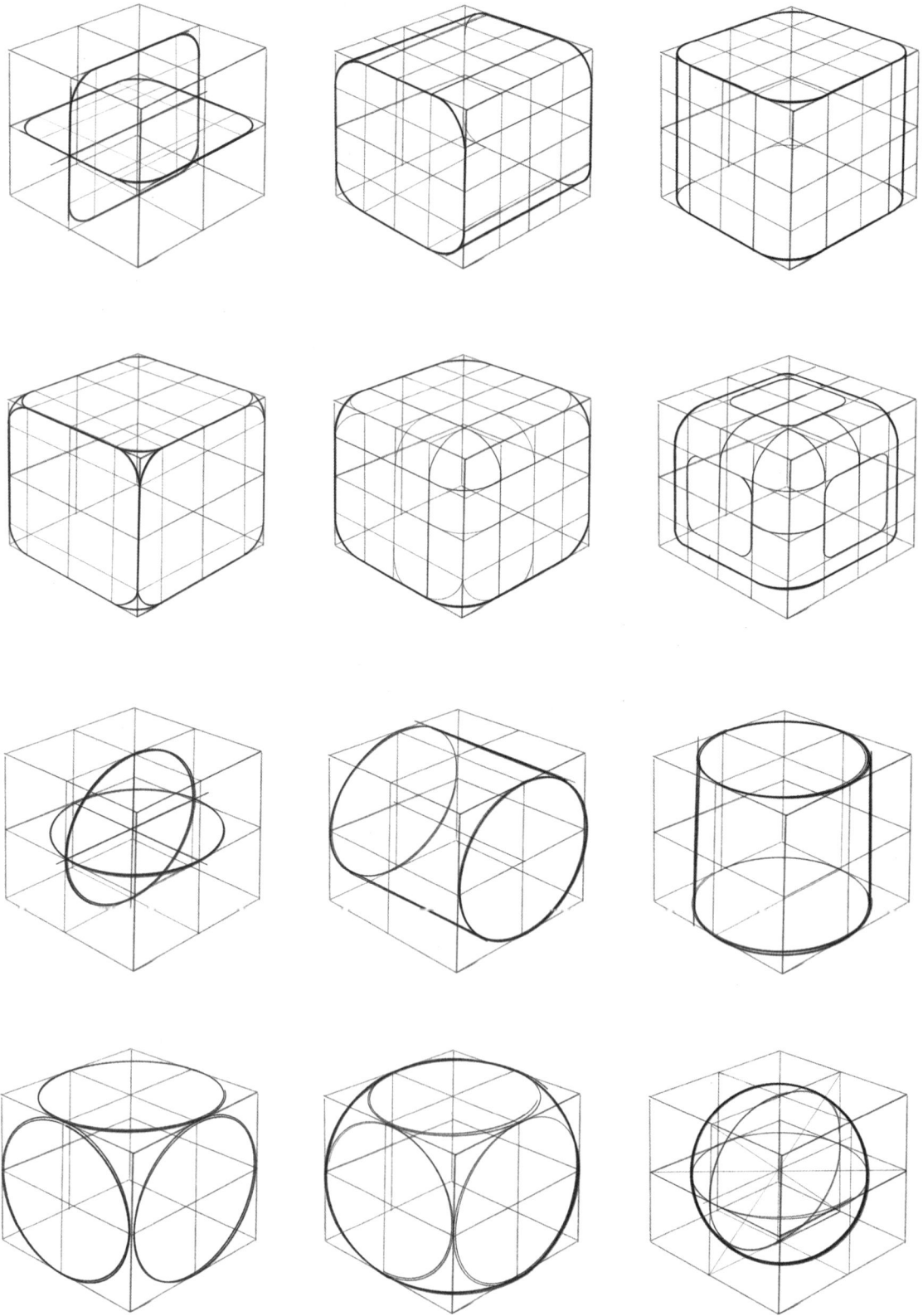

图 7-5 设计素描作品

Unit 3 Prototype of Design Sketching

单元三

设计素描的原型

　　调动线性素描生动、动态表述的本能性，从最原始的方与圆中建立设计生成的线索，通过不同形体的穿插、过渡、组合和融合，用线来表述和探索产品设计的透视规律。

临摹产品目录

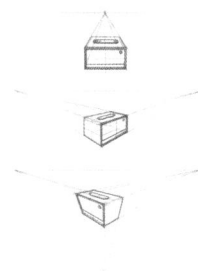

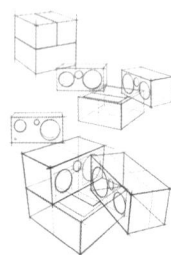

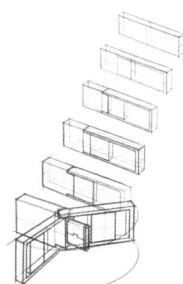

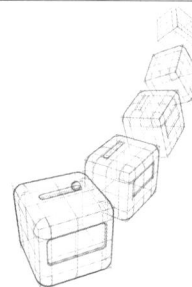

P119
Ides
儿童滑行学步车
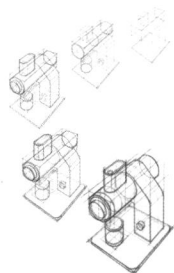

P119
百思图 E6
专业咖啡磨豆机
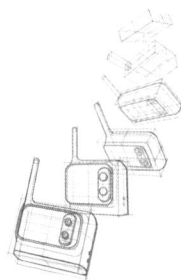

P119
Narsov 工作室 Lexon-Mezzo
无线电钟
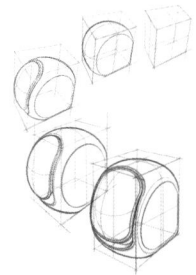

P119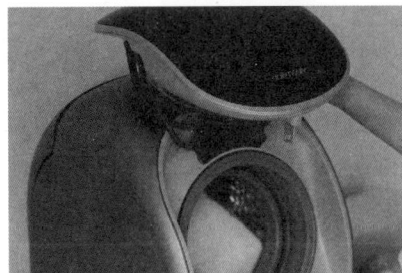
Dailyneaty
内衣裤洗衣机
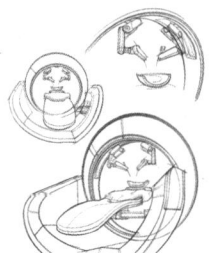

P119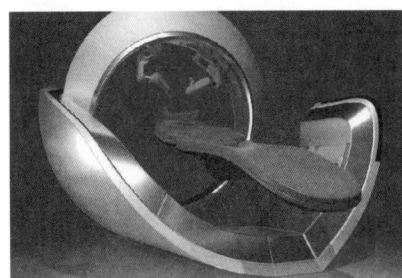
牙医诊疗床
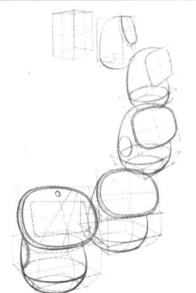

P119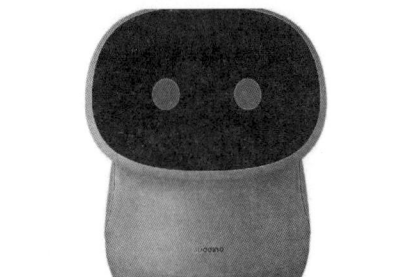
Bean Q
智能机器人

第八讲 透视中的"方"

8.1 从方到立方体

对于踏上产品设计素描之路的学习者来说,透视画法是必须掌握的基本技能之一。这本教材将指导你如何利用透视绘图的基本原理,将二维正方体转化为三维立方体(图8-1)。

步骤1:绘制二维正方体。用直尺在素描平面上画一个简单的正方形。确保所有边的长度相等,角度尽可能接近90度。

确定方向:将正方形平放在页面中央。这将是立方体的正面。

步骤2:确定消失点。在正方体上方轻轻勾勒一条水平线。这代表你的视平线或地平线,称为水平线。在地平线上选择一个点,在正方形的左侧或右侧,所有透视线都将汇聚于此。这是消失点。

步骤3:绘制透视线。从正方形的四个角分别画出在消失点汇聚的光线。这些就是透视线,暗示深度。使用直尺确保透视线笔直,并保持一致性且正确指向消失点。

步骤4:确定立方体的深度。沿着左边或右边的一条透视线做一个小标记,这将表示立方体的后角。从这个标记开始,画两条与地平线平行的浅线,直到它们与正方体上下两角的适当透视线相交。

步骤5:完成3D立方体。在水平线与从正方形绘制的透视线相交的地方,绘制一条垂直线连接这些点,以完成立方体的形状。这条线应与原始正方形的边平行,并完成立方体的背面正方形。将看到的立方体线条涂黑,为三个可见面(正面、顶部和侧面)勾勒出粗轮廓。擦除消失的线条,可选择轻轻擦除或淡化通向消失点的透视线,只留下立方体的可见轮廓。

步骤6:添加阴影和深度。为增强立方体的三维效果,可添加阴影。光源方向将决定阴影的位置。通常情况下,最暗的面与光源相对,中暗的面与光源垂直,最亮的面朝向光源。保持立方体所有面上的光源一致。这将确保阴影能正确营造出深度感。

步骤7:最终确定并检查透视立方体。如有必要,使用橡皮擦清理任何涂抹的石墨,确保立方体边缘清晰锐利。花点时间回顾一下立方体,确定所有水平线相互平行,垂直线相互垂直,所有深度线都退到消失点。

章节小结

由正方形透视绘制立方体是产品设计素描中的一项基本技能,它为创造更复杂的形状奠定了基础。通过了解如何建立消失点并将线条投射到消失点,可以将平面形状转化为三维物体。这种将二维形状演变为三维形式的过程,对于有效地将产品设计视觉化并进行交流至关重要。随着不断地练习,学习者在透视绘图方面的信心和技能将不断增强,从而能够绘制出更加复杂和精致的产品素描。

参考阅读书目与文献

[1] 智晓琦.解读荷兰风格派的艺术特征——从平面到立体[J].明日风尚,2022(18).

[2] 王受之.世界现代建筑史[M].中国建筑工业出版社,1999.

[3] 周冬艳.荷兰风格派的艺术思想对现代艺术设计的影响[J].美术教育研究,2018(15).

[4] 蔡丽蓉.再读里特维尔德的施罗德住宅[J].科技风,2008(20).

[5] 杭咏新.家具设计与建筑设计理念的交融[J].艺术百家,2005.

[6] 安丽丽.简述绘画、设计、工艺基础造形的互溶性[J].科技信息,2008(27).

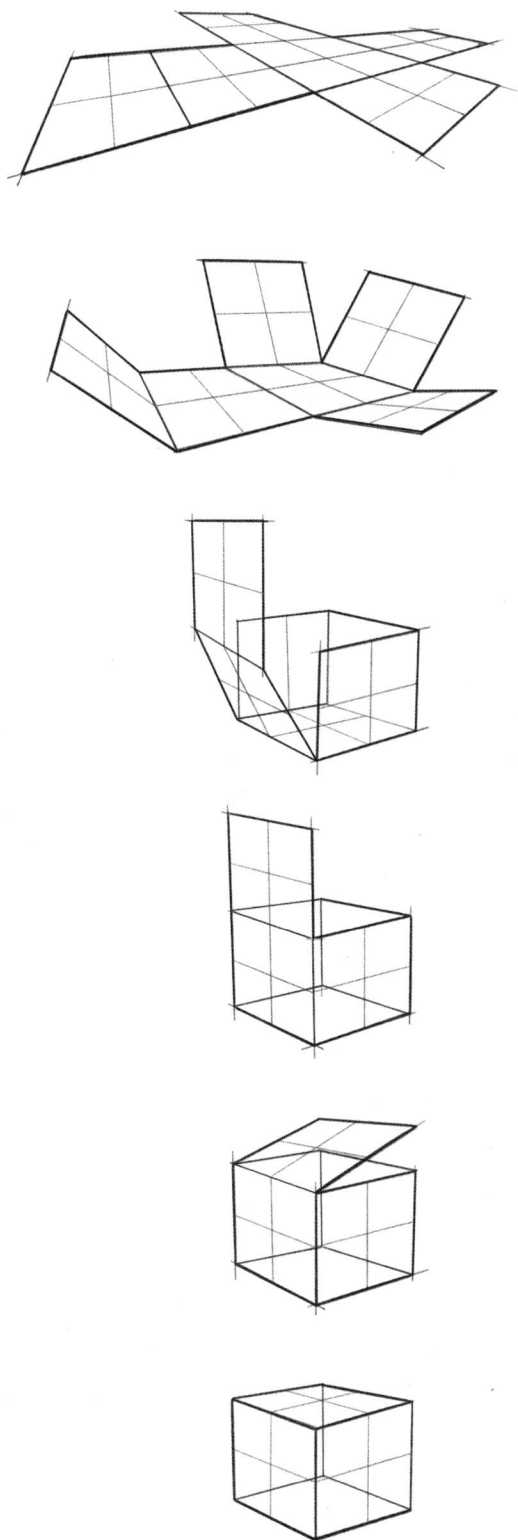

图8-1 从方到立方体

第八讲 透视中的"方"

8.2 三种透视的正立方体

在向产品设计学习者介绍透视概念时,了解像正方形这样的基本形状在不同透视中是如何表现的至关重要。三种常见的透视法是平行透视(或等距透视)、两点透视和三点透视(图8-2)。下面介绍在绘制素描时如何处理这三种视角:

第一,平行透视(等距透视)。平行透视法尤其适用于技术绘图,它能保持比例而不会使物体变形,而且没有消失点。

平行透视法绘制正方形的步骤:其一,创建30度网格。画一条垂直线,从这条线的顶部和底部,以30度的角度画线,代表纵深轴。其二,绘制平行线。从底座向上以30度角画两条线,在深度轴上相交。这两条线将形成透视正方形的边。它们应与深度线平行。其三,完成正方形。将倾斜线条的两端水平连接起来,使这些水平线条与底面平行,从而完成形状的收尾。其四,复制并偏移。要创建一个立方体,沿纵深轴短距离复制形状,并连接相应的角。

第二,两点透视。通过地平线上的两个消失点,以更自然、更逼真的方式表现形体。

用两点透视法绘制正方形的步骤:其一,设置消失点。画一条水平线,在水平线的两端各设置两个消失点。其二,绘制初始线。从每个消失点开始绘制两条对角线。这两条线将代表正方形的两条边。其三,创建比例。决定正方形的宽度,并沿着两条初始线标记出来。其四,完成正方形。将初始线对面的标记连接到对面的消失点。这样就完成了正方形在地平面上的透视图。

第三,三点透视。从上方或下方的视角,创造出一种戏剧性的深度感。常用于高角度或低角度拍摄。

用三点透视法绘制正方形的步骤:其一,绘制水平线和消失点。绘制一条水平线,在水平线的两端各放置两个消失点。第三个消失点位于水平线上方(鸟瞰)或下方(虫瞰)。其二,从垂直线开始,以消失点向上或向下画一条垂直线,将这条线的顶部和底部连接到地平线上的两个消失点。其三,确定正方形的大小。在两组对角线上标出正方形的宽度,确定它看起来有多宽。其四,完成透视。从这些标记处画线到对面的消失点,然后在顶部和底部连接这些线,将形状收拢。

章节小结

所有视角的绘画透视技巧:第一,一致性。在每种透视形式中,确保所有本应平行的线条与其透视轴线保持平行。第二,轻描淡写。开始时要轻描淡写,因为随着透视的成形,细节可能需要调整。第三,指引。使用指引以保证准确性并保持透视效果。稍后可将其擦除。第四,缩短。两点透视和三点透视中的线条在向远处后退时会显得缩短。第五,边缘整洁。对正方形满意后,加固线条,使其更加清晰。

在不同的视角下表现正方形是一项技能,是设计中可视化和绘制产品素描的基础。清楚地了解平行透视、两点透视和三点透视,可以让设计师以更强的冲击力和真实感来表达他们的想法。随着熟练程度的提高,这些视角将成为学习者设计工具包中的宝贵工具,使你能够自信而精确地绘制素描。

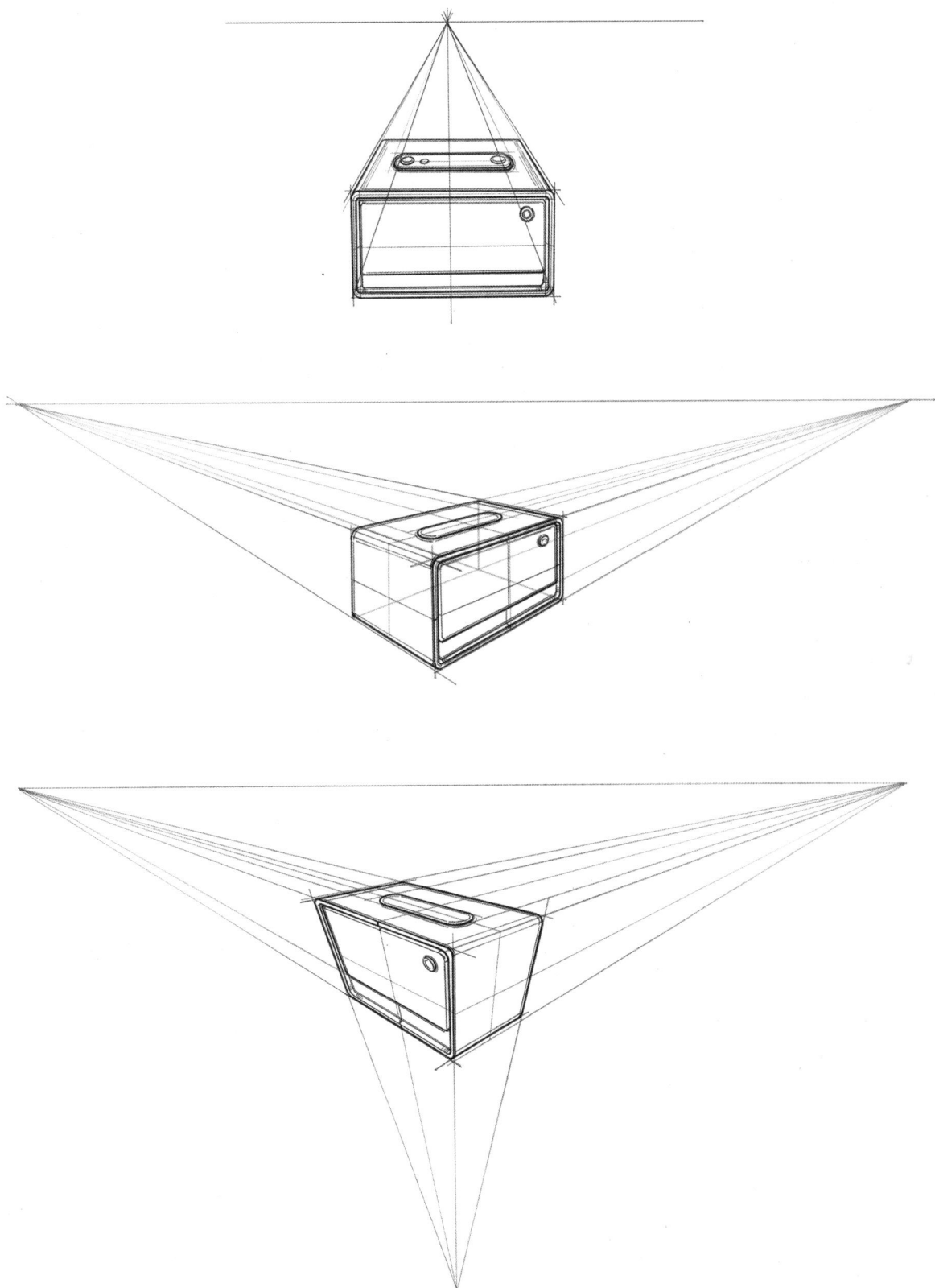

图8-2 三种透视的正立方体

8.3 将方还原至生活

在产品设计素描中捕捉正方形。作为设计和物理世界的基本形状，正方形是产品设计专业学生必须学会熟练绘制素描的重要几何图形（图8-3）。在产品设计中，一个表现良好的正方形可以表示结构、分区或美感。以下将指导如何准确地表现正方形，以及如何在设计和日常物品的背景下练习素描正方形。

了解正方形在设计中的意义。认识正方形在简单几何结构之外的价值：其一，稳定的象征。在设计语言中，等边等角象征着平衡和可靠。其二，复杂模块。正方形可以作为一个基本单位或模块，在此基础上发展出复杂的图案和形状。

绘制完美正方形。从绘制完美正方形开始练习：第一，从直边开始，使用直尺确保直线。画四条长度相等的线，用直角将它们连接起来。第二，检查比例，用铅笔或纸张的一角来确认直角。如有必要，可使用工具（如正方形）来确保精度。

进阶到透视正方形。步骤1：学习运用透视画法绘制正方形是三维表现的开始，练习在单点透视中绘制正方形。从水平线和单一消失点开始，绘制边线通向消失点的正方形，以准确表现深度。步骤2：练习用两点透视法绘制正方形，在水平线上确定两个消失点。勾画角度，画出在两个消失点相交的线，从而创建正方形的边。步骤3：练习用三点透视法绘制正方形，在水平线上方或下方添加第三个消失点。将正方形的边线引向三个消失点。

通过阴影和纹理增加真实感。首先，分析光源，确定光源方向，并投射相应的阴影以增加深度。其次，应用铅笔笔触改变纹理，在正方形表面模拟不同的材料纹理。

其三，将正方形融入产品素描。其四，根据背景放置，在屏幕、按钮或窗口等环境中绘制正方形素描，并遵循所选视角。其五，确保一致性，正方形的视角应与设计的整体视角一致。

实训作业

练习1：建立常规方形产品的设计素描练习。在没有尺子的情况下画出各种视角的正方形，以发展手眼协调和肌肉记忆。寻找现实生活中正方形或长方形底座的物体，并练习就地写生（图8-4）。限制素描时间，提高快速准确捕捉正方形的能力。

练习2：完成绘画后，要进行自我回顾，批判性地评估自己的素描，注意透视的准确性和阴影的一致性。同时，也要与同伴分享作品，以获得见解和对技巧的不同看法。

在设计项目中，将方形素描纳入设计工作流程，使用正方形构建设计概念的基本形式。以使用长方形的产品为中心进行小组素描绘制。

章节小结

一个表现良好的正方形代表着扎实的产品设计素描基础。它是身边随处可见的形状，是理解形式和功能不可或缺的一部分。通过坚持不懈的练习和严格的自我评估，学习者可以提高有效绘制正方形素描的能力，从而增强整体设计绘图技能。掌握设计素描的过程是持续的，正方形可能是一个简单的形状，但它的完美表现本身就是一门艺术。

参考阅读书目与文献

[1] 智晓琦."方圆之间"中国古代城市与建筑形式探索［J］.昆明理工大学学报,2015（06）.

[2] 伊恩伦诺克斯麦克哈格.设计结合自然［M］.天津大学出版社,2006.

[3] 莫里.指号语言和行为［M］.上海人民出版社,1989.

[4] 吴翔.设计形态学［M］.重庆大学出版社,2008.

[5] 李晓东.中国空间［M］.中国建筑工业出版社,2007.

[6] 李晓东.中国型［M］.中国建筑工业出版社,2010.

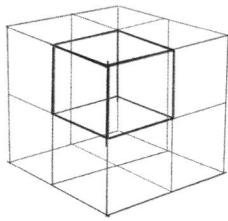

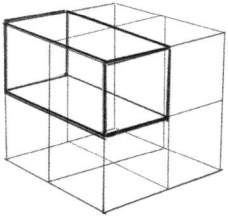

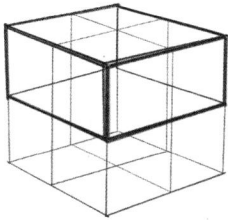

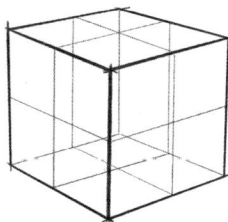

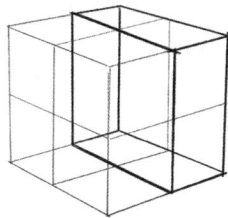

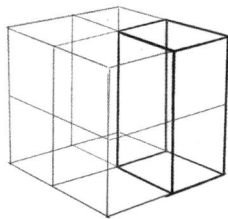

图8-3 将方还原至生活

章节思考题

1. 构成设计素描基础的基本几何图形如何影响产品的最终观感?

2. 考虑不同的几何形状如何赋予产品某种特性(例如,圆形代表友好,方形代表坚固);在素描中,你如何选择强调或淡化哪些几何属性?

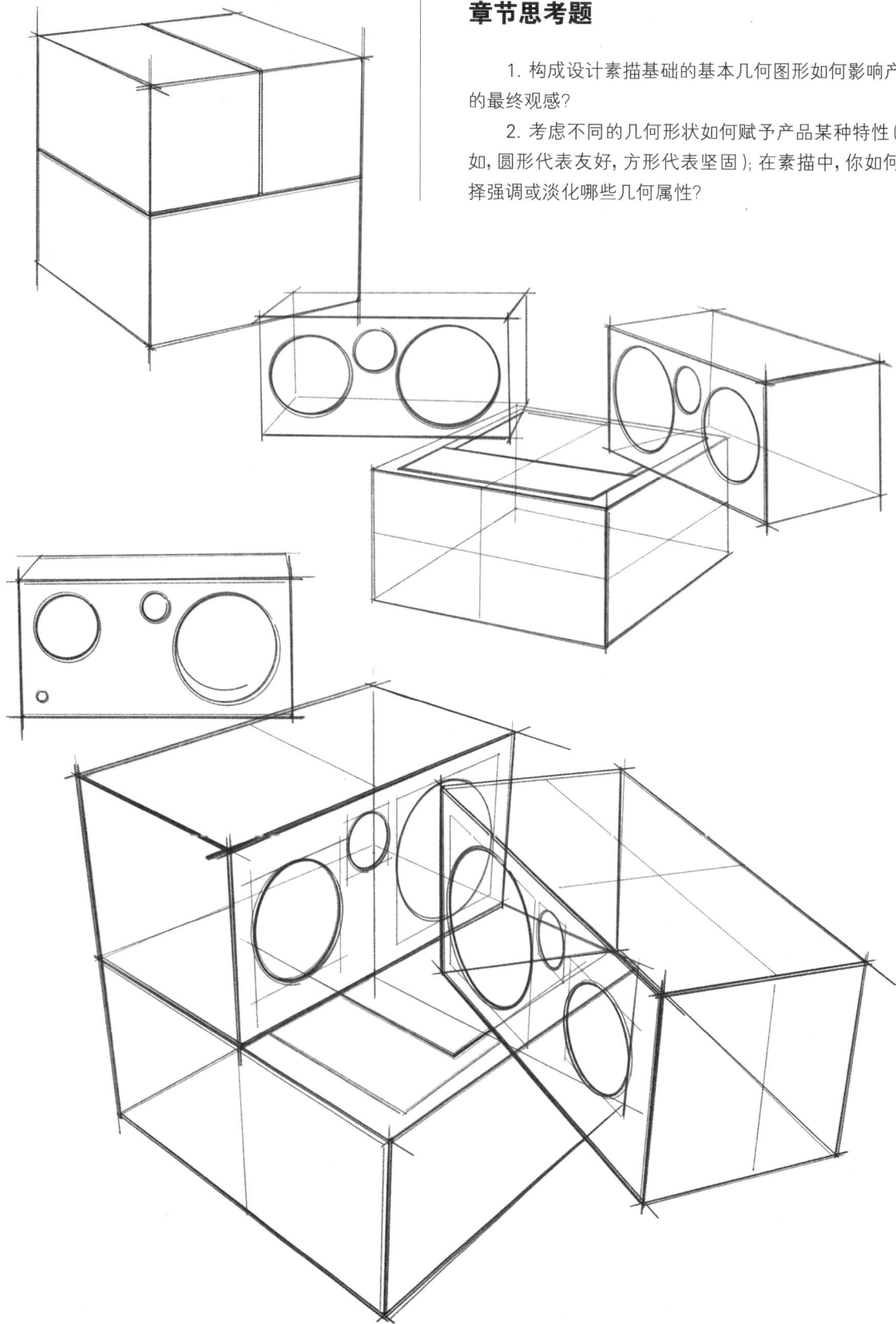

图8-4 将方还原至生活解析图

第九讲　透视中的"圆"

9.1 从圆到球体

作为产品设计专业的学习者,将平面图形转化为三维物体是一项基本技能。在绘制球体时,从透视图中的圆形开始是至关重要的。下面的说明将指导你使用透视绘图技巧,将一个圆形发展成一个完整的球体(图9-1)。

步骤1:绘制基础圆形素描。在绘制球形之前,需要先绘制一个基本的二维圆。自由手绘一个圆,或者使用圆形模板或圆规来精确绘制。保持比例,确保圆的直径从各个角度看都一致对称。

步骤2:设置透视。要营造出深度的错觉,需要了解圆在透视中是如何变换的。画一条地平线,代表视线与圆的相对高度。对于圆,可以用椭圆的度数来代替传统的消失点,它将代表我们的透视圆。在最初绘制的圆内,绘制一个椭圆。椭圆是透视图中的圆,它的度数会根据观众的角度而变化。接近视平线时,椭圆较宽(度数较低),而远离视平线时,椭圆较窄(度数较高)。

步骤3:将圆/椭圆转换为球形。椭圆就位后,就可以开始将圆转化为球体了。在椭圆的中心画一条垂直线和一条水平线相交。这将定义球体的核心轴线。为了暗示球体的体积,在椭圆周围轻轻勾画水平线和垂直线。这些线条表示球体的弧度。

步骤4:用阴影增加深度。阴影是将平面圆变成三维球体的关键,决定场景中光线的来源,这将影响高光和阴影的位置。在球体与光源相反的一侧,画出一个略微拉长的较暗区域。这就是核心阴影。在光源的对面,从球体上画出一个较柔和、拉长的阴影。这有助于将球体固定在表面上。在球体上应用渐变,从核心阴影边缘的暗部到光源直射处的亮部。

步骤5:最终确定球体。微调细节,使球体看起来逼真。

在光源最强的地方添加一个小亮点,形成高光。擦除最初的圆形和轮廓线上多余的线条,只留下阴影、渐变和高光。

实训作业

练习1:绘制多个球体。改变光源位置,了解阴影如何随透视变化。

练习2:改变透视。练习从不同角度——直视、上方、下方和侧面进行绘制球体。

练习3:改变光线。调整光源角度,散射或聚光,以应对不同的阴影挑战。

练习4:混合媒介。使用不同的绘画工具,如铅笔、炭笔或记号笔,探索各种着色技巧。

练习5:组合形式。将球体与其他几何形状结合起来绘制,练习球体如何与不同的光线条件和视角相互作用。

自我评价。将球形作品与球或其他球形物体的照片进行对比,寻找需要改进的地方。同行评议。焦点小组形式评议球体透视的准确性和着色技巧。

章节小结

在透视画法中,从圆形过渡到球形是产品设计中的一项基本技能。通过学习椭圆素描、应用阴影和定期练习,学习者可以培养出敏锐的立体感和深度感。记住,要批判性地审视自己的作品,寻求反馈,并尝试各种着色技巧。经过一段时间的努力,你的球体将跃然纸上,为产品素描增添真实感和有形感。

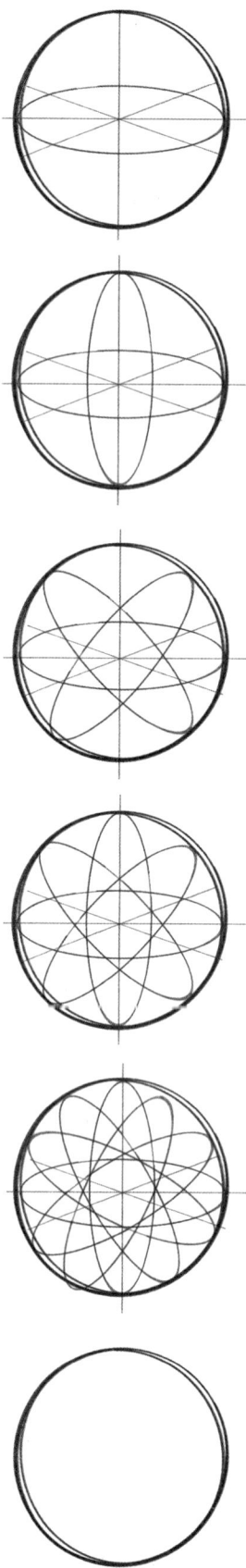

图 9-1　从圆到球体

第九讲　透视中的"圆"

9.2 在立方体中分析圆的透视

对于任何产品设计专业的学生来说,学会在立方体中勾画球体和圆柱体等圆形元素都是一项基本技能(图9-2)。这项练习不仅能加深对形状和透视的理解,还能直观地看到这些形状如何在限定的空间内相互作用。以下是掌握这一技巧的分步骤教学指南。

步骤1:绘制立方体透视图。首先在页面上画一条水平直线。这条线代表视平线,也就是观众的视角。在这条线上放置两个点,点与点之间保持合理的距离,这就是消失点(VP)。这些点离得越近,立方体看起来就越扭曲。接下来,绘制一个正方形的正面。然后,利用消失点,从正方形的每个角到每个消失点之间画线,形成一个菱形。将边缘连接起来,形成一个两点透视的立方体。

步骤2:在立方体中得到一个球体。在立方体的每个面上,通过绘制对角线并查看它们的交点来找到中心点。在立方体的每个可见面上,画一个与每个中点相交的圆。这些圆看起来应该像椭圆,完全适合立方体的正方形面板。想象立方体内部的球体接触立方体内部的所有面。立方体表面上的圆实际上就是球体投影到这些表面上的"大圆"。

步骤3:分析立方体中的圆柱体。使用与球体相同的方法,在立方体的顶面和底面绘制两个椭圆,代表圆柱体的圆端。从一个椭圆的边缘到另一个椭圆的相应边缘画直线。这样就会产生立方体内有一个圆柱体的错觉。确保椭圆遵循透视规则,随着椭圆的移动而变小,并与立方体相吻合。

步骤4:分析立方体中的圆角立方体。在一个新的立方体中,标记出哪些边缘将被磨圆。一般来说,根据设计对边角和某些边缘进行圆角处理。将每个面分解成更

小的部分,在边缘交接处勾画出轻微的圆角,并逐渐细化这些曲线。考虑到光线照射的位置和物体投射阴影的位置,通过添加较粗的线条来定义方形圆角的弧度。

实训作业

练习1:定期练习。每天写生至关重要。从绘制块状形状开始,逐渐发展到更复杂的形状,如圆形立方体,最后是自由形态的曲线。

练习2:使用参照物。将球形或圆柱形物体放在一个盒子里,尝试从不同角度进行素描。这种真实世界的练习可以大大提高对透视和体积的理解。

练习3:逐渐创造复杂性。从简单的形状开始,逐步增加复杂性,从球体开始,到圆柱体,再到复合形状。

练习4:从不同角度进行素描。不要依赖单一的视角。旋转想象中的立方体,尝试从不同角度勾画圆形元素,巩固对形状和形态的理解。

练习5:批评和调整。反思绘制的形状,寻找不准确的地方并进行调整。同行的评论也会很有帮助。

章节小结

在产品设计素描中,理解和表现简单形态之间复杂的相互作用是一项基本技能。它能让设计师在这些基本组件的基础上构建出更复杂的形状和结构。通过对这些基本功的勤加练习,学习者将培养出更强的三维形式感,以及在立方体中准确、自信地描绘圆形物体的能力。请记住,训练的目标是眼和手协调工作,捕捉设计理念的尺寸和精神。

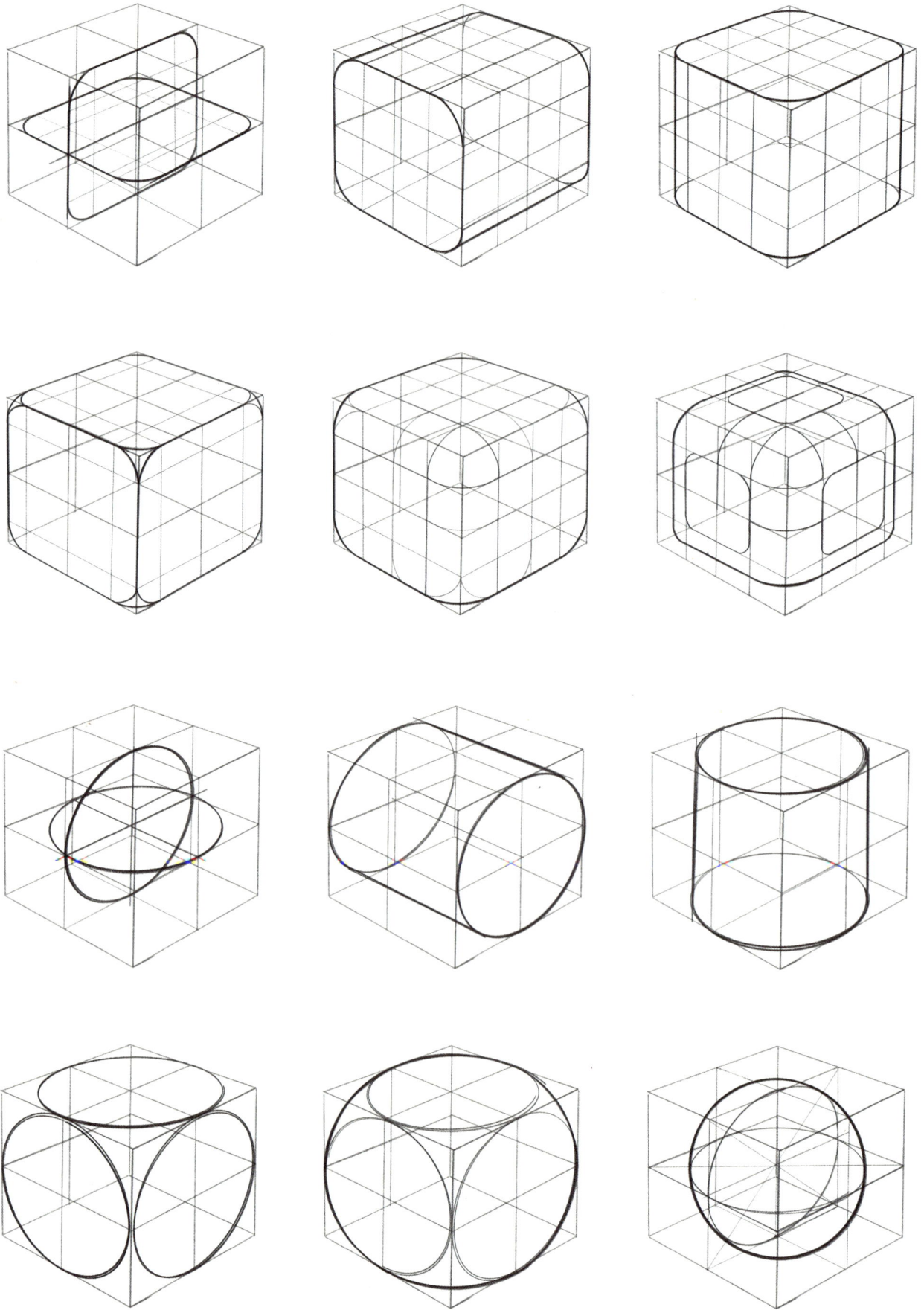

图9-2　在立方体中分析圆的透视

第九讲 透视中的"圆"

9.3 将圆还原至生活

在产品设计素描中,从手表到扬声器,圆形是众多产品中无处不在的元素。将圆形融入设计素描需要了解如何在透视图中准确地呈现圆形,而由于圆形的对称性和缺乏线性边缘,这往往具有挑战性(图9-3)。

步骤1:了解透视圆。当圆形处于透视状态时,它被视为一个椭圆。椭圆的扭曲程度取决于圆相对于观察者的方向。透视中的物体会后退到一个消失点。对于透视中的圆,这种后退效果会将其变成椭圆。

步骤2:主轴和次轴。每个椭圆都有一条主轴(最长的直径)和一条次轴(最短的直径),它们总是相互垂直。在透视图中,当椭圆在空间中后退时,椭圆的主轴会与圆的平面方向一致。椭圆有助于提示物体的深度和方向。更紧凑的椭圆表示从更锐利的角度观察表面,而更宽的椭圆则表示更正面的视角。

由黑川雅之设计的"CHAOS"双手表,以其双圆面和独特的外形设计,成为练习这一技能的范例(图9-4)。CHAOS双重手表表壳采用钛金属制成,大表盘的圆窗口中午12点时呈黄色,午夜12点时呈深灰色。双重表面可以显示两国的时间,手表成了寄托对家乡的思念,或者对海外亲友怀念的媒介。以极细的表带与大的表体构成的手表,具有防水、光动能驱动的功能。该CHAOS手表是由CITIZEN WATCH CO.LTD(西铁城)制造。

以下是学习透视圆素描的结构化方法,并以CHAOS腕表为练习模板应用这些知识。在CHAOS双手表的设计中,圆形元素非常突出。首先为手表的双面绘制两个重叠的椭圆素描,确保准确描绘重叠部分,这可能需要仔细规划椭圆的交叉点。然后,在每个椭圆内,勾画出手表表面的细节,包括数字、刻度和指针。切记:在绘制细节时要遵循椭圆的弧度。最后,勾勒出表壳的轮廓,同样是椭圆形,但稍大一些,代表手表的侧面视图。添加表带,由于表带的几何形状,它将遵循一组不同的透视线。具体解析步骤如下:

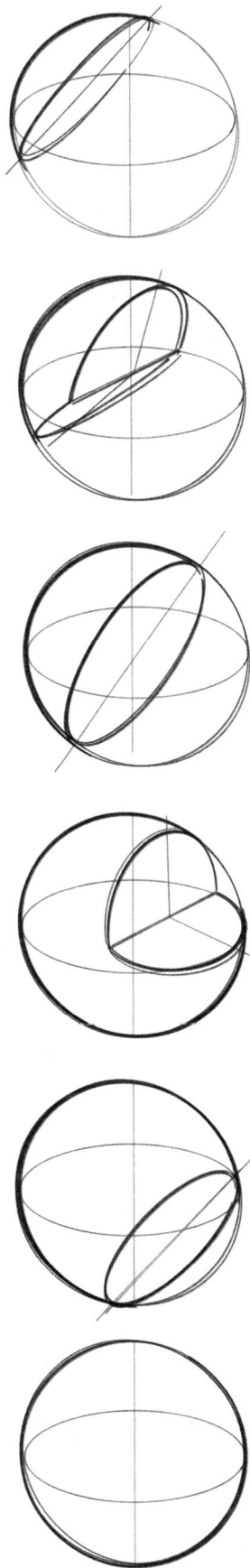

图9-3 将圆还原至生活

步骤1：绘制椭圆。首先确定素描中的水平线，因为它直接影响到椭圆的曲率。轻轻勾勒出手表主表面的椭圆，先画大表面，然后再画较小的元素，如表盘或副表面。椭圆就位后，细化主轴和次轴，确保它们正确居中且垂直。

步骤2：添加细节。从主要形状向内移动，开始勾画手表指针和时间标记等较小的细节，确保它们也遵循透视图。

步骤3：考虑产品的功能。将圆形与产品的设计和用户交互合理地结合起来。对于手表来说，这可能意味着要确保圆形表面清晰而实用。

步骤4：传达圆形的特征。有策略地使用线条的粗细来表示圆形的哪个部分离观众最近，哪个部分离观众最远。较粗、较暗的线条表示距离远近。使用阴影使圆形具有立体感。阴影会随着弧度的变化而变化，突出物体的形态。

步骤5：反射和纹理。手表的表面通常会有反光。在素描中使用高光和反射元素来表现这一点，以增加真实感。

实训作业

训练：椭圆练习。在一页纸上画满不同大小和方向的自由椭圆，然后画出椭圆的主次轴。

练习1：双面手表。以CHAOS手表为主题，从不同角度勾画，在变换视角时，重点关注双椭圆的一致性。

练习2：纹理和阴影。将CHAOS手表的金属表面作为渲染纹理和反光的练习。注意光线如何自然地与曲面相互作用。

练习3：定时素描。给自己设定一个绘制手表素描的时间限制，这将有助于提高你的速度和信心，同时确保仍能捕捉到设计的精髓。

章节小结

掌握产品设计素描中的圆需要练习，从简单的形状开始，逐渐复杂化。参考CHAOS手表，充分了解如何准确地表现圆形，并将其完美地融入复杂的设计中。

参考阅读书目与文献

[1] 智晓琦.解读荷兰风格派的艺术特征——从平面到立体[J].明日风尚,2022(18).
[2] 王受之.世界现代建筑史[M].中国建筑工业出版社,1999.
[3] 周冬艳.荷兰风格派的艺术思想对现代艺术设计的影响[J].美术教育研究,2018(15).
[4] 蔡丽蓉.再读里特维尔德的施罗德住宅[J].科技风,2008(20).
[5] 杭咏新.家具设计与建筑设计理念的交融[J].艺术百家,2005.
[6] 安骥丽.简述绘画、设计、工艺基础造形的互溶性[J].科技信息,2008(27).

章节课时

建议4课时。

章节思考题

1. 素描中是如何利用几何图形来暗示设计的功能或人体工学特性的? 如何通过对几何图形的深思熟虑, 让用户更好地理解怎样与最终产品进行交互?

2. 在素描阶段, 如何将复杂的设计分解成简单的几何图形, 从而使设计更清晰、更易于理解? 将复杂产品分解为几何基本形状的过程如何有助于迭代设计和解决问题?

3. 如何分析和选择几何形状, 以确保它们不仅符合产品的美学要求, 而且还能协同增强产品的功能? 在绘制设计素描时, 你如何确定这些形状的层次及其与用户体验的关系?

4. 如何在使用多种几何形状来增加设计素描的细节和复杂性同保持设计足够简单以避免混淆或过度复杂之间取得平衡? 何时需要简化设计, 如何在保留产品精髓的同时降低素描的复杂性?

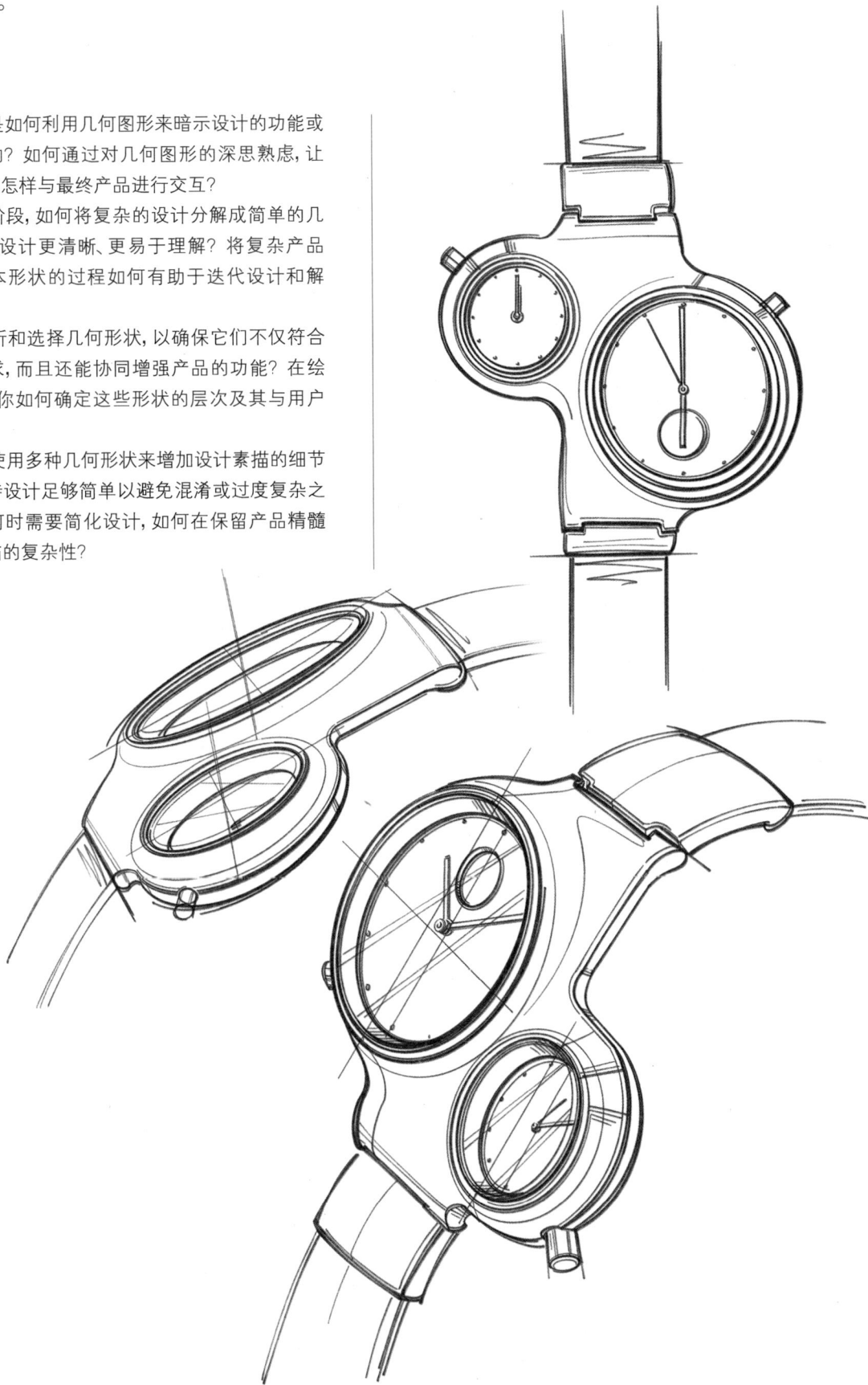

图9-4 黑川雅之设计的 "CHAOS" 双手表

第十讲 "方"和"圆"的组合

10.1 以"方"为主体的组合

　　小米双界面U盘解决的问题是,市场上的U盘产品通常只有一个接口,无法同时连接手机或平板电脑等移动设备和个人电脑。这是一款两端都带有USB-A和Type-C接口的移动存储产品。在移动办公时代,用户可以使用手机、个人电脑、平板电脑等各类电子设备进行办公。在设备接口不统一、无线传输需要网络环境和软件支持的情况下,该产品满足了用户简单的备份和传输需求(图10-1)。

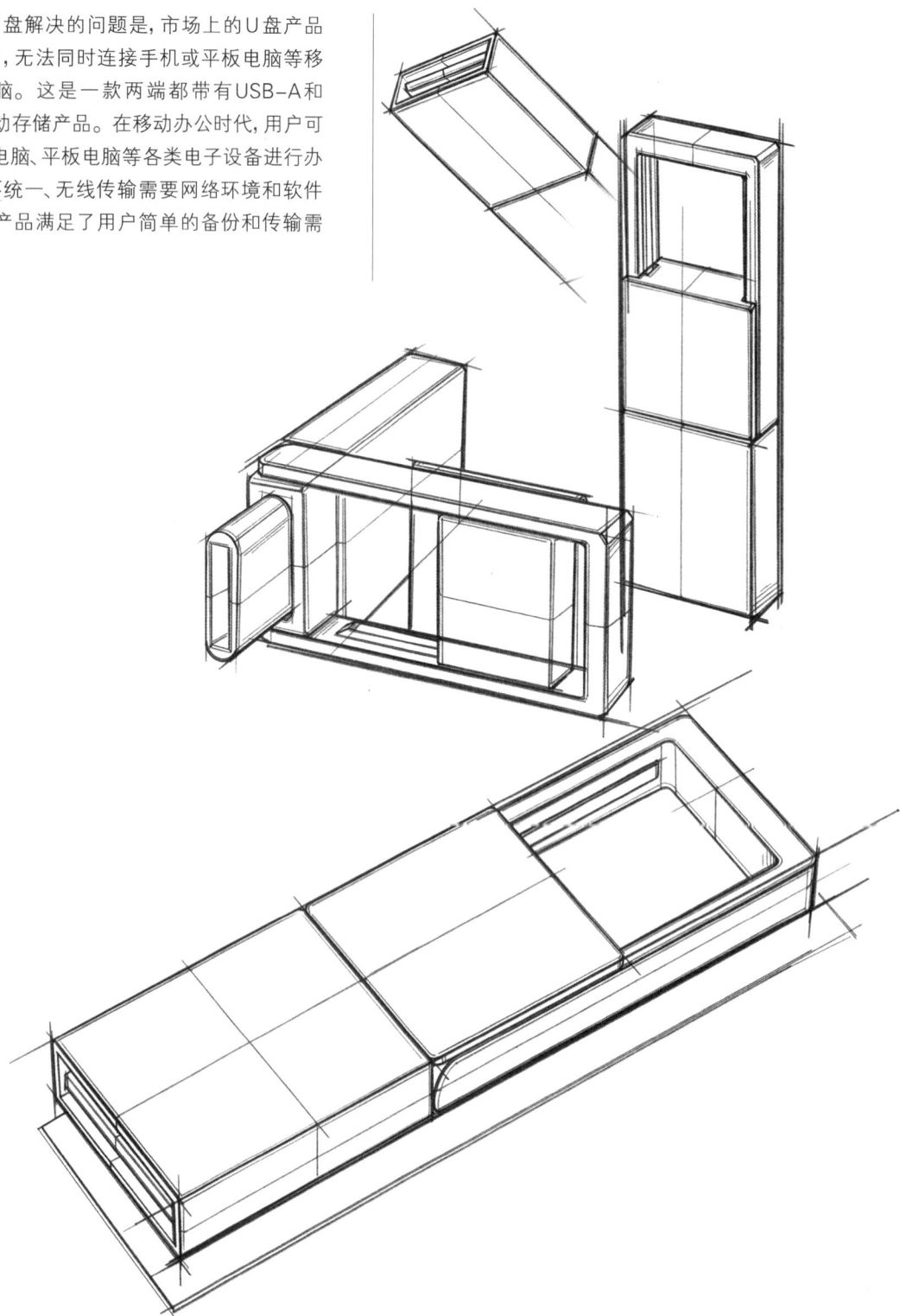

图10-1　以"方"为主体的组合1

在设计素描中结合方形元素时，通常指的是创建具有多个矩形形状的设计或添加具有方形特征的细节。虽然小米双界面U盘的主要特征是矩形机身和圆形细节，但在本教学课件中，还要重点展示其矩形方面（图10-2）。

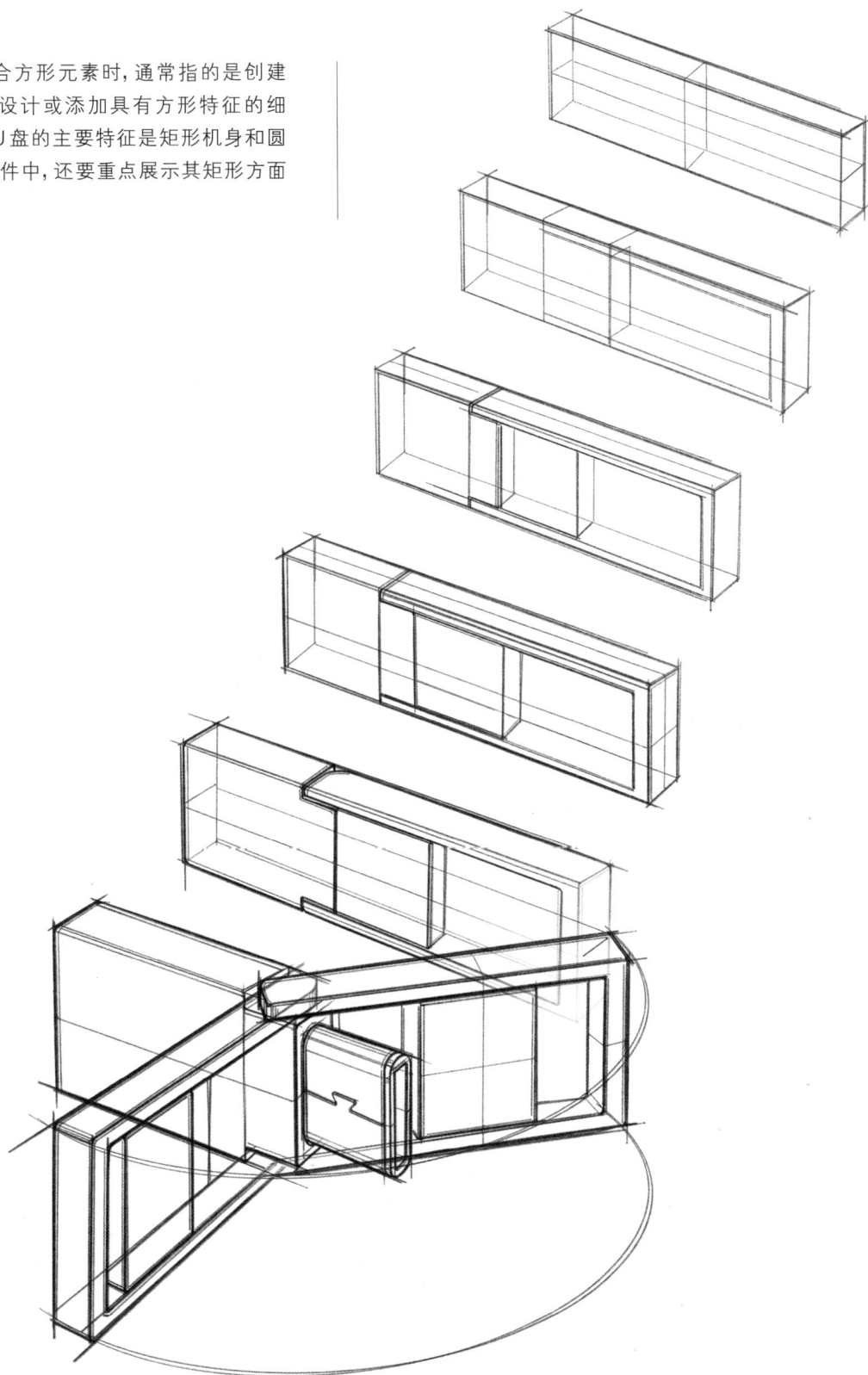

图10-2　以"方"为主体的组合2

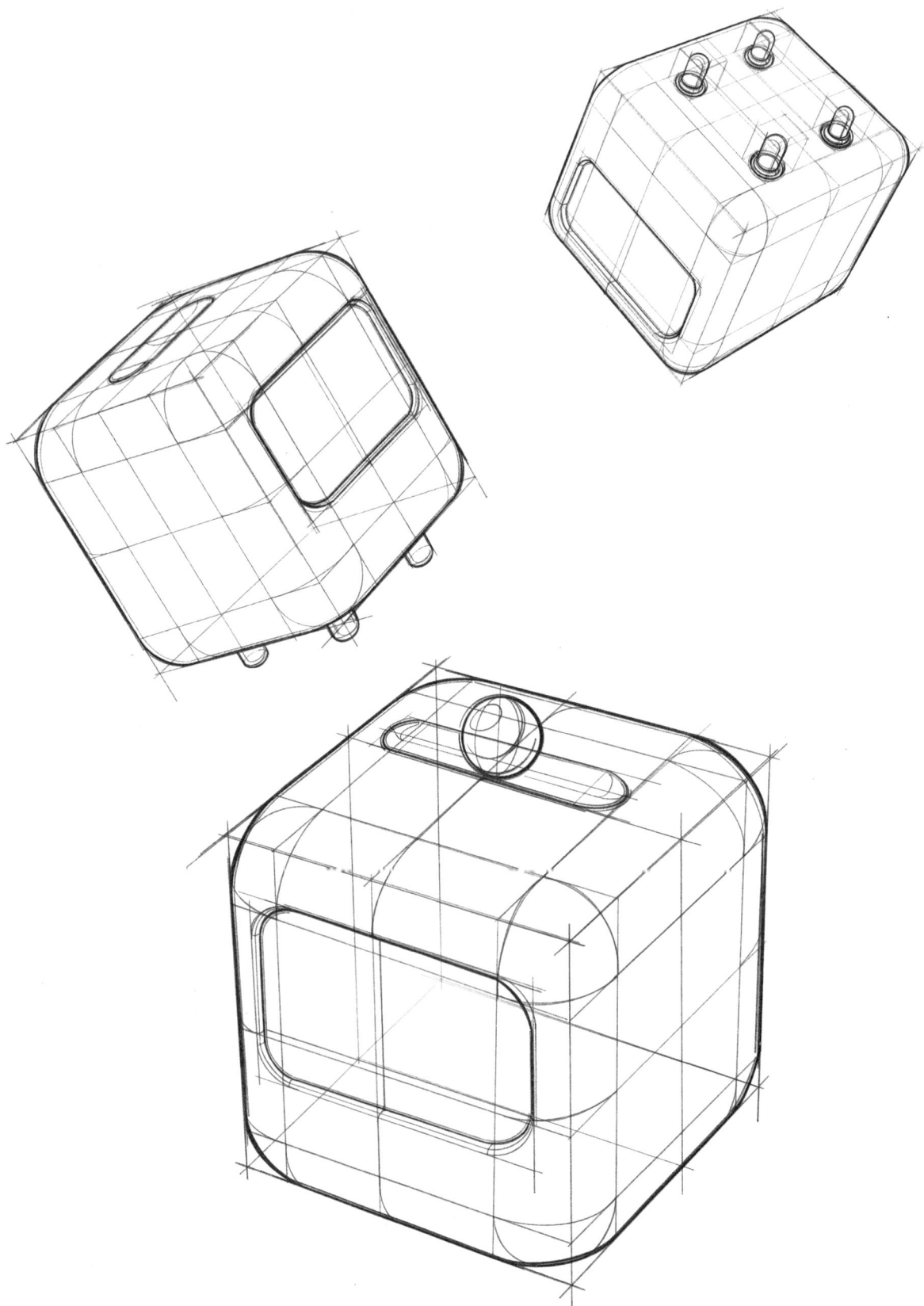

图10-3 以"方"为主体的组合3

通过设计素描可以认识矩形是如何构成产品的。矩形通常是构成产品的主要结构。例如,正方形元素可以连接或堆叠,形成模块化设计(图10-3)。较小的矩形可用作较大矩形主体上的按钮、屏幕或界面元素(图10-4)。在组合形状之前,需要先熟悉矩形素描的绘制,练习使用不同的消失点从正面、侧面和四分之三视角绘制矩形。此外,还要了解透视中正方形和长方形的区别。除非正面观看,否则透视中的正方形会变成长方形。

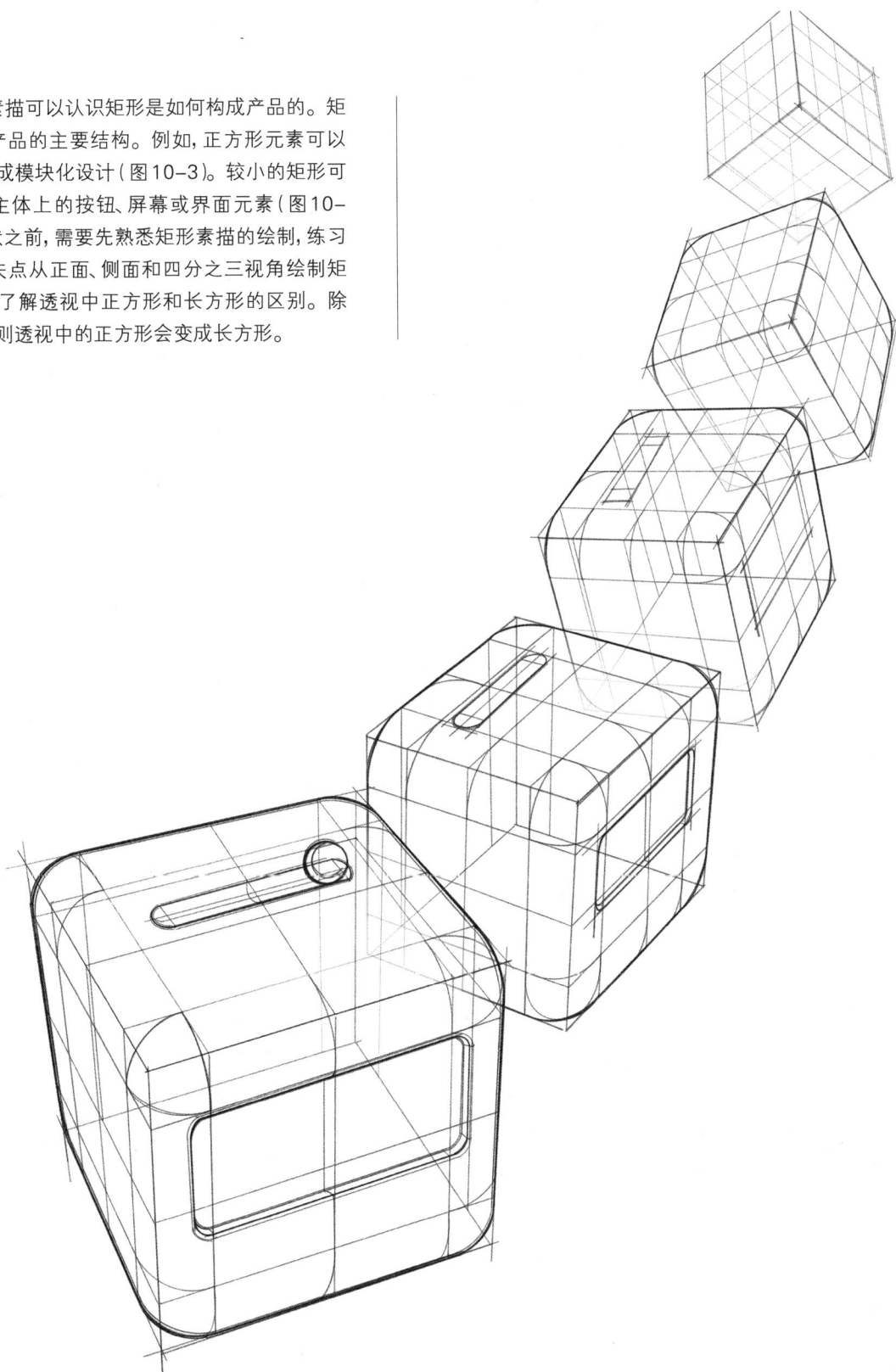

图10-4 以"方"为主体的组合4

下面,我们以小米双界面U盘这样的产品为起点,了解正方形(矩形)元素的整合。

步骤1:创建主矩形。勾勒主体轮廓,首先要建立U盘的主矩形主体,以所需的透视角度绘制,创建一个三维形式。

步骤2:添加次要矩形细节。确定次要元素,注意设备上其他矩形的位置,如USB连接器外壳。绘制次要矩形素描,在主矩形的正确透视下,添加这些次要形状,确保它们遵循相同的消失点,这样透视才会连贯。

步骤3:清理并定义设计。在矩形相交或重叠的地方,清理线条、细化边缘,使前景形状清晰,背景形状次要。使用不同线条的粗细或深浅来区分相邻和重叠的矩形,使素描更有深度和清晰度。

步骤4:整合细节和纹理。考虑次要矩形的功能用途,如点击装置或指示灯,用细线和填充物对其进行细化。在矩形相交或重叠的地方表现材质的变化或纹理,使用阴影技术,如交叉刻画橡胶或点画金属表面。

实训作业

练习1:重复素描。以小米U盘为重点练习来提高素描的熟练程度,从多个角度重复绘制U盘,重点是获得一致、准确的矩形。

练习2:增加复杂性。引入复杂的环境,如将U盘插入电脑,再加上USB端口和按键等其他矩形元素。

练习3:解构练习。将U盘分解成基本的矩形部件,并单独绘制这些部件的素描,然后将它们重新组合成统一的产品。

练习4:自我评估。检查角度是否一致,矩形是否保持正确的透视,分享素描并参与小组点评,利用反馈来完善自己的技巧。

章节小结

专注于正方形和长方形元素,就像小米U盘一样,为掌握产品设计素描提供了一种实用的方法。成长的关键在于实践,用心画素描,寻求反馈,并将所学融入每一张新素描中。产品设计素描不仅仅是技术上的正确性,而且要通过视觉传达有效地传达设计理念。

参考阅读书目与文献

[1] 智晓琦."方圆之间"中国古代城市与建筑形式探索[J].昆明理工大学, 2015 (06).
[2] 伊恩伦诺克斯麦克哈格.设计结合自然[M].天津大学出版社, 2006.
[3] 莫里斯.指号语言和行为[M].上海人民出版社, 1989.
[4] 吴翔.设计形态学[M].重庆大学出版社, 2008.
[5] 李晓东.中国空间[M].中国建筑工业出版社, 2007.
[6] 李晓东.中国型[M].中国建筑工业出版社, 2010.

第十讲 "方"和"圆"的组合

10.2 以"圆"为主体的组合

在产品设计中,圆形元素无处不在,是创造符合人体工学、美学和功能性物体的基础。本章面向熟悉产品设计素描的学习者,特别是在设计中融入和表现圆形元素的学习者,使其了解圆形的内涵,并在开始绘制素描之前,了解圆形产品的构造原型与原理(图10-5、图10-6)。

第一,美学。圆形可以柔化设计的外观,通常用于创造现代和用户友好的外观。

第二,人体工学。在产品设计中,圆形边缘是舒适和安全的代名词,尤其是在手持设备中。

第三,功能性。按钮、旋钮和滚轮等圆形元素在产品上既有装饰功能,也有互动功能。

绘制基本的圆形和椭圆形素描,圆形和椭圆形是素描中圆形元素的基础(图10-7、图10-8)。从这些练习开始:第一,自由画圆。从徒手画圆开始,提高你的手部控制能力。第二,引导圆。使用圆规或圆模板等工具绘制完美的圆,这有助于你理解对称性和比例。第三,椭圆练习。由于透视图中的圆是以椭圆的形式出现的,因此可以练习绘制不同窄度的椭圆(代表不同的视角)。

步骤1:勾勒基本形。确定距离和大小关系,决定圆形元素之间的距离和相对大小。开始松散地绘制素描,以确定这些元素之间的关系。用透视法画圆,当两个圆要以透视的方式呈现时,将它们渲染成椭圆,然后观察它们的角度,它们会有相似的前缩。

步骤2:细化并定义元素之间的关系。确定圆形元素之间的互动关系,它们是相切、重叠还是分离,利用这些空间关系来指导你的素描。对于共用一个中心的圆形元素(如相机镜头及其外壳),练习勾画同心椭圆。所有椭圆的前缩程度应保持一致。

步骤3:增加深度和细节。为圆形元素添加阴影,以暗示体积。光线照射到的地方应该是最亮的,对面的部分应该是最暗的,以暗示弧度。使用高光和阴影来界定圆形的边缘和凹处,尤其是一个圆形部件与另一个圆形部件的交接处。练习从亮到暗的渐变阴影,以营造球形的体积感。

步骤4:用圆创建复杂形状。勾画复杂的曲率,将圆段组合起来,创造出复杂的曲线,如S曲线或两个圆柱体的连接处。使用参考点来保持圆形元素之间以及整个设计的比例。

步骤5:将圆形元素融入产品之中。将圆形元素融入产品设计的大背景中。例如,考虑如何将旋钮、按钮和轮子融入更大、更有棱角的机身中。在素描中明确每个圆形元素的功能。例如,对于音量刻度盘,请标明其运动方向和边界。

实训作业

练习1:每日热身。在每次素描课开始时,用圆形和椭圆形进行热身。

练习2:透视练习。以不同的视角绘制一系列椭圆,以模仿躺在同一表面上的一系列圆形物体的外观。

练习3:物体复制。寻找现实世界中由圆形元素组成的物体,并从多个角度对其进行素描。

练习4:创造性组合。创造自己的复杂设计,让圆形元素以实用和美观的方式相互影响、叠加和组合。

章节小结

在产品设计中,绘制圆形元素之间的素描需要了解形状、比例和透视。通过从基本形状开始,到更复杂的配置,设计师可以在产品中创造出令人信服的圆形特征。坚持不懈地练习,再加上对细节和功能的敏锐洞察力,就能提高绘制圆形元素素描的准确性和创造性。

图10-5 以"圆"为主体的组合1

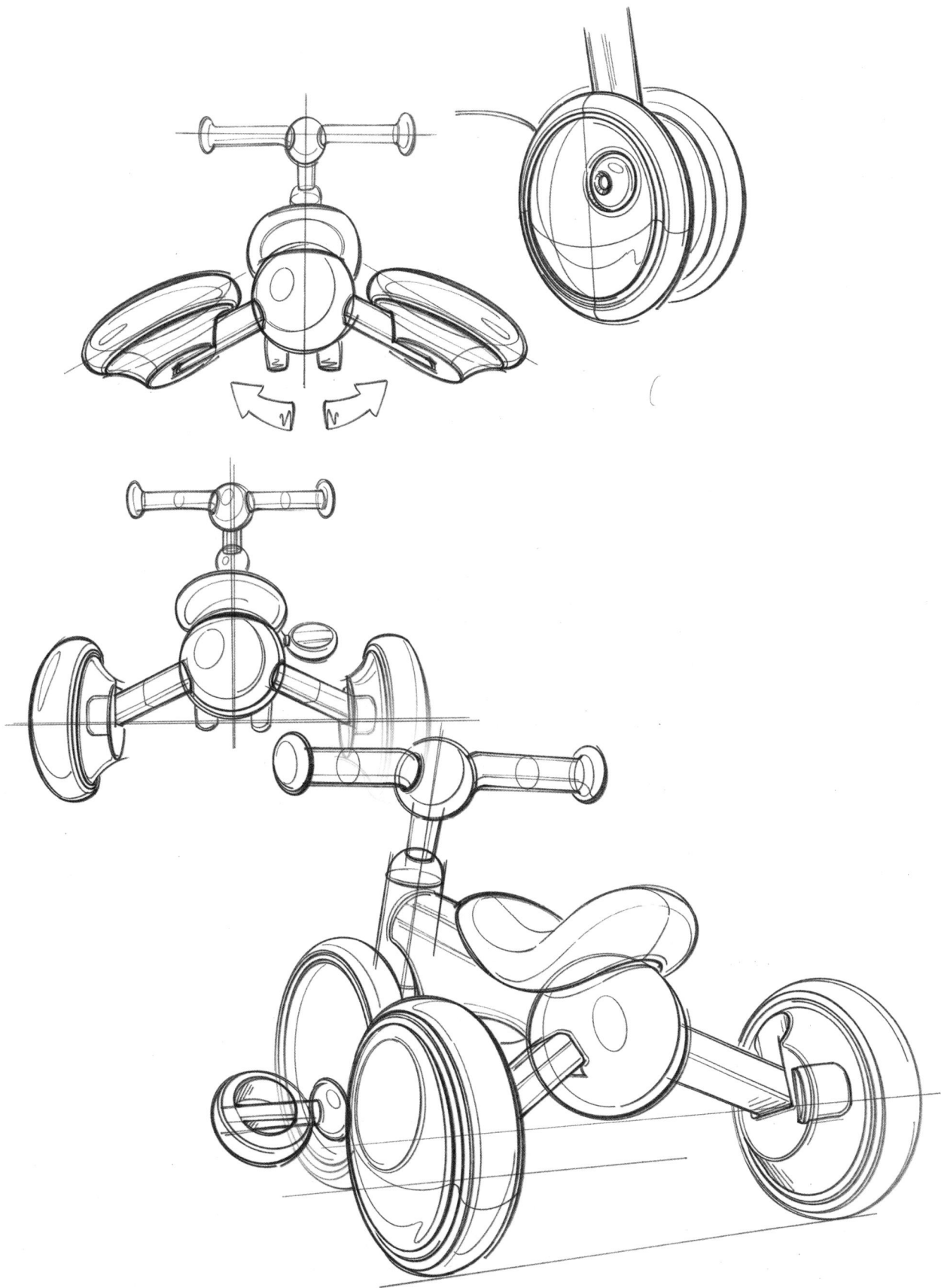

图10-6 以"圆"为主体的组合2

章节课时

建议4课时。

章节思考题

1. 如何将不同的几何形状结合起来,创造出一个具有凝聚力的设计? 在融合各种形状的同时,你在保持设计的功能性和美感方面遇到了哪些挑战?

2. 如何确保几何形状的复杂性不会让用户不知所措,而是引导他们直观地使用产品?

3. 在设计中,几何图形对产品的视觉吸引力和品牌塑造起着至关重要的作用。如何利用几何图形建立视觉节奏? 使用什么策略来实现既赏心悦目又忠实于产品特性和目的的平衡?

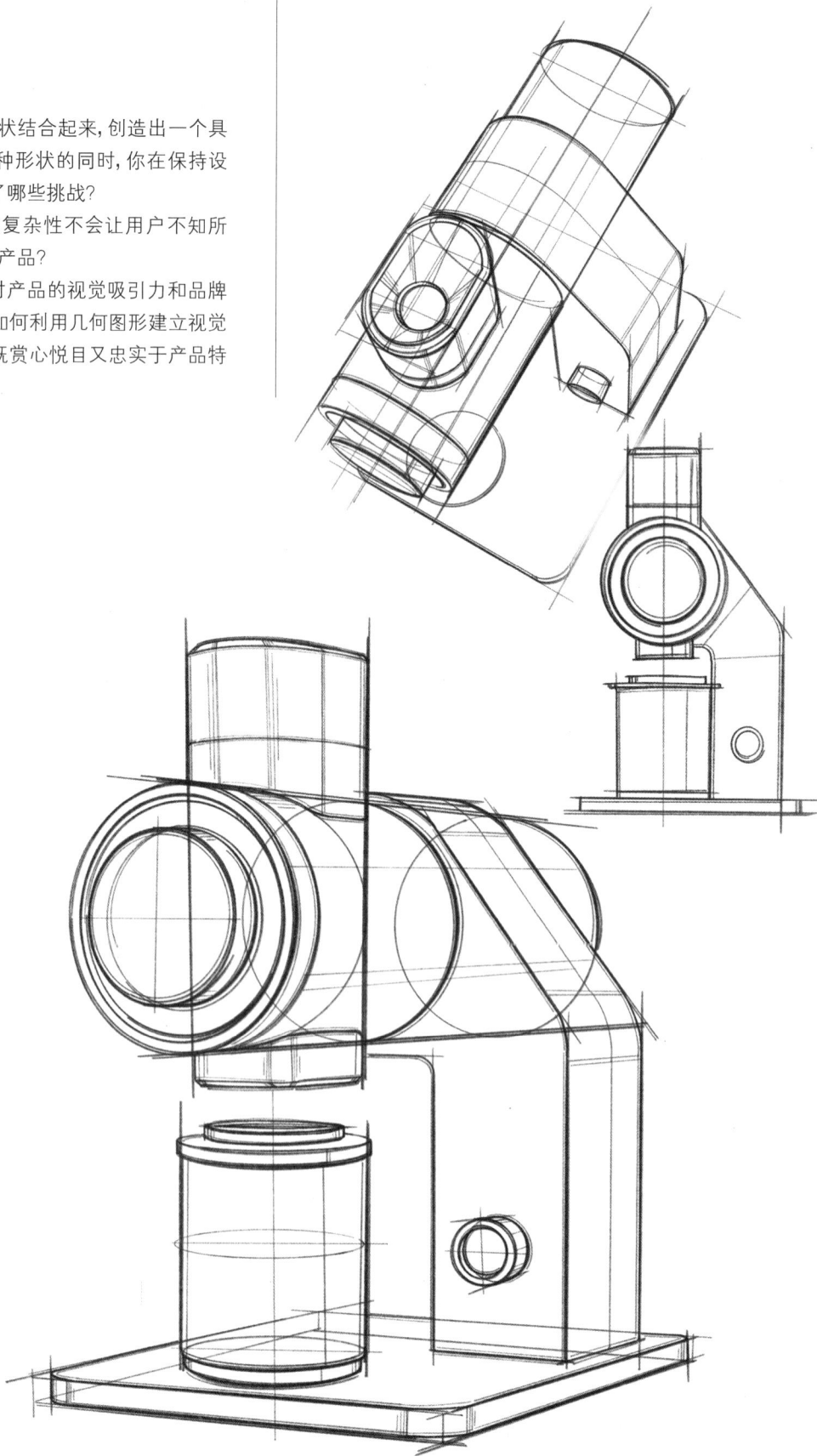

图10-7　以"圆"为主体的组合3

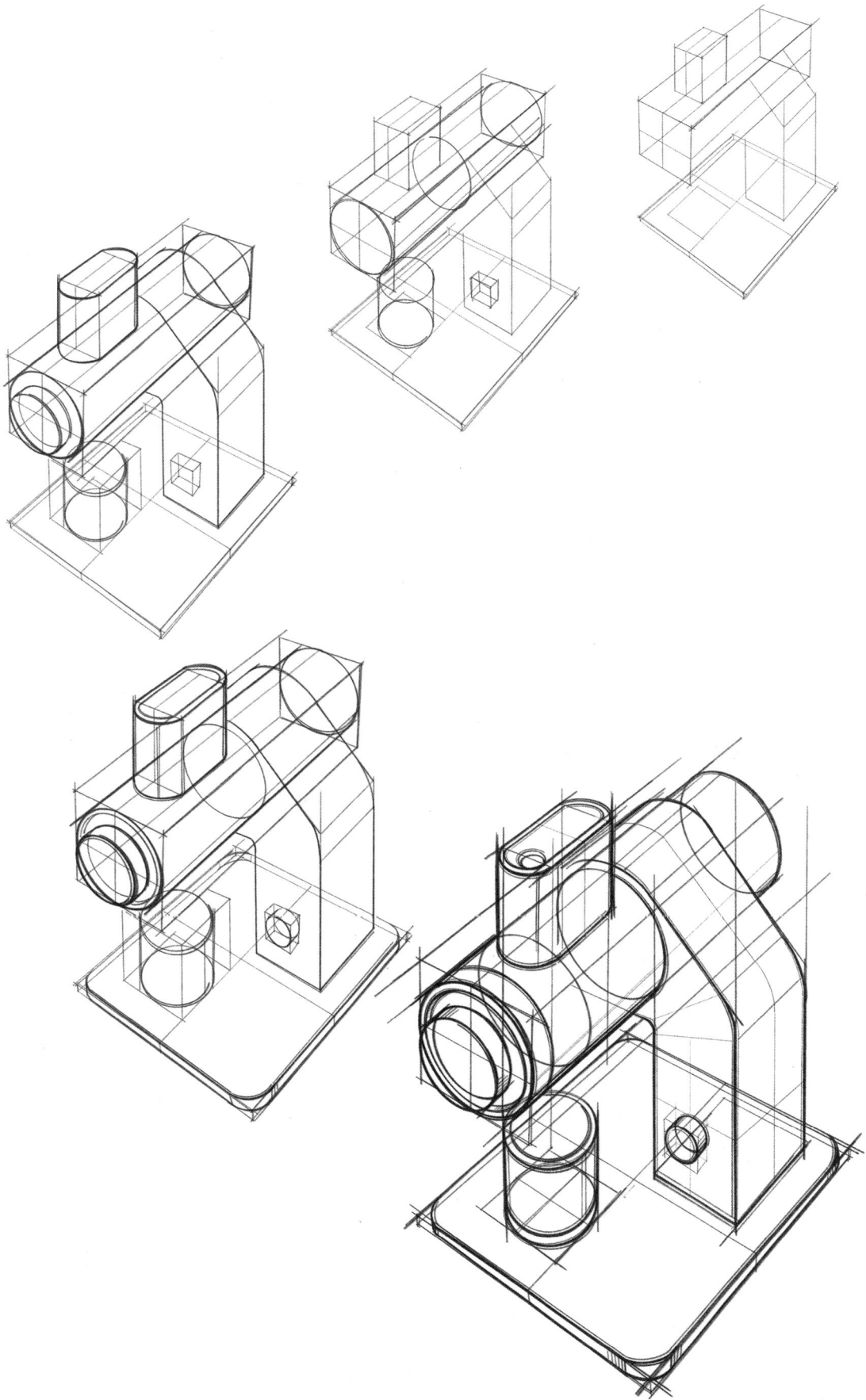

图10-8 以"圆"为主体的组合4

第十一讲 "方"和"圆"的融合

11.1 以"方"为主体的融合

在产品设计素描领域,将几何形状和谐地结合在一起的能力至关重要。不同的形状会给产品带来不同的功能和美感,下面以 Narsov 工作室 Lexon–Mezzo 无线电钟为例,介绍如何将圆形和方形元素融合在一起,形成具有凝聚力的设计。

设计素描可以帮助设计者了解设计中的形状关系。首先,要认识到每种形状都对整体设计语言有所贡献。方形元素表示稳定和结构,提供清晰的框架和边界。圆形元素带来触感和用户友好的一面,常用于按钮、表盘或视觉焦点。

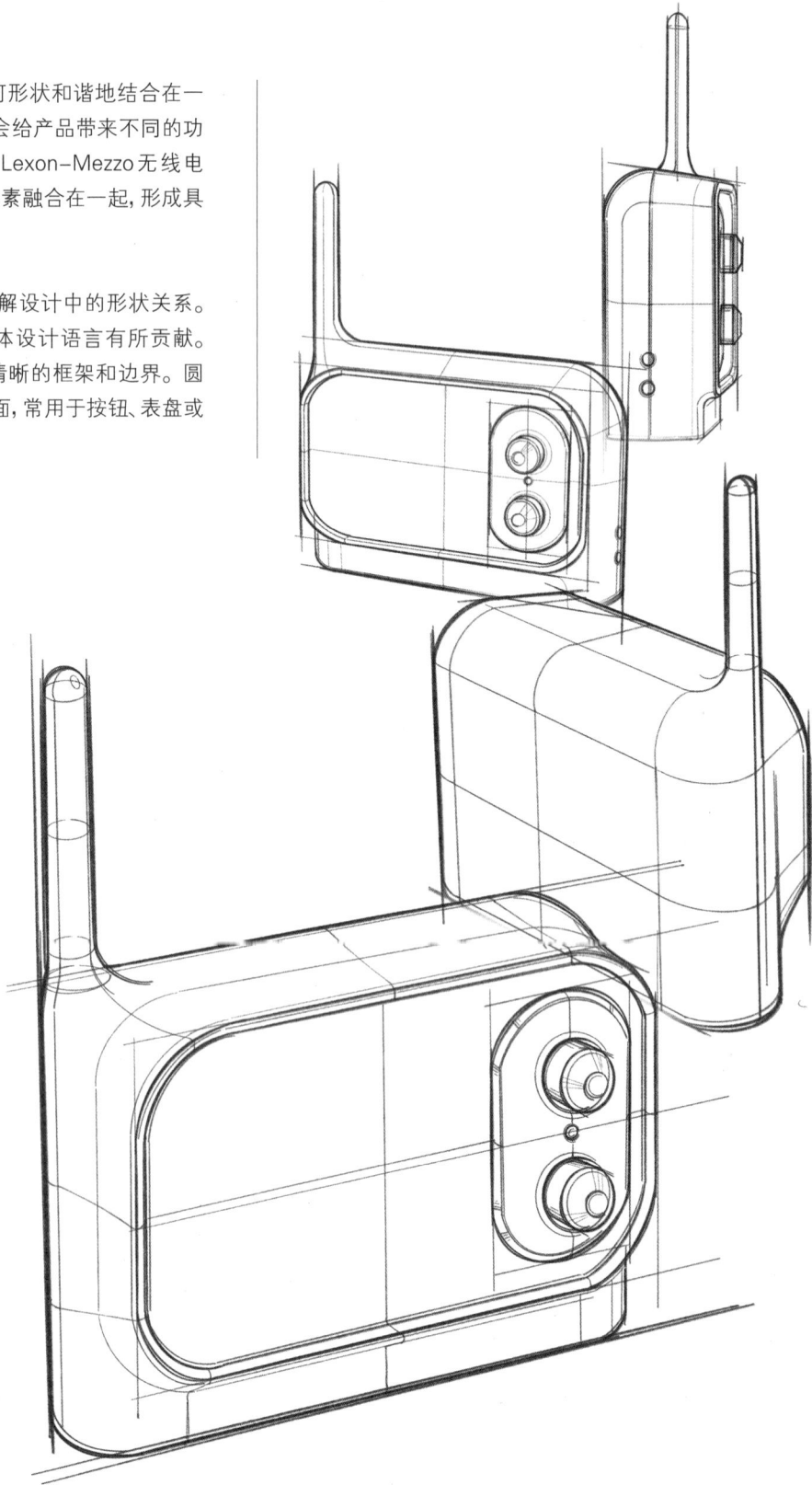

图 11–1 以"方"为主体的融合1

解构Narsov工作室Lexon-Mezzo无线电钟（图11-1、图11-2）。在绘制素描之前，先分析一下时钟：其一，主要形式。注意主体是正方形（三维空间为长方形）。其二，次要形式。确定扬声器、音量表盘和钟面等圆形元素。

然后勾画主要正方形元素：其一，利用两点透视原理，以透视方式勾画无线电钟的表面，使其具有深度。其二，强调结构，确保方形具有坚实、厚重的感觉，线条笔直、自信。

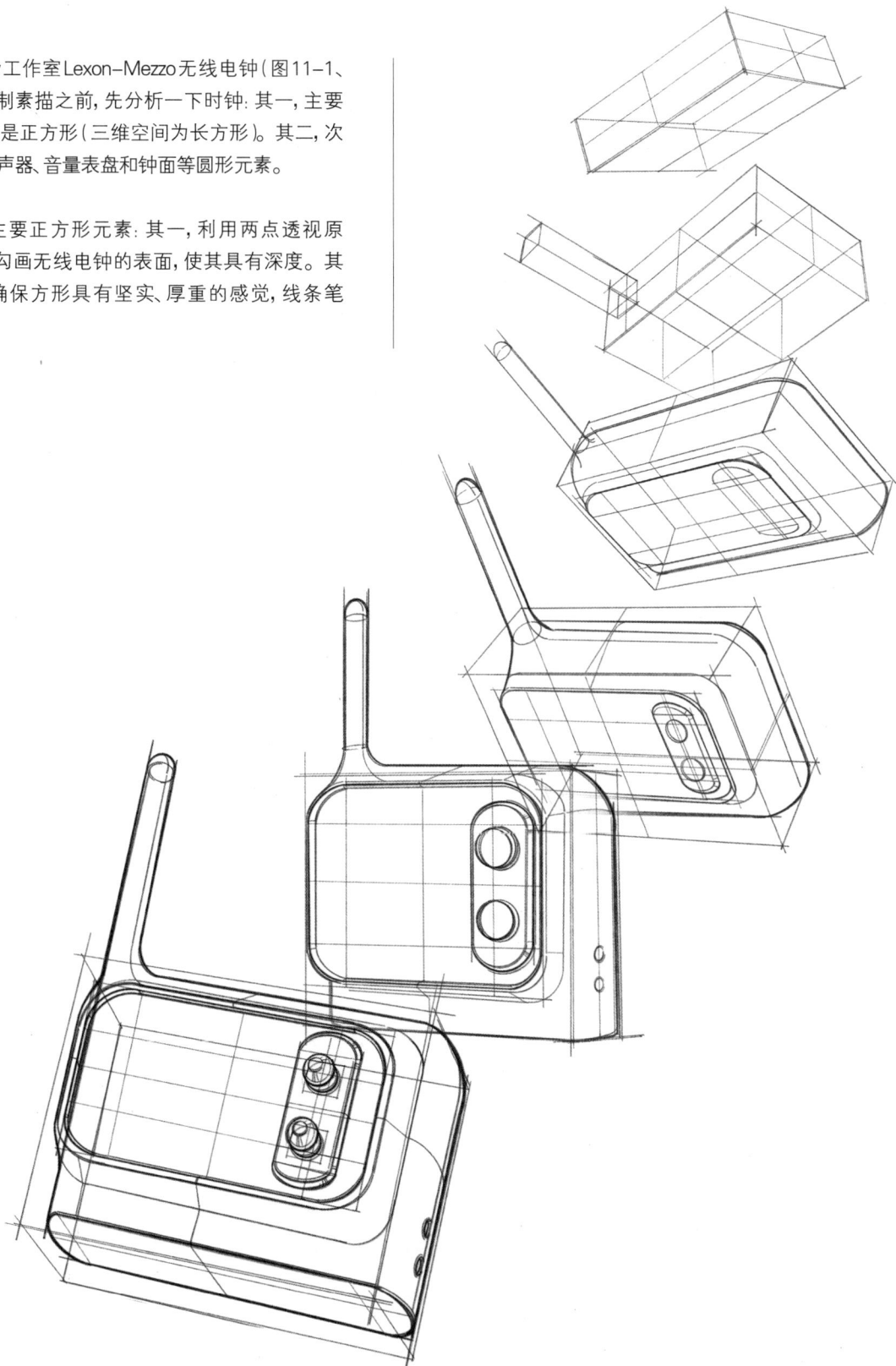

图11-2 以"方"为主体的融合2

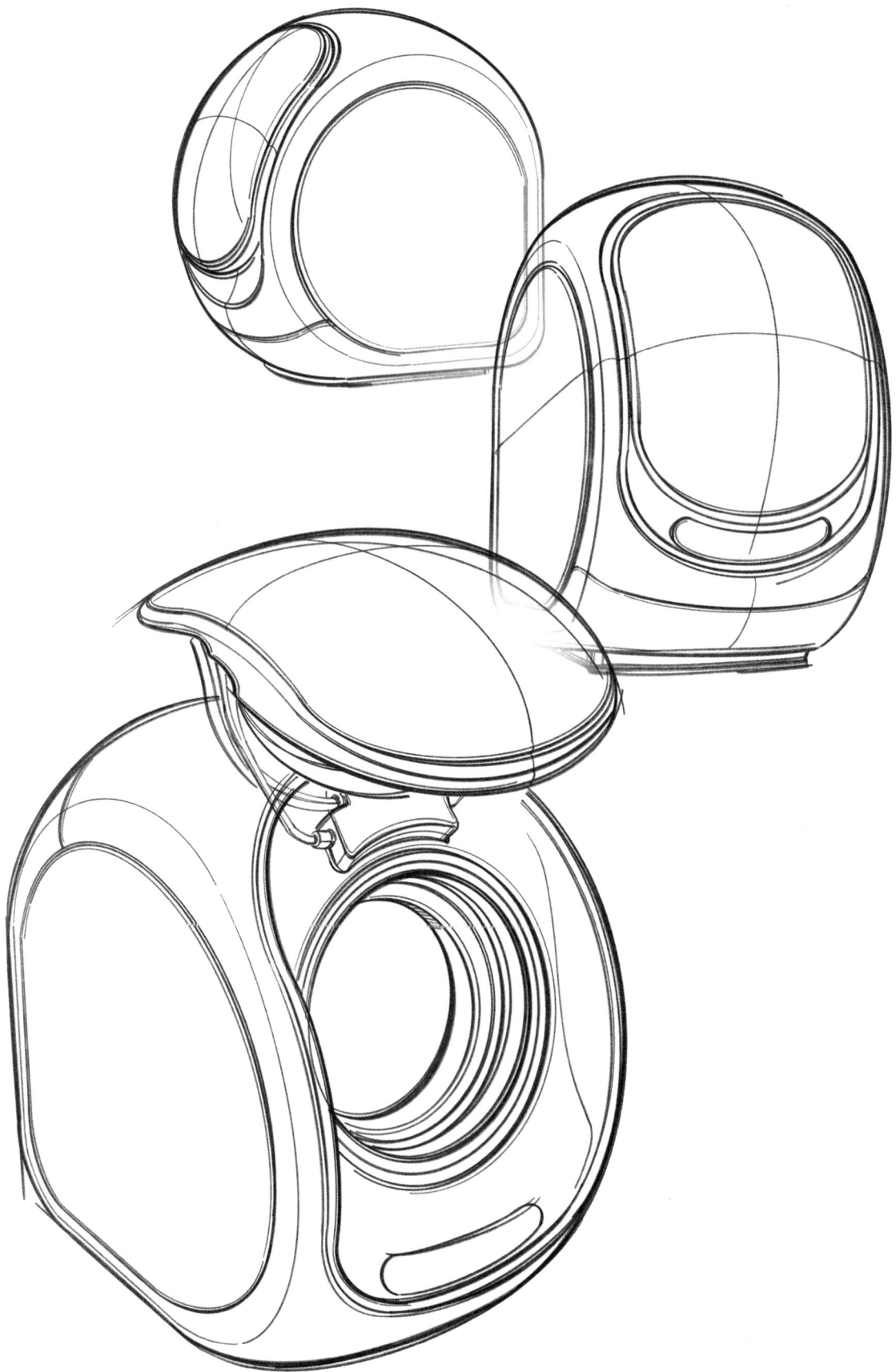

图 11-3 以"方"为主体的融合3

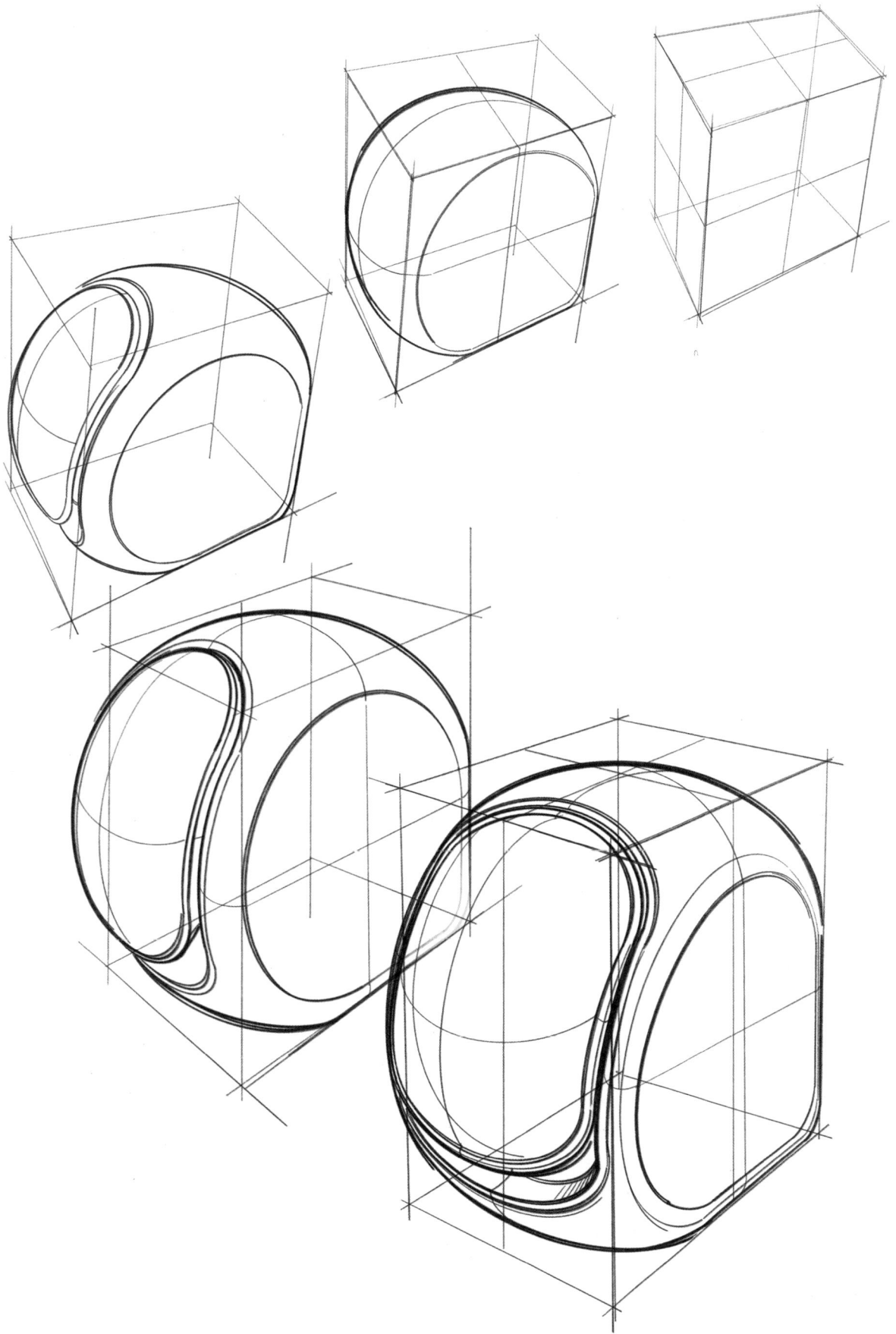

图11-4 以"方"为主体的融合4

步骤1：位置和比例。确定圆形元素在收音机方形面上的位置，确保每个圆形元素的大小与方形主体相互之间成比例。

步骤2：绘制透视图中的圆。将圆画成椭圆，以透视线为指引，将圆形元素绘制成符合主体透视的椭圆形。所有圆形元素的前凸后翘程度要保持一致。

步骤3：完善形状之间的互动。过渡处注意圆形元素与方形主体的衔接，这可能需要擦除圆形物体（如旋钮）与正方形相交的部分。利用阴影和线条的轻重来暗示哪些元素在其他元素的上方或下方，给人一种层次感。添加细节，让产品栩栩如生。突出关键特征，如钟面、扬声器格栅或任何功能按钮。通过纹理哑光表面、亮光表面或金属装饰暗示不同的材料。

实训作业

练习1：单独练习，画正方形和圆形。在一张新的纸上，练习画正方形和叠加椭圆的各种组合，直到画到感觉自然为止。

练习2：组件互动，绘制重叠素描。绘制圆形与方形相交的素描，重点关注交点以及元素如何相互叠加或合并。

练习3：复制收音机时钟。使用 Narsov 工作室 Lexon-Mezzo 无线电钟的图片作为参考。从主要结构开始逐步绘制素描，反复添加每个圆形元素，注意形状之间的相互作用。

练习4：概念开发。以无线电钟的核心理念为基础，绘制变体素描，尝试圆形元素相对于方形的位置和大小。

每次素描绘制后，回顾自己的作品，将素描与参照物进行比较。查看形状组合、透视和比例是否准确。向同伴和导师展示素描。集体点评可以提供新的见解和改进建议。利用反馈意见再画一版，解决不够精确或清晰的地方。

章节小结

在素描中将方形和圆形元素结合起来，需要对几何图形和设计语言都有所了解。Narsov 工作室 Lexon-Mezzo 无线电钟是练习这种组合的理想模型。通过解构作品、绘制单个形状的素描，然后将它们合并，学生可以掌握如何平衡这些基本形状。持续地练习，加上批判性的审查和反复修改，是掌握绘制融合方形和圆形元素的产品设计素描技巧的关键。

参考阅读书目与文献

［1］ 马源.设计素描的造型表现特征在产品中的应用［J］.鞋类工艺与设计,2023（8）.

［2］ 唐欣.设计素描在艺术设计中的表现及应用研究［J］.艺术品鉴,2021（15）.

［3］ 曹司胜.设计素描的专业指向性研究［J］.岭南师范学院学报,2021（6）.

［4］ 姜虹伶.产品设计专业设计素描课程教学内容优化研究［J］.美术文献,2022（04）.

［5］ 黄婷.设计素描课程抽象表现教学探索［J］.美术教育研究,2022（11）.

［6］ 王元元.浅谈设计素描与艺术设计的关系［J］.艺术品鉴,2022（20）.

第十一讲 "方"和"圆"的融合

11.2 以"圆"为主体的融合

在产品设计素描中结合圆形和方形元素,是创造多变、动态设计的重要技能。本章将指导学习者完成这些几何图形的组合过程,并概述提高技能的做法。在绘制素描之前,应了解不同形状的功能和美学意义。第一,方形元素。代表坚固、稳定和高效。第二,圆形元素。暗示运动、人际互动和亲和力。分析具有圆形和方形元素的产品。第三,检查融合了圆形和方形元素的现有产品,注意这些形状之间的平衡和对比。考虑它们之间的互动如何定义产品的可用性和风格。组合形状素描绘制步骤指南:

步骤1:了解关系。确定层次结构,确定哪种形状在设计中占主导地位。是以方形为主体,圆形为界面,还是以圆形为主,方形为辅。决定形状之间如何互动,是相互交叉,还是相互嵌套。

步骤2:确定基本形状。从主要形状开始,无论是方形还是圆形元素。用淡淡的笔触确定比例和在页面上的位置。必要时使用直尺和圆规等几何工具完善基本形状,确保准确性和对称性。

步骤3:添加辅助形状。基本形状确定后,添加辅助形状。在正方形中添加圆形元素时,可先使用十字准线找到中心点(如适用)。透视图中的圆形将显示为椭圆,将这些椭圆与基本形的透视对齐。

步骤4:细节和深度。明确指出圆形元素与方形元素的交汇处。使用有把握的线条来定义重叠区域或交叉点。使用阴影来提供深度,强调形状的独立但相互关联的性质。

步骤5:一致性和凝聚力。确保素描的所有部分都遵循相同的透视规则。重新审视每个形状的比例,保持设计的和谐与平衡。始终牢记产品的预期用途,以及这些形状对用户体验有何帮助。

实训作业

练习1:简单重叠。绘制圆形和方形重叠、相交和相邻的各种场景素描。重点是简洁的过渡和接触点。

练习2:透视挑战。绘制从不同角度观察组合形状的素描。这有助于理解形状在三维空间中的相互关系。

练习3:阴影和高光。在素描中添加阴影和高光,加强圆形和方形元素之间的深度和物理关系。

练习4:绘制现实世界中的物体。选择生活中圆形和方形混合的物体。勾勒出这些物体,捕捉这些形状的组合方式。

练习5:设计迭代。设计一个包含圆形和方形元素的简单产品,探索不同形状的组合方式。回顾素描作品并向自己提问:形状之间的相互作用与逻辑关联是否正确,尝试改进圆形和方形元素之间的平衡关系。

章节小结

在产品设计素描中将方形和圆形结合起来,需要了解几何关系、透视以及形状对功能和形式的影响。通过练习从不同视角将各种形状组合在一起,设计师可以提高创造视觉效果和功能完善的产品的能力。通过有意练习和生活素描的定期练习,可以巩固这些基本技能。

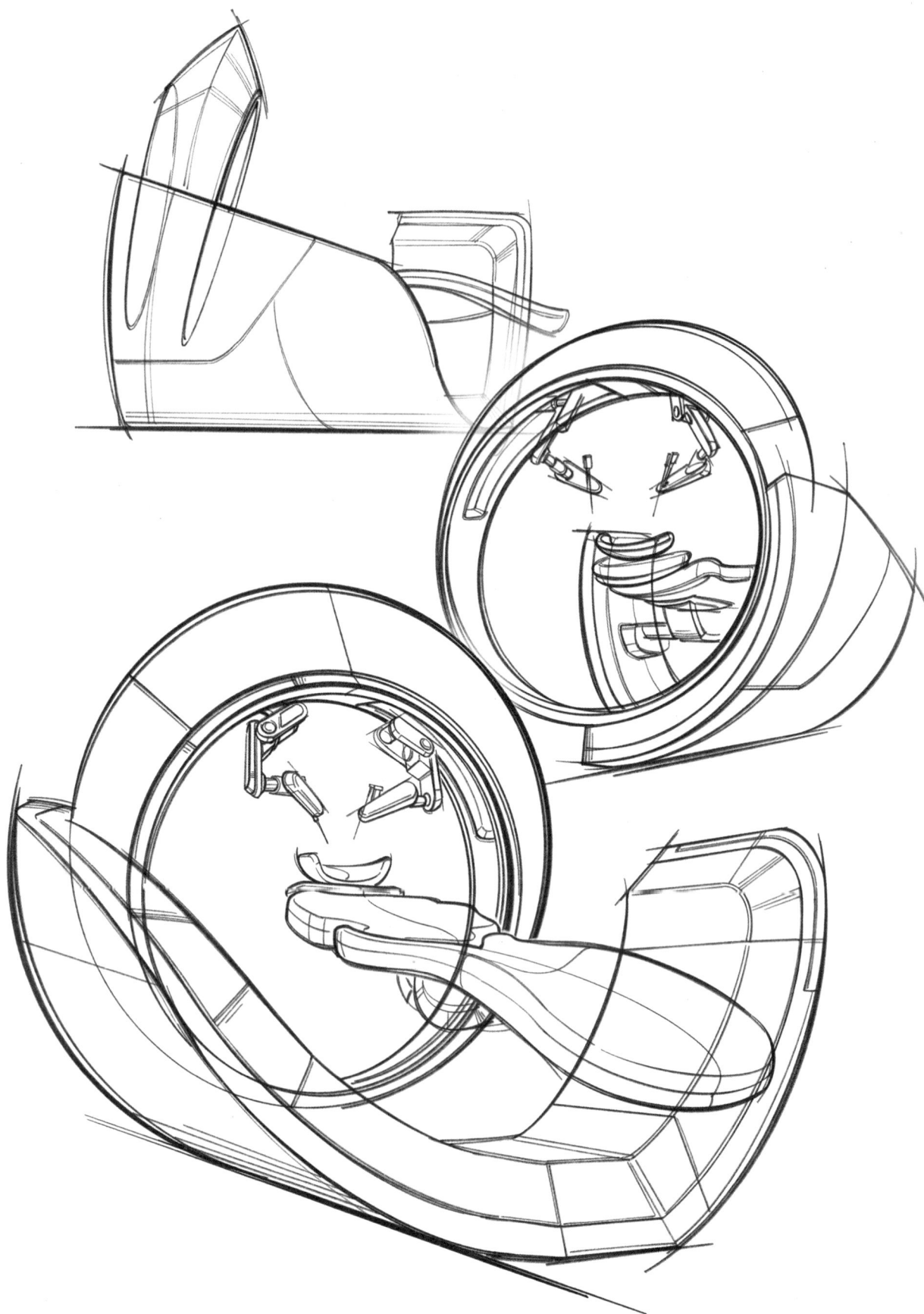

图11-5 以"圆"为主体的融合1

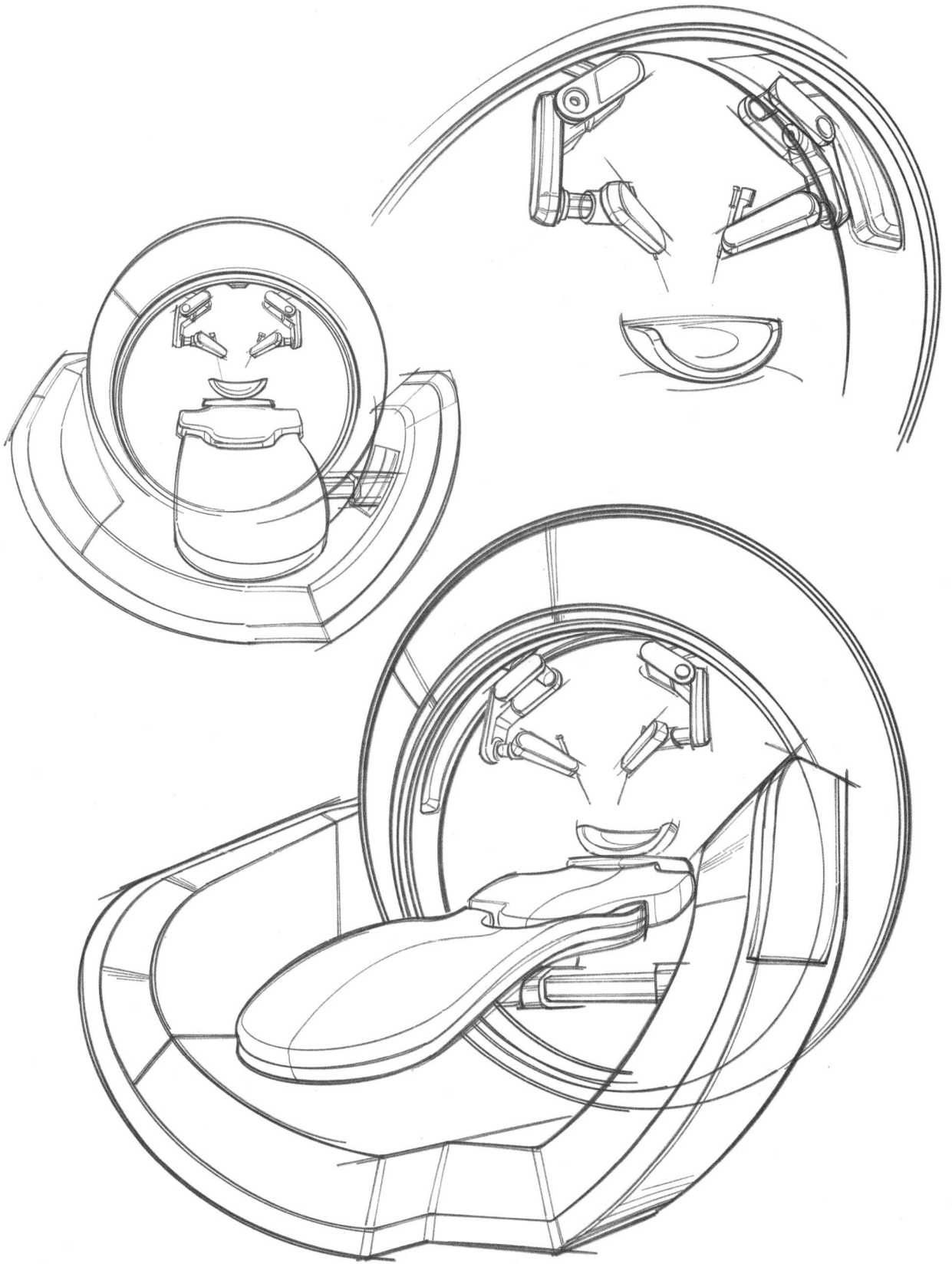

图11-6 以"圆"为主体的融合2

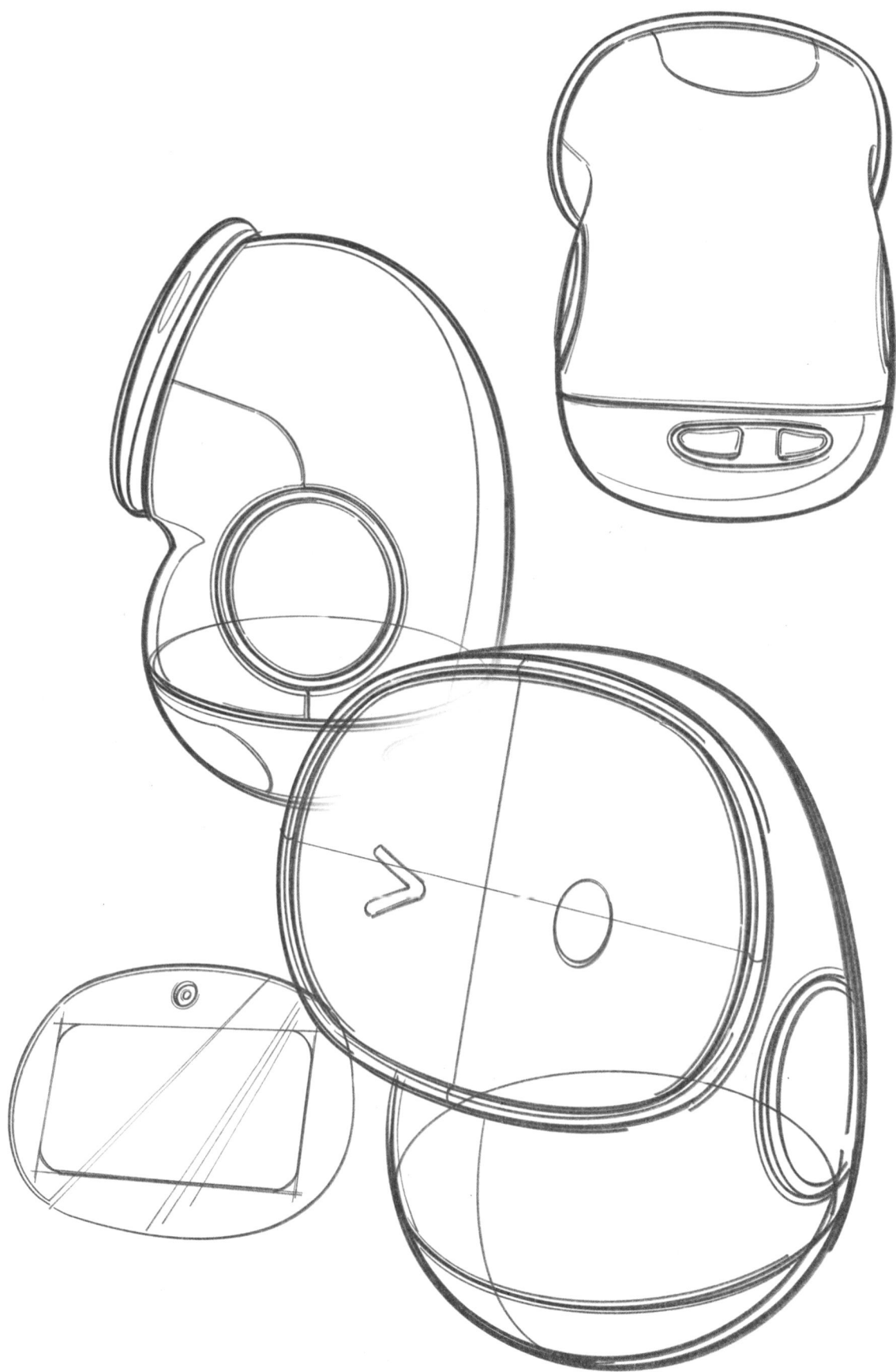

图 11-7 以 "圆" 为主体的融合 3

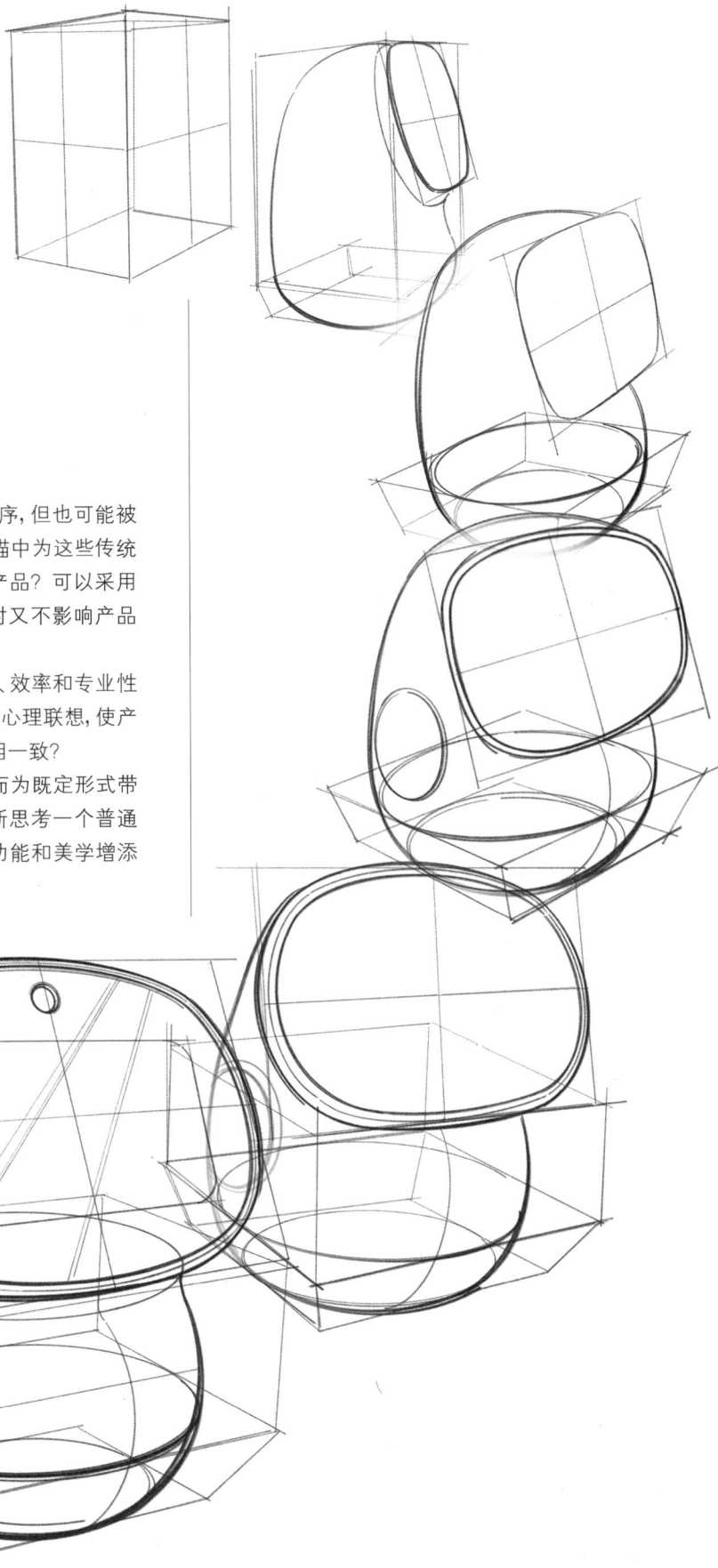

章节课时

建议4课时。

章节思考题

1. 正方形和长方形意味着稳定和秩序,但也可能被视为保守或缺乏想象力。如何在设计素描中为这些传统形状注入创意,创造出既美观又实用的产品?可以采用哪些策略来打破直角和直线的单调,同时又不影响产品设计的完整性和实用性?

2. 考虑到矩形和正方形通常与力量、效率和专业性联系在一起,如何在设计素描时利用这些心理联想,使产品的外形与预期的品牌形象和用户期望相一致?

3. 如何在素描中使用这些形状,从而为既定形式带来创新感或新视角?如何挑战自己,重新思考一个普通的长方形或正方形,从而为预期产品的功能和美学增添价值或新意?

图11-8 以"圆"为主体的融合4

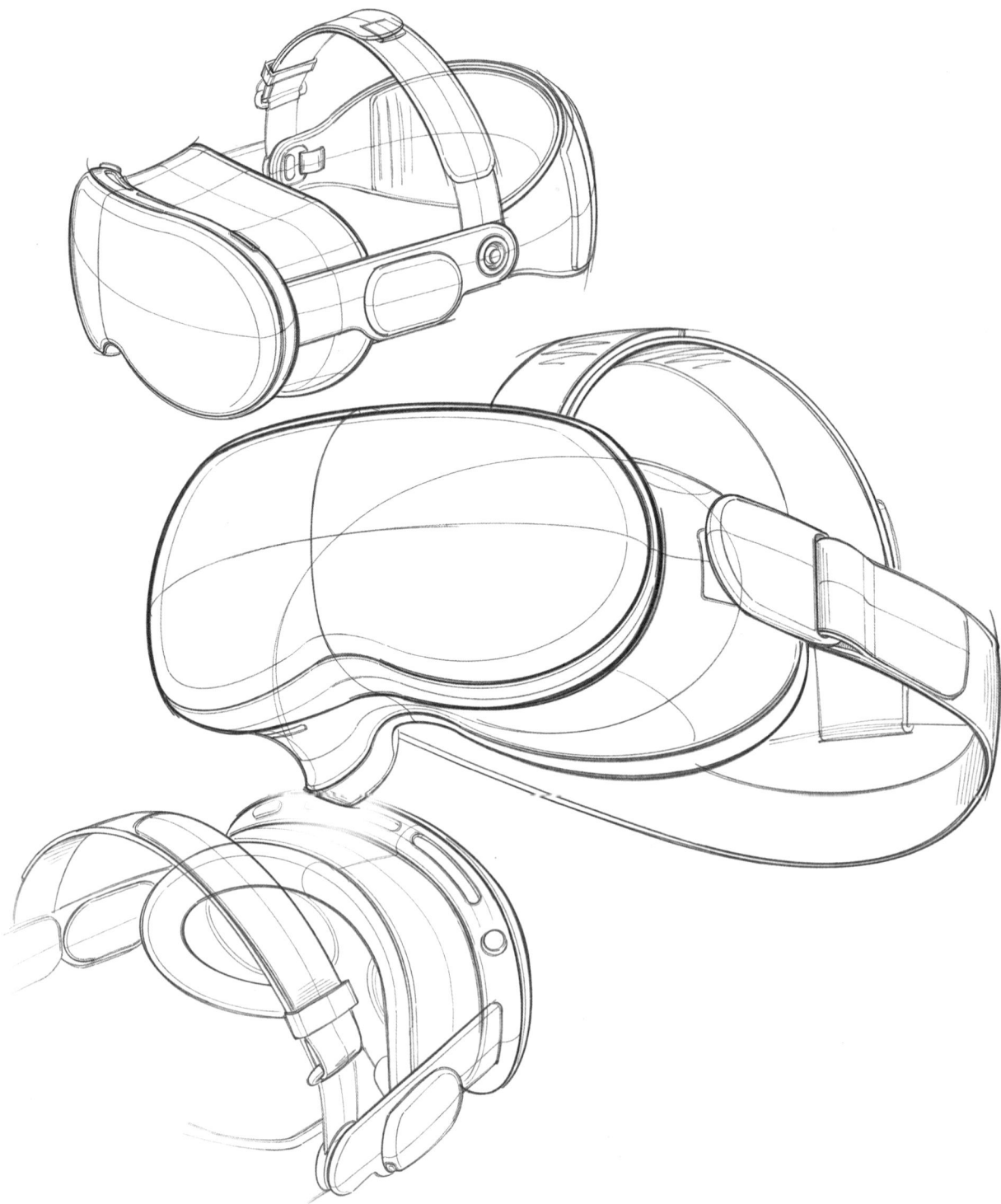

Unit 4
Practice
of
Design
Sketching

单元四

设计素描的实训

产品设计的对立面是工业工程设计,两者的思维方式所产生设计中立体与平面的关系需要深入探讨与搭接。产品设计善于用透视图解进行产品表述,而工业工程设计往往采用三视图的方式进行方案呈现。前者关注创造性,后者注重严谨度。而产品设计常作为人的语言与机械语言进行对话。

P119

无印良品
壁挂 CD 机

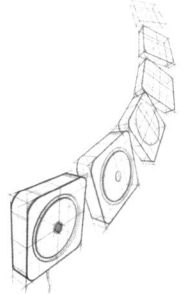

P119

迪特尔 – 拉姆斯（Dieter Rams）
博朗 TP3 收音机 / 留声机组合

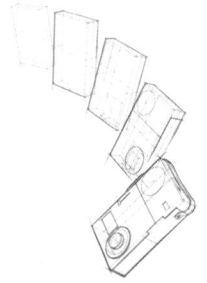

P119

BallChair
太空椅

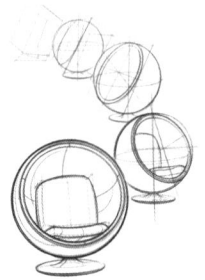

P119

太空蛋椅

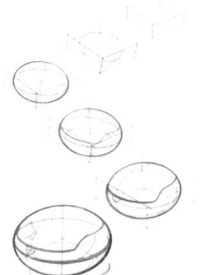

P119

戴森吹风机

P119

B&O
BeoSound 2
蓝牙音响

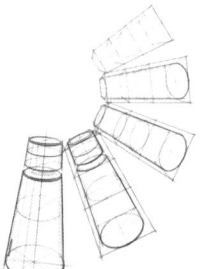

P119

徕卡 M11
数码相机

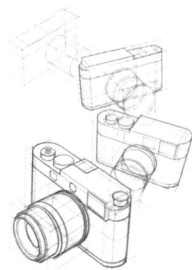

P119

埃曼格保温壶

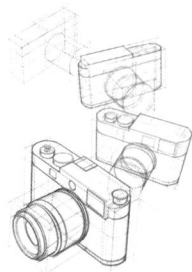

P119

罗维流线型手摇转笔刀

P119

得力 0668
大口径手摇转笔刀

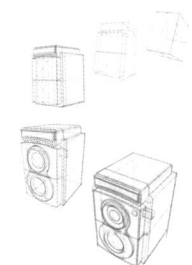

P119

Lockheed Lounge 1986

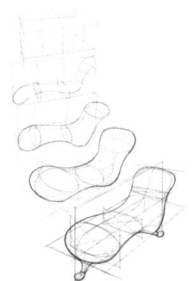

P119

Apple Vision Pro

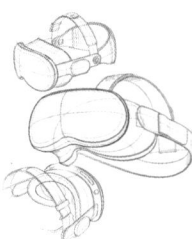

第十二讲 正方体与长方体

透视·结构·产品·解构

在组合正方形和长方形元素时,请遵循以下指导原则:第一,从较大的形体开始。从产品的整体矩形形状开始绘制素描。使用灯光指引来定义形状的边界。第二,添加次要形状。引入次要的正方形元素。例如,对于无印良品的CD播放器,在矩形面上勾勒出正方形按钮。第三,确保透视的准确性。如果是透视素描,确保正方形和长方形的所有边都一致地汇聚到消失点。第四,考虑比例。保持每个设计的准确比例。正方形元素应与长方形主体成比例。第五,微调形状。用更清晰、更明确的线条细化正方形和长方形。删除不必要的指引。

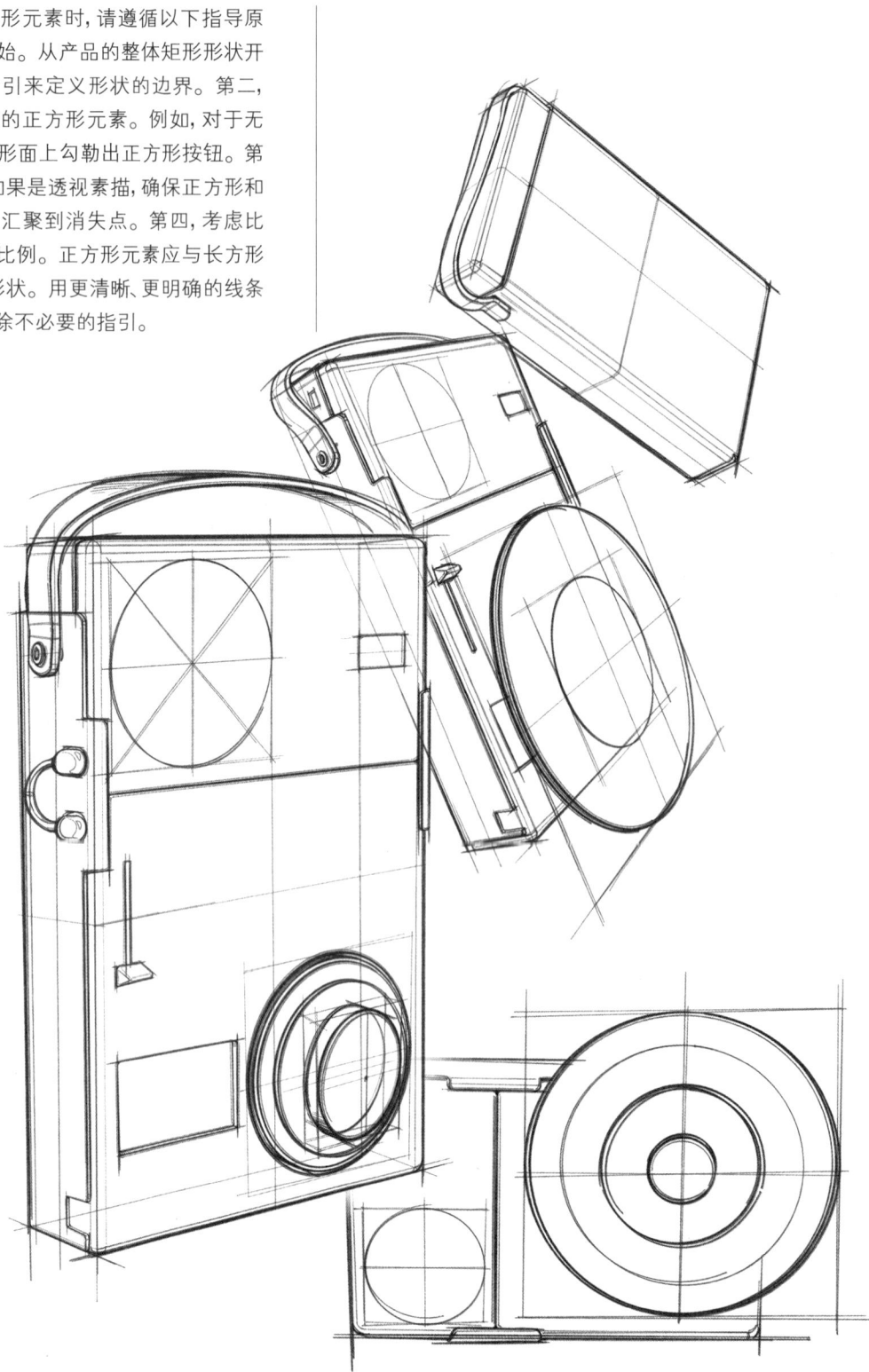

图12-1 长方体1

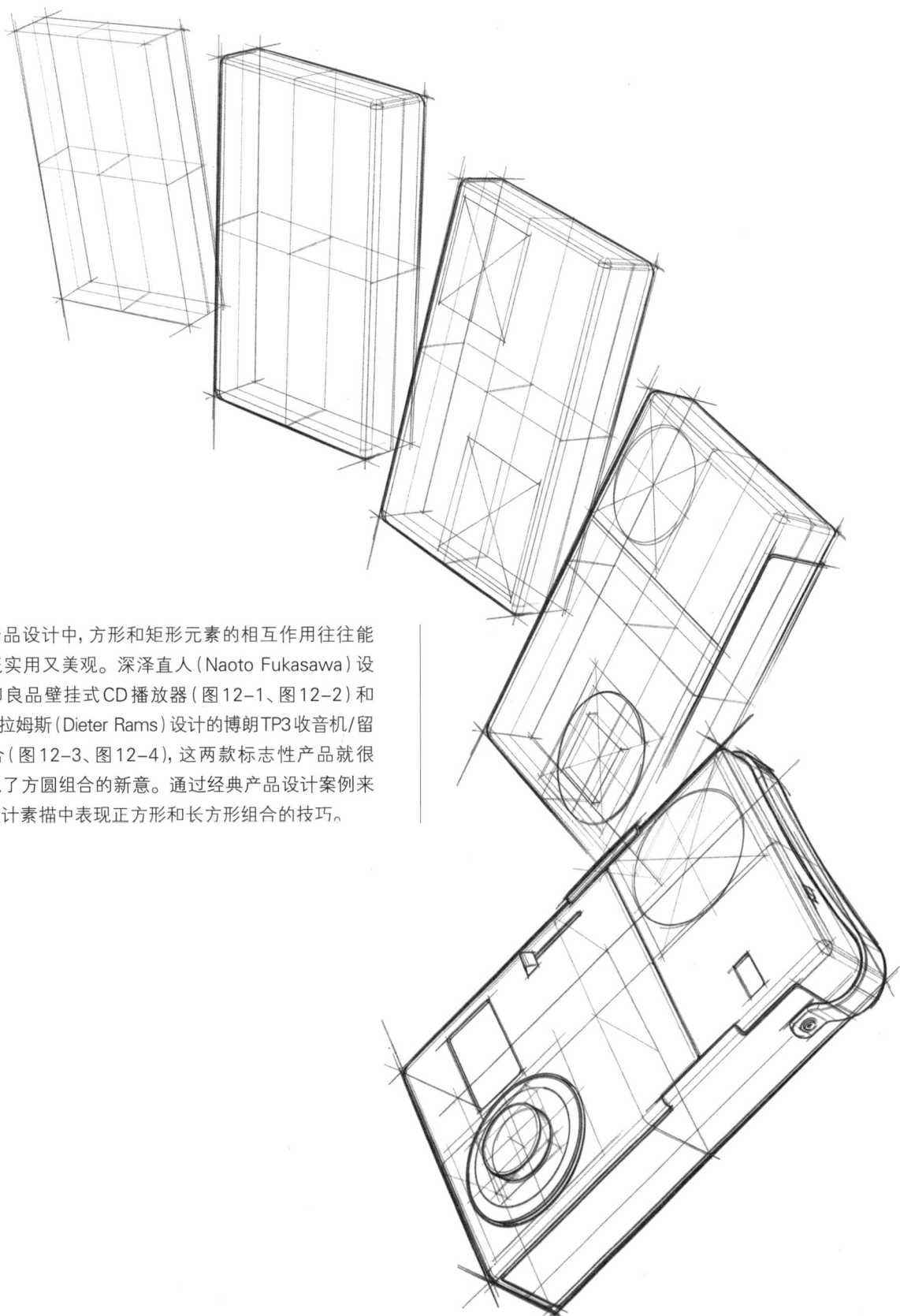

在产品设计中，方形和矩形元素的相互作用往往能使设计既实用又美观。深泽直人（Naoto Fukasawa）设计的无印良品壁挂式CD播放器（图12-1、图12-2）和迪特尔-拉姆斯（Dieter Rams）设计的博朗TP3收音机/留声机组合（图12-3、图12-4），这两款标志性产品就很好地体现了方圆组合的新意。通过经典产品设计案例来探讨在设计素描中表现正方形和长方形组合的技巧。

图12-2　长方体2

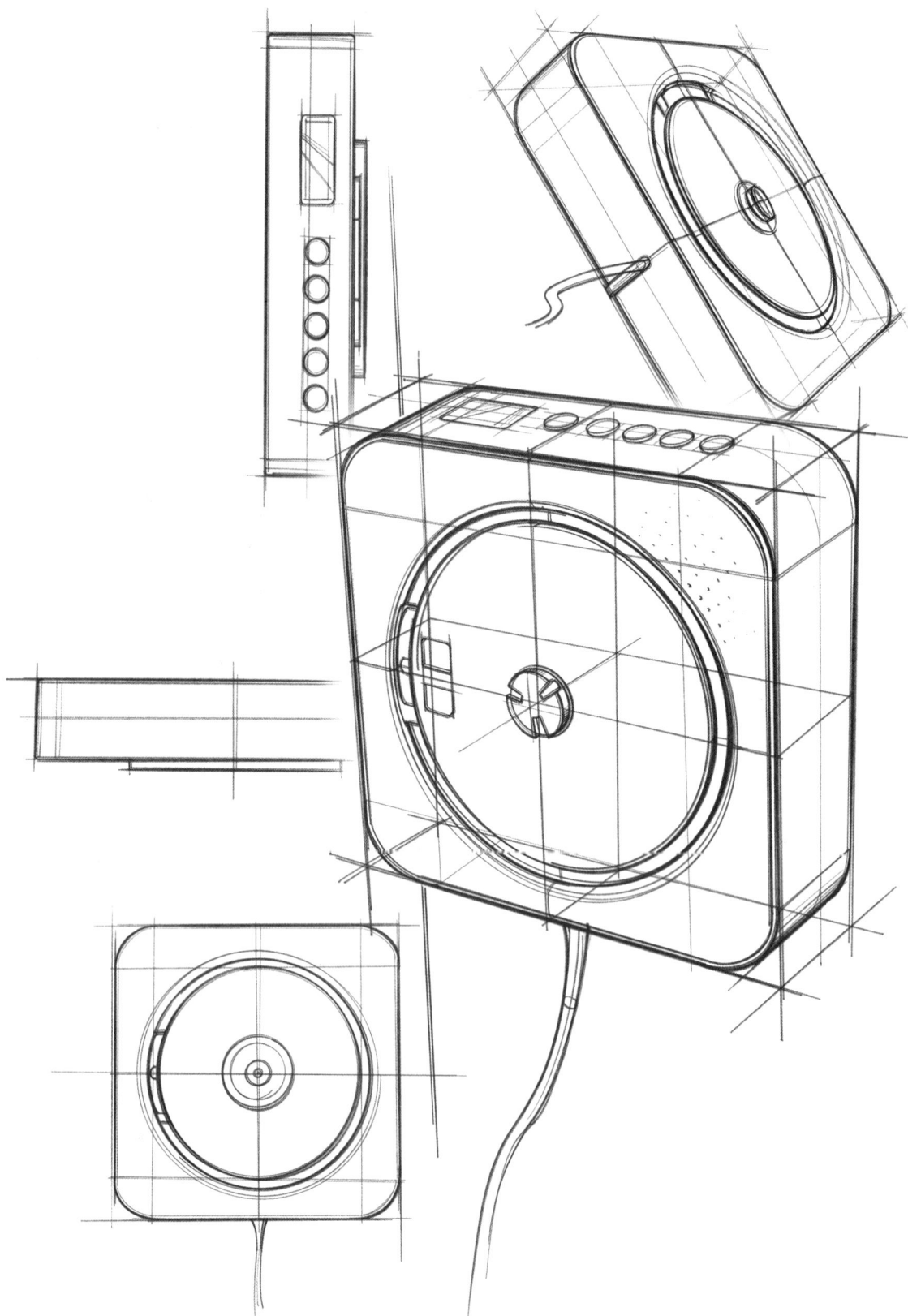

图12-3 正方体1

正方形和长方形是许多产品设计的基础，因为它们提供了结构和稳定性。当它们组合在一起时，可以产生形体交融并建立物体的空间层次。在绘制素描之前，应先研究产品的结构。例如，无印良品CD播放器需要注意其简单的矩形机身和方形按钮，营造出简约的外观。博朗TP3需要观察不同的矩形是如何组合在一起的，每个单元的设计都是功能性的，是更大整体的一部分。

在此基础上，解构正方形和长方形的关系，将产品分解成基本的几何形状，了解正方形和长方形之间的大小比例。接下来，检查形状的排列方式，注意形体如何分层，以及形体之间的互动影响。

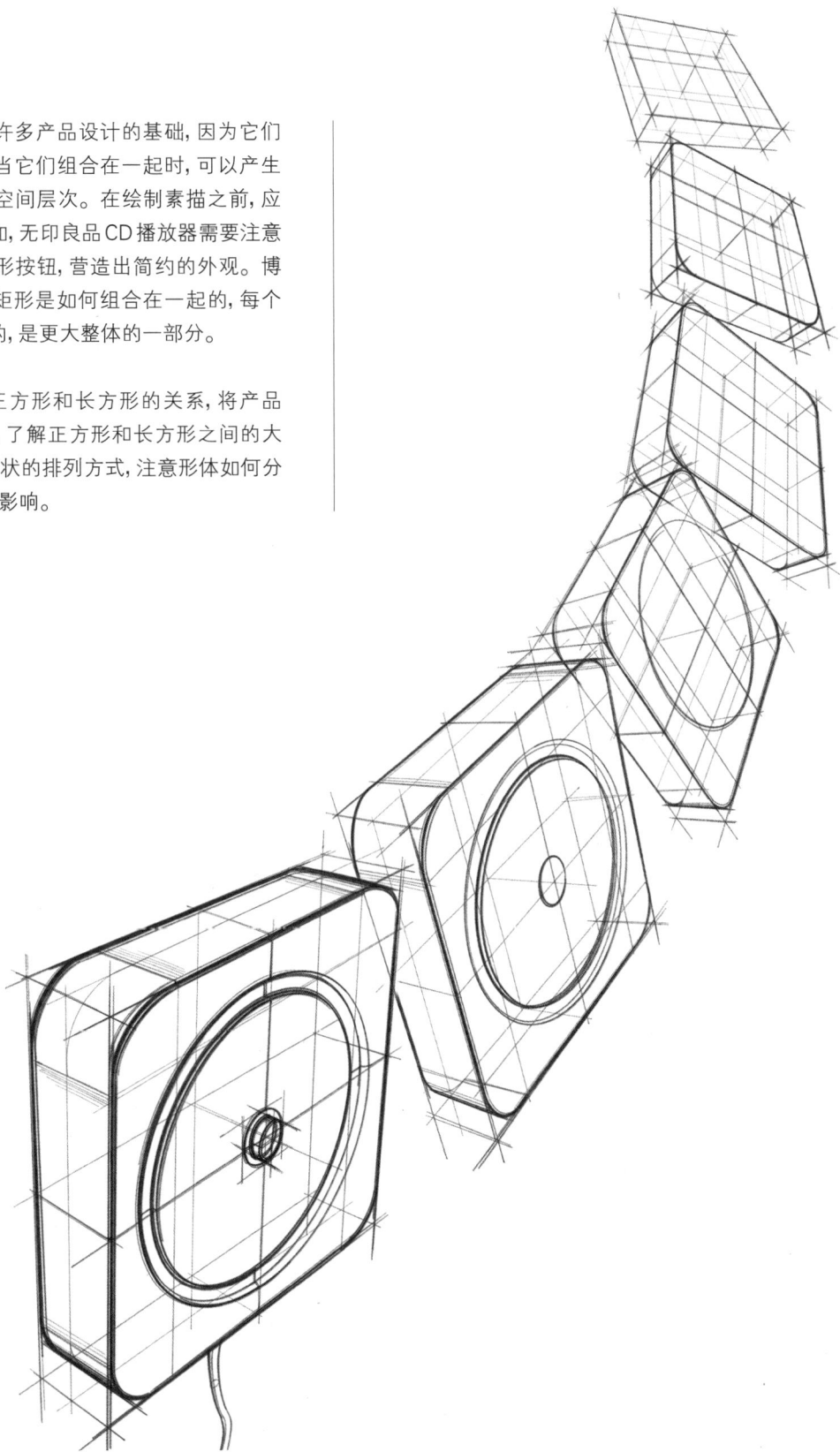

图12-4　正方体2

实训作业

练习1：复制标志性设计。绘制产品素描，从无印良品CD播放器和博朗TP3开始，模仿它们的设计。特别注意正方形和长方形之间的相互作用。

练习2：处理比例。改变素描中正方形和长方形元素的比例，探索如何改变设计的平衡和美感。

练习3：透视绘图。从不同角度画素描，从正面、侧面、四分之三面等不同角度绘制这些产品，并保持完整的几何关系。

练习4：混合与搭配。受无印良品CD播放器和博朗TP3的启发，将正方形和长方形元素组合在一起，创作自己的设计。探索不同的配置，看看它们如何影响整体设计。

练习5：阴影和高光。尝试使用阴影来突出组合形式的立体感。

自我评估或寻求反馈：第一，准确性。你的素描在多大程度上体现了各元素的实际比例和关系。第二，一致性。在不同的素描中，各元素是否保持其形态和正确的透视。第三，创造性。如何有效地利用正方形和长方形的组合，创造出一种新颖美观的设计，根据反馈意见继续优化迭代。

章节小结

将正方形和长方形元素结合起来，需要对几何图形、比例和透视进行细致的观察。无印良品的CD播放器和博朗的TP3就是一个很好的学习范例，因为它们标志性地使用了这些形状。通过练习复制这些设计、处理比例和从不同角度勾勒素描，学习者可以对如何在产品设计中有效结合这些几何形状有敏锐的理解。这项基础工作将为他们的原创设计提供参考，并培养他们创造视觉上协调、功能上周到的产品的能力。

章节课时

建议4课时。

章节思考题

1. 出于人体工学的考虑，产品中的圆形会影响用户与产品的互动。如何在素描中确定圆形的适当大小和位置，以提高产品的可用性和舒适度？在将圆形融入最初以棱角分明的形状为基础的设计时面临哪些挑战，以及如何在素描设计过程中克服这些挑战？

2. 圆形具有多种文化和象征意义，通常与统一、无限或完整相关。如何在设计素描中深思熟虑地融入圆形，从而与目标受众的文化观念或情感情绪产生共鸣？在哪种产品中，圆形的加入或修改会极大地改变产品的叙述或用户的接受程度？

3. 圆形可以在静态的产品设计中引入运动感和动态互动。绘制圆形素描如何影响产品设计的运动感或流动感？如何利用圆形中蕴含的运动感来引导用户的视线或直观地引导他们了解产品的功能和用途？

参考阅读书目与文献

［1］ 孙辛辛. 从嗅觉感知到形态表达的联觉设计实践: 产品形态设计课程研究［J］. 装饰, 2022（4）.

［2］ 王晨. 应用几何形态意象造型的台灯设计研究［J］. 四川师范大学学报, 2021（9）.

［3］ 高骥. 产品设计创新的形态表达［J］. 美术观察, 2020（11）.

［4］ 李婷婷. 当代设计语言形态下的传统文化表达［J］. 设计, 2019（12）.

［5］ 李蕴哲. 论圆形形态在日用陶瓷产品中的情感表达［J］. 景德镇陶瓷大学学报, 2018（5）.

［6］ 吴俭涛. 基于象元的形态设计方法及其应用研究［J］. 燕山大学学报, 2016（5）.

第十三讲　正球体与椭圆体

透视·结构·产品·解构

　　球体是一个完美的圆形三维形状,表面上的每一点到中心的距离都相同。椭圆体就像一个拉伸的球体,是一个三维的椭圆形,三条轴线可以有不同的长度。

　　接下来仔细观察椅子的设计。首先,球椅要注意球形如何构成椅子的主体,提供了一个蚕茧般的包围(图13-1、图13-2);而花园蛋椅需要观察椅子外壳的椭圆形以及如何沿一条轴线打开(图13-3、图13-4),了解这些设计,将三维曲线与平面或轻微曲线相结合,确定球体或椭圆体的轴线,以及它们与椅子底座和开口的相对位置。检查曲率——光线如何从表面反射,形成高光和阴影,为造型的三维性提供线索。圆形产品的设计素描按照以下步骤勾画这些组合造型:

　　步骤1:勾勒基本形状。从球形开始。对于球椅,先画一个圆形素描,从正面看球体的脚印。对于花园蛋椅,由于它是椭圆形的,所以要勾勒出椭圆形的脚印。为两种形状绘制轴线——在球体和椭圆体中心交叉的垂直线和水平线。将形状投影到三维空间,将圆形转化为球形,将椭圆形转化为椭球形。想象形状绕轴旋转。

　　步骤2:确定比例和透视图。考虑到透视,确保高度、宽度和深度的比例得到准确描绘。如果椅子是倾斜的,则使用透视线来保持整个素描的正确比例。

　　步骤3:添加细节和轮廓,确定开口和边缘。例如,勾画球椅入口的轮廓,标明其球形切口。在球体和椭球体上绘制微妙的轮廓线,暗示其弧度和立体感。

　　步骤4:完善和细化。擦除多余的线条,使素描更加简洁明了。在尊重外形轮廓的基础上,添加椅子特有的接缝、坐垫或纹理元素。

实训作业

　　练习1:研究和复制。观察和素描首先要尽可能准确地从不同角度临摹球椅和花园蛋椅。

　　练习2:透视变化。在保持球形和椭圆形的基础上,从多个角度(如从上方或下方)绘制椅子。

　　练习3:光影。练习添加阴影和光影,赋予造型深度和体积感。

　　练习4:设计改编。利用椅子的基本形状,通过改变比例以及以新的方式组合球体和椭圆体,调整和设计你的迭代作品。

　　练习5:真实世界观察。在生活中寻找身边的球形和椭圆形物体,练习组合素描。应用从椅子范例中学到的知识。

章节小结

　　第一,回顾。观察球形和椭圆形之间的平衡及相互作用。第二,点评。评估比例和透视的准确性。第三,修改。进行必要的调整,使其更接近原始椅子的形态和精神。

　　Aarnio球椅和花园蛋椅是在产品设计中表现球形和椭圆形组合的典范。这些复制、改变透视、阴影、创造变体和观察真实世界物体的练习,有助于磨练精湛地呈现这些形态的能力。通过练习,设计师可以学会在素描中准确表达球形和椭圆形元素之间的动态关系,从而绘制出全面的产品设计素描。

图13-1　正球体1

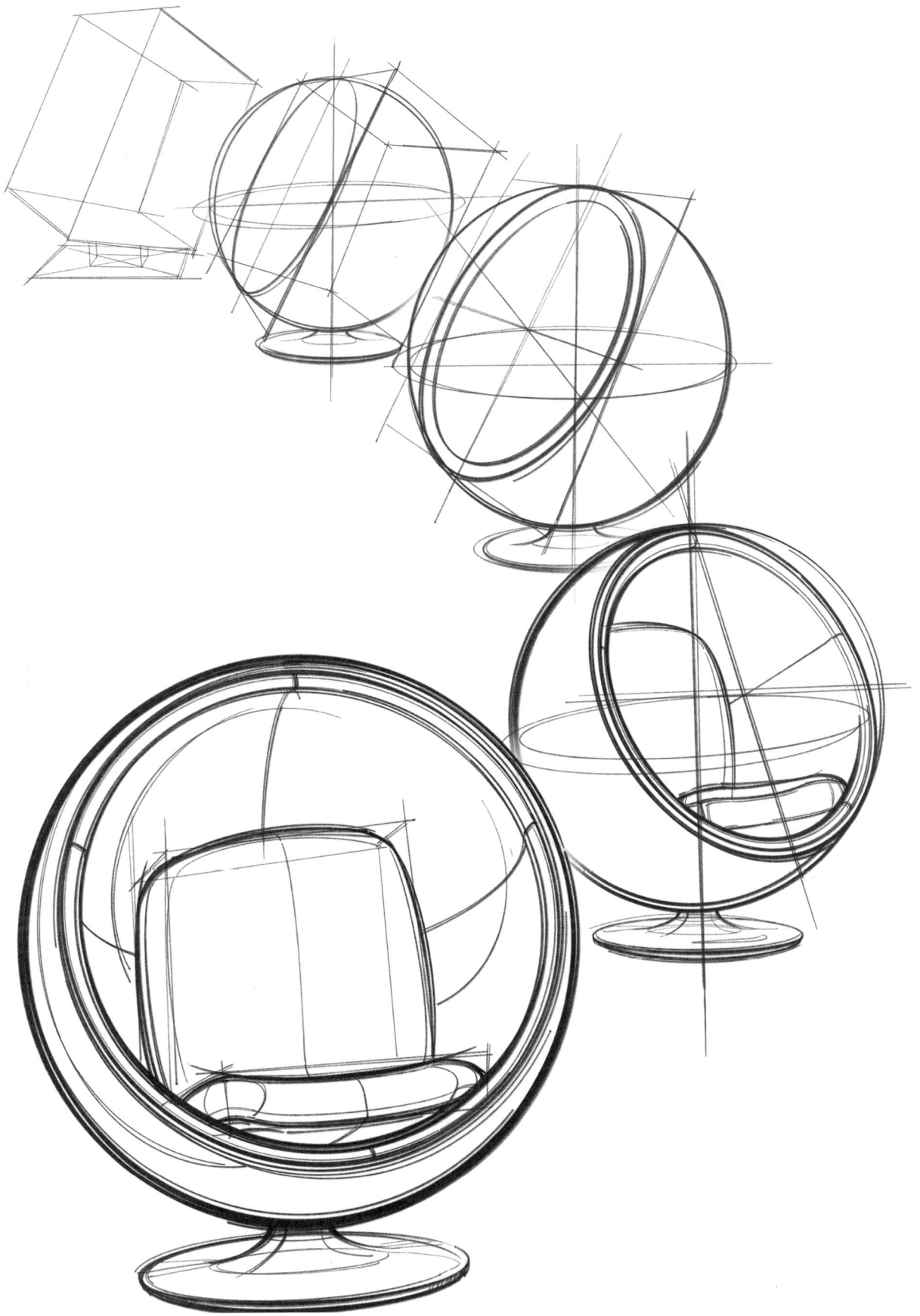

图13-2　正球体2

在产品设计中，表现球体和椭圆体等三维形式可能具有挑战性，但对于绘制引人注目的逼真素描却至关重要。Eero Aarnio设计的球椅和花园蛋椅是展示这些形态整合的经典范例。本章将帮助学习者了解并练习绘制融合了球形和椭圆形的设计素描。

章节课时

建议4课时。

章节思考题

1. 考虑到产品设计的基本原则，如平衡、节奏和和谐，如何将这些原则应用到设计素描之中？在将典型的二维设计转化为三维产品形式的过程中，可以预见到哪些挑战？

2. 圆润的语言形式往往蕴含着文化内涵，可以深深地打动人。如何在产品设计中融入圆润的语言形式？

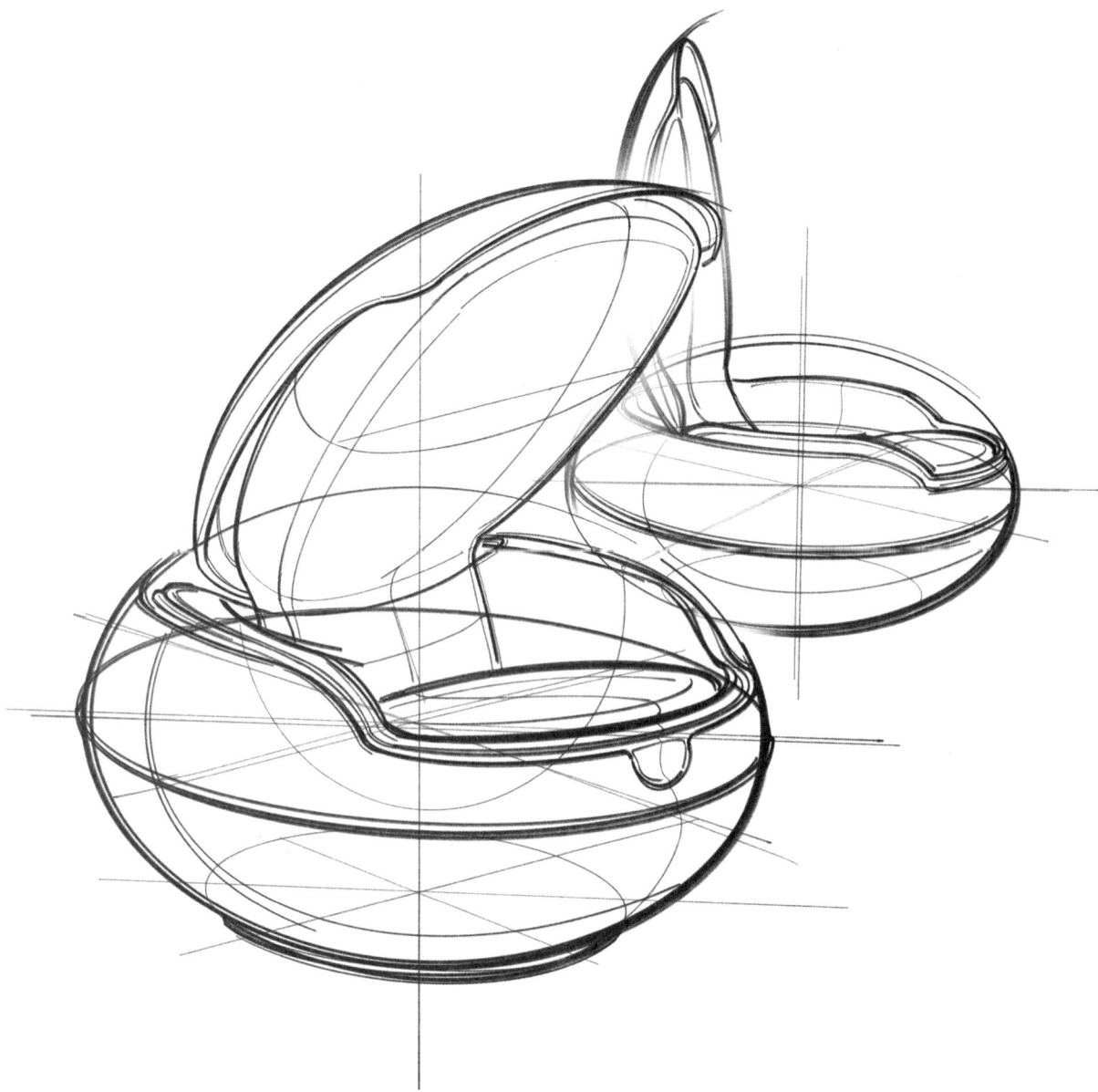

图13-3 椭圆体1

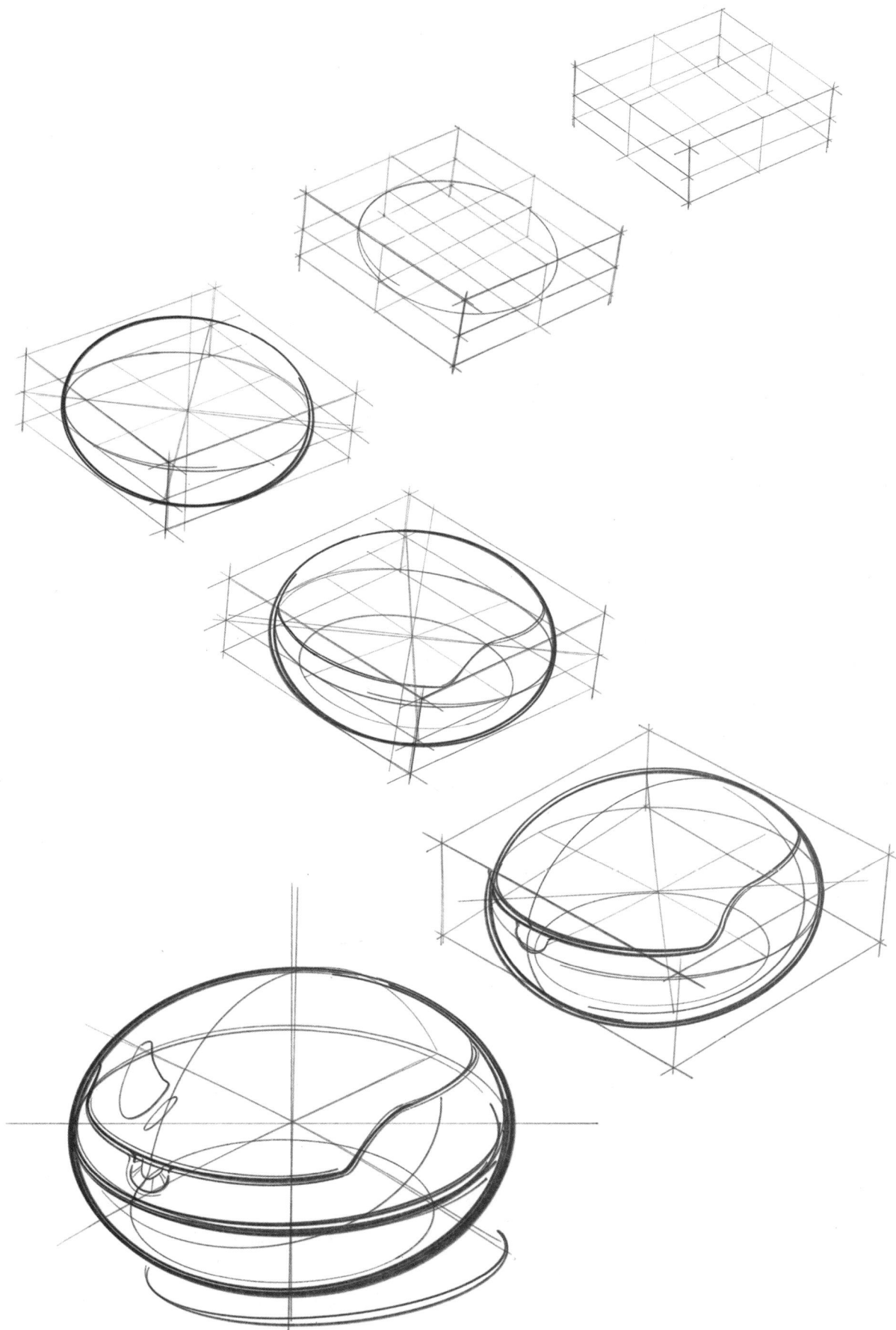

图13-4 椭圆体1

第十四讲　圆柱体与圆锥体

透视·结构·产品·解构

　　圆柱是具有平行直边和圆形或椭圆形横截面的实体几何图形。圆锥有一个圆形底面,从底面到点或顶点平滑变窄。戴森 Airwrap HS05需要重点观察圆柱形机身、附件和手柄(图14-1、图14-2)。了解这些圆柱体如何在直径不同的情况下保持一致的设计语言。而Bang & Olufsen BeoSound 1要注意圆锥形的机身在底部逐渐变细,形成独特的轮廓(图14-3、图14-4)。

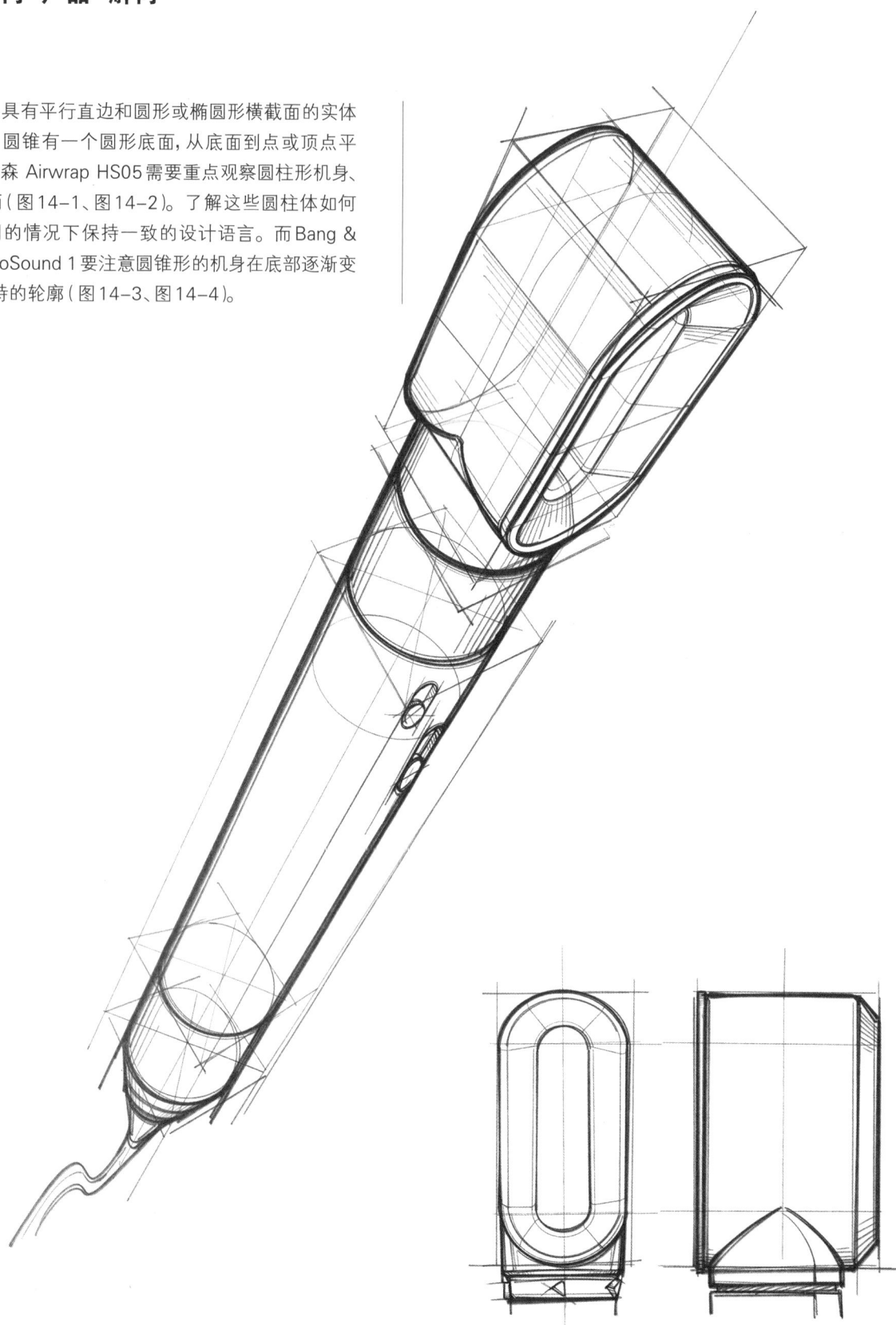

图14-1　圆柱体1

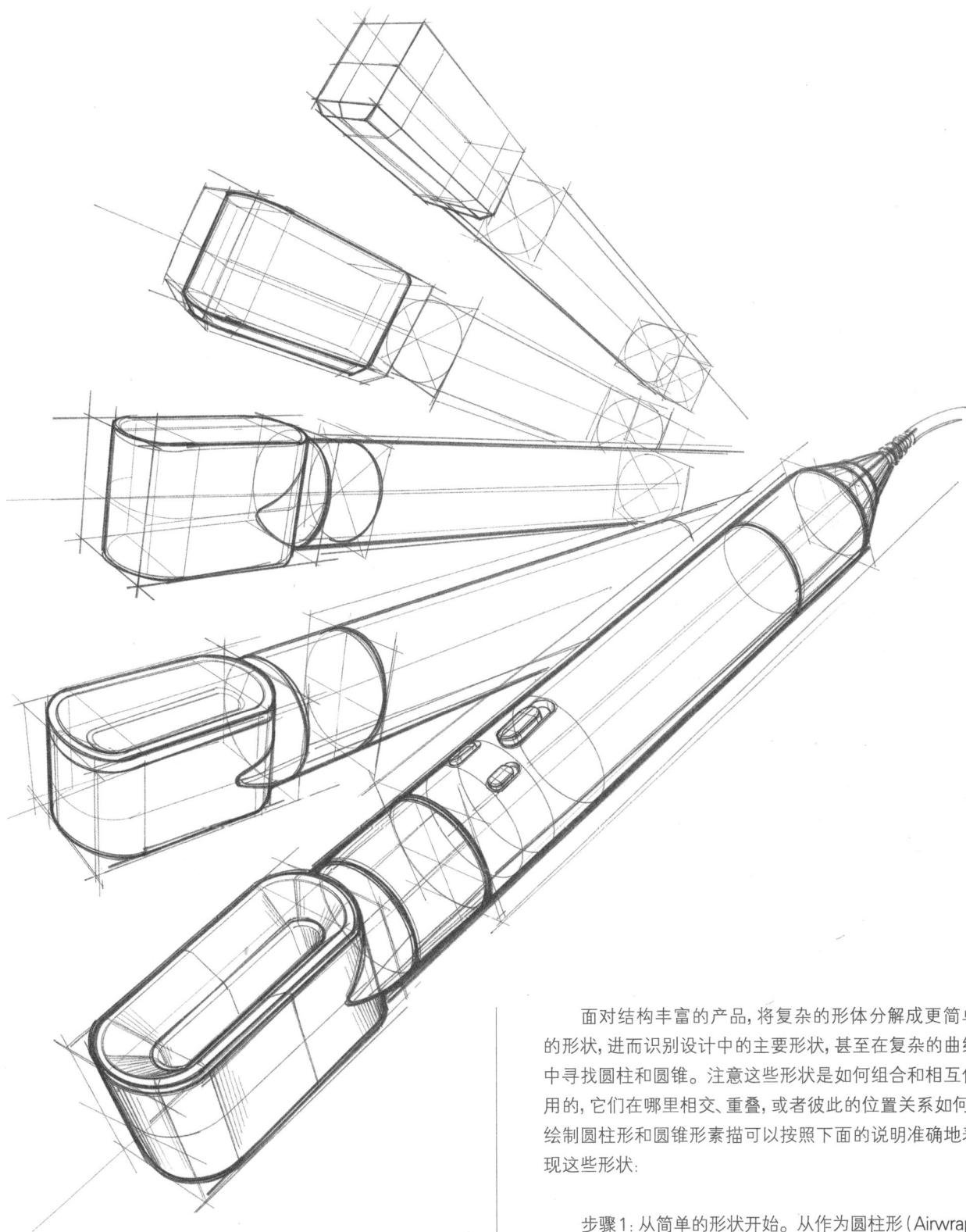

图14-2 圆柱体2

面对结构丰富的产品，将复杂的形体分解成更简单的形状，进而识别设计中的主要形状，甚至在复杂的曲线中寻找圆柱和圆锥。注意这些形状是如何组合和相互作用的，它们在哪里相交、重叠，或者彼此的位置关系如何。绘制圆柱形和圆锥形素描可以按照下面的说明准确地表现这些形状：

步骤1：从简单的形状开始。从作为圆柱形（Airwrap）和圆锥形（BeoSound 1）底座的椭圆开始。为每个椭圆绘制小轴和主轴，以确保对称和正确的透视。圆柱形的线条从椭圆向上延伸，圆锥形的线条从底部向顶点逐渐变细。

图14-3　圆锥体1

在产品设计中,掌握圆柱形和圆锥形的表现方法至关重要,因为它可以准确描绘出从小产品到大家电等多种产品形态。以在设计中结合了圆柱形的戴森 Airwrap HS05和以圆锥形为特色的Bang & Olufsen BeoSound 1为例,了解这些几何形状在素描中的相互作用。

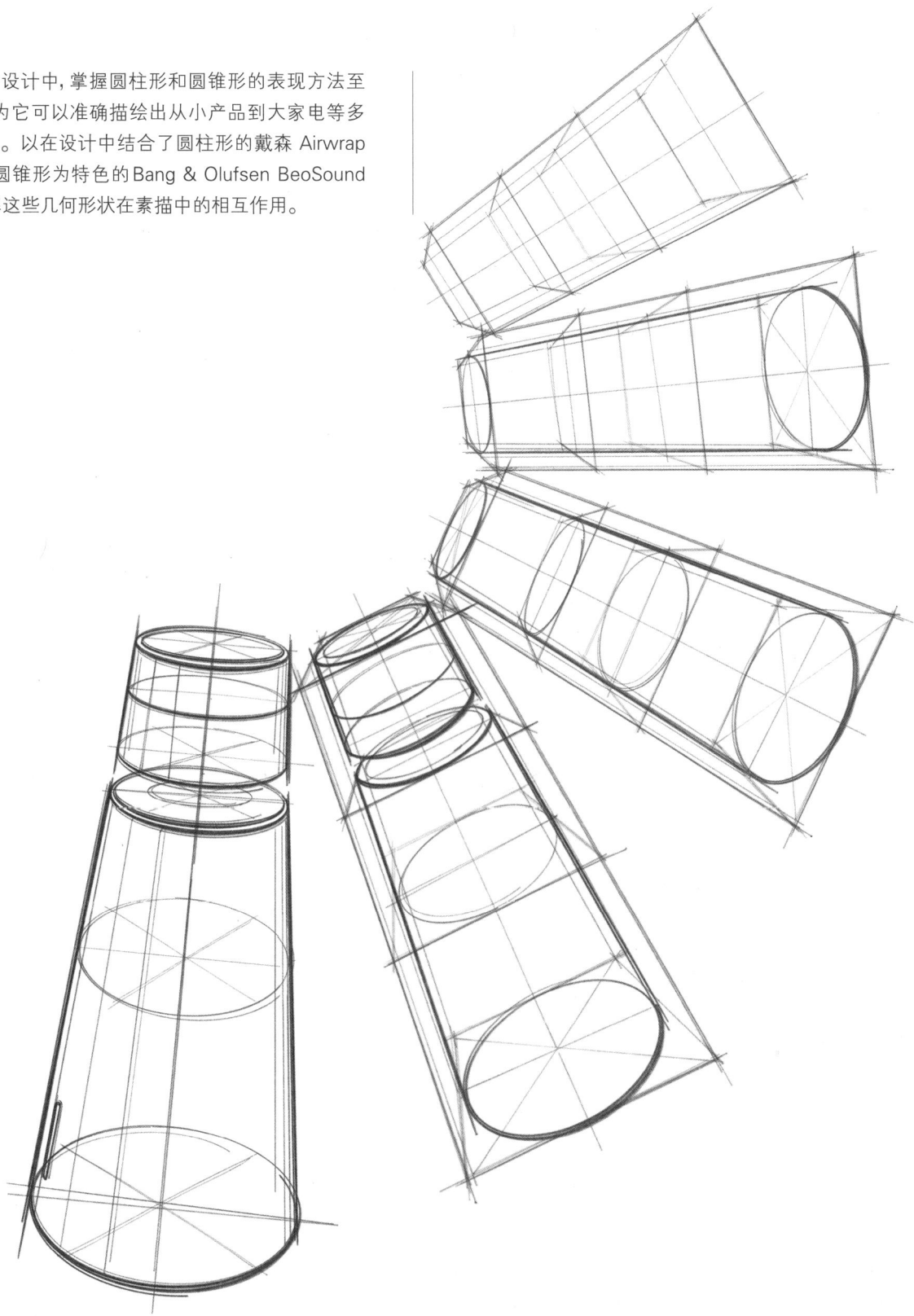

图14-4　圆锥体2

步骤2:增加深度和尺寸。在透视图中挤出圆柱体和圆锥体,运用透视绘图的知识,为这些基本形状添加深度。圆柱体的线条应该平行,而圆锥体的线条应该收敛。必要时,添加椭圆截面,以显示圆柱形的圆度。

步骤3:组合和细化。根据产品设计将圆柱形和圆锥形元素整合在一起。例如,Airwrap由多个不同直径的圆柱形部件连接在一起。添加额外的细节,如按钮或功能元素,确保它们遵循基本形状的形式和透视。

步骤4:逼真的细节。巩固线条并擦除构造线。在尊重产品几何形状的基础上,添加纹理、品牌和功能等具体细节。使用阴影增强立体感。了解光源及其如何在圆柱和圆锥表面投射阴影和高光。

实训作业

练习1:复制产品。戴森Airwrap HS05,从复制开始,重点是圆柱形手柄和附件。BeoSound 1在绘制圆锥体的素描时,特别注意其如何向下变细。

练习2:不同的视角。从不同角度绘制每种产品,强调圆柱体和圆锥体的轮廓变化。

练习3:探索光线。根据圆形表面为其添加逼真的光线效果。

练习4:设计变化。尝试调整圆柱形和圆锥形的比例和关系,创造出自己独特的产品设计。

练习5:现实世界的物体。寻找将圆柱和圆锥结合起来的物体并画出素描。练习不同形状之间的无缝过渡。

练习素描后,将绘画表现与实际产品和参考图片进行比较。评估对圆柱形和圆锥形的透视、比例和构图的把握。注意发现问题,并相应地完善素描作品。

章节小结

戴森Airwrap HS05和Bang & Olufsen BeoSound 1体现了在产品设计中结合圆柱形和圆锥形所能达到的优雅效果。通过从简单的形状开始,逐渐增加复杂性、细节和逼真的灯光,设计师可以设计出准确且视觉愉悦的素描作品。经常练习这些单独或组合的形状,可以提高描绘复杂三维产品的流畅性。

章节课时

建议4课时。

章节思考题

1. 透视的选择会如何影响设计传达的清晰度,尤其是在传达概念中元素的比例和空间关系时?

2. 文化背景和个人学习经历如何影响设计素描的表达方式?

3. 设计元素或视角是否能更有效地引起特定受众的共鸣,如何调整设计素描方法以满足不同观众或用户的需求?

4. 如何通过设计素描的多样性来提供更具包容性的设计解决方案?

第十五讲　倒角形体

透视·结构·产品·解构

倒角通过平滑表面之间的过渡,为产品设计增添了精致的美感。这些倒角不仅是一种风格上的选择,也有助于提高产品的功能和人体工学。对于学习产品设计素描的学习者而言,准确地表现倒角对于描绘真实产品的边角如何与光线相互作用并创造用户友好的整体体验至关重要。

本章的案例是徕卡M11(图15-1、图15-2),产品配有全新的1800毫安电池,电池容量比系列前作增加了64%,一次充电后工作时间大幅延长,操作时也更为节能。相机的USB-C接口可适配大多数USB-C充电器为电池充电,独特的数码变焦功能拉近了摄影师与拍摄对象间的距离。徕卡M11在JPG和DNG格式下,使用Live View实时取景时,支持1.3倍到1.8倍变焦。DNG文件仍保留所有传感器区域的图像数据。徕卡M11首次取消了传统底盖,电池、USB-C接口和SD卡可更方便地直接插拔。在UHS-Ⅱ SD卡之外,M11还配备了64 GB内存,摄影师可同时在两种存储介质中存储图像。

倒角是表面之间倾斜的过渡。它们可以柔化边缘和角落,效果从细微到明显不等。在素描中捕捉倒角的关键步骤是了解倒角如何影响光影以及产品的整体轮廓。徕卡M11是一款高端数码测距相机,它是倒角产品的理想范例。需要注意倒角是如何使其外观光滑、精致,同时又能保护边缘免受磨损的。将注意力集中在相机机身的顶板和底板上,这些地方都有明显的倒角。观察机身和镜头外壳之间的过渡,它们通常有轻微的倒角,以改善操作性和美观流畅性。在素描中表现倒角的步骤:

步骤1: 从基本形状开始。绘制主体素描,首先绘制构成相机主体的矩形棱柱。然后,标出相机需要倒角的边缘,对于徕卡M11,这些边缘就是顶板和底板的边缘。

步骤2: 制作倒角。从每个标记的边缘开始,按照倒角的角度向内画一条线。这条线的长度将决定倒角的宽度。现在将这些线与棱柱的相邻边连接起来。这些将作为倒角边缘。

步骤3: 微调和细化。擦除初始棱镜和引导线中不必要的线条。产品细节包括按钮、刻度盘和显示窗口,确保它们的排列与倒角表面一致。镜头外壳也可能有倒角边缘。请注意这些边缘,并将其纳入素描。

步骤4: 使用阴影和纹理增加深度。倒角会影响光影与产品的互动。添加适当的阴影。通常是按照倒角的坡度渐变,暗示平面的逐渐过渡。有时,倒角的表面处理与其他表面不同(如抛光与哑光),可以使用纹理技术来描绘。

实训作业

练习1: 咖啡壶素描(图15-3、图15-4)。复制咖啡壶首先需要研究壶体的参考图片。绘制基本形状素描,然后精确添加倒角。重复上述步骤,直到能根据记忆从不同角度绘制出带有倒角的壶体。

练习2: 分离倒角。首先绘制几个立方体,然后以不同的角度和宽度对边缘进行倒角。

练习3: 倒角变化。在一系列矩形上,练习以不同的角度对边缘进行倒角。尝试使用宽倒角和窄倒角,了解它们对物体厚度和坚固性的影响。

练习4: 曲线倒角。为圆柱体添加倒角,注意倒角在平端和弧面之间的过渡。尝试在更复杂的曲线上添加倒角,将带有倒角边缘的直线和圆角形状结合起来。

练习5: 倒角阴影。练习为简单的倒角块添加阴影,观察光线的变化。继续练习复杂的造型,例如咖啡壶的复合倒角和各种材料。

章节小结

第一,回顾。对照参考照片或实际的徕卡M11相机检查素描。第二,评估。评估你描绘倒角的准确程度及其对产品外形的影响。第三,改进。根据评估反馈对素描进行修改。

倒角是产品设计中一个微妙而又影响深远的部分,它既影响美观,又影响功能。通过借鉴徕卡M11的示例,学习者可以了解如何在素描中表现倒角形式。通过定期练习,准确描绘倒角边缘的能力将成为产品设计素描技能中不可或缺的一部分。

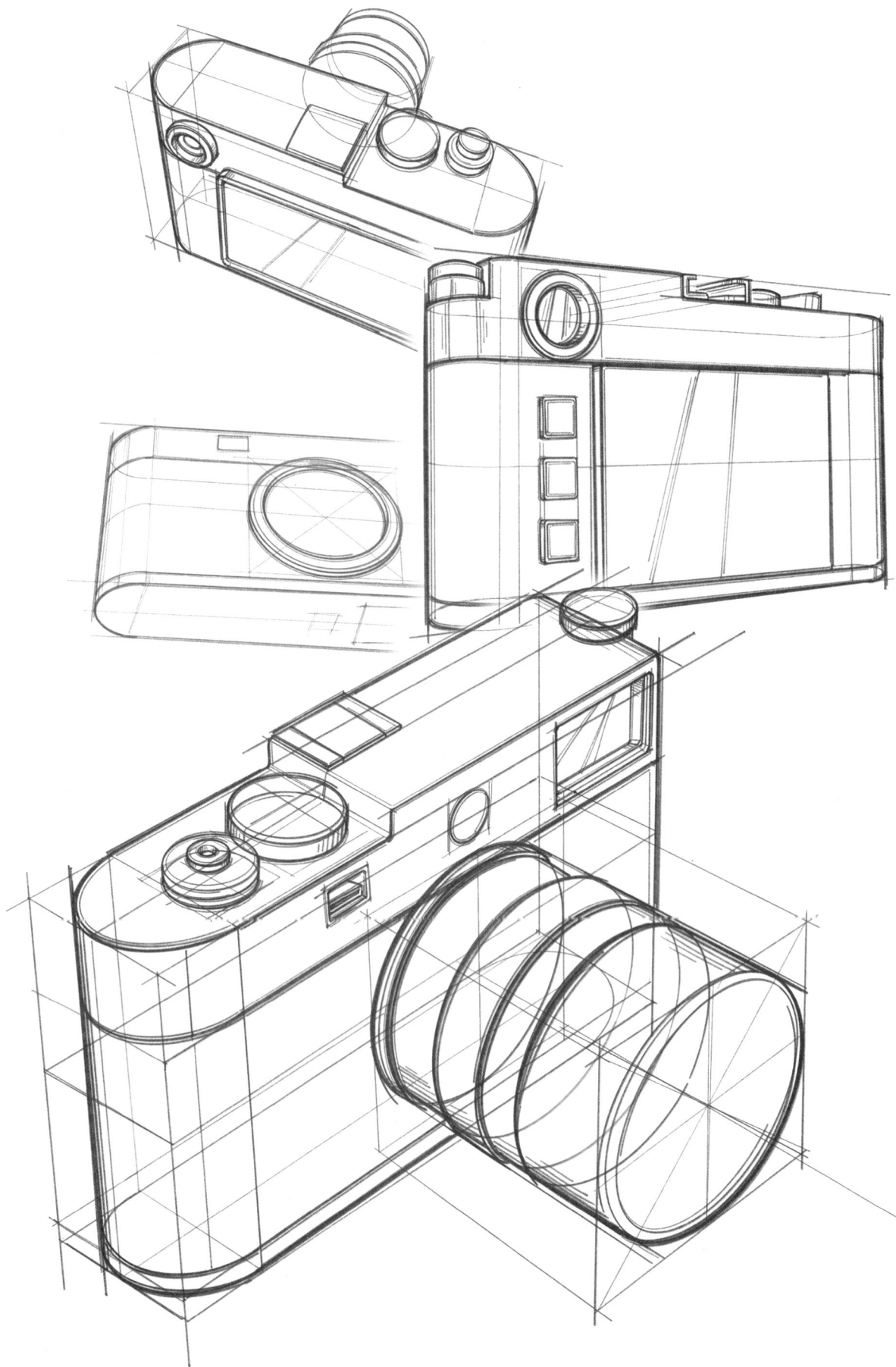

图 15-1　倒角形体 1

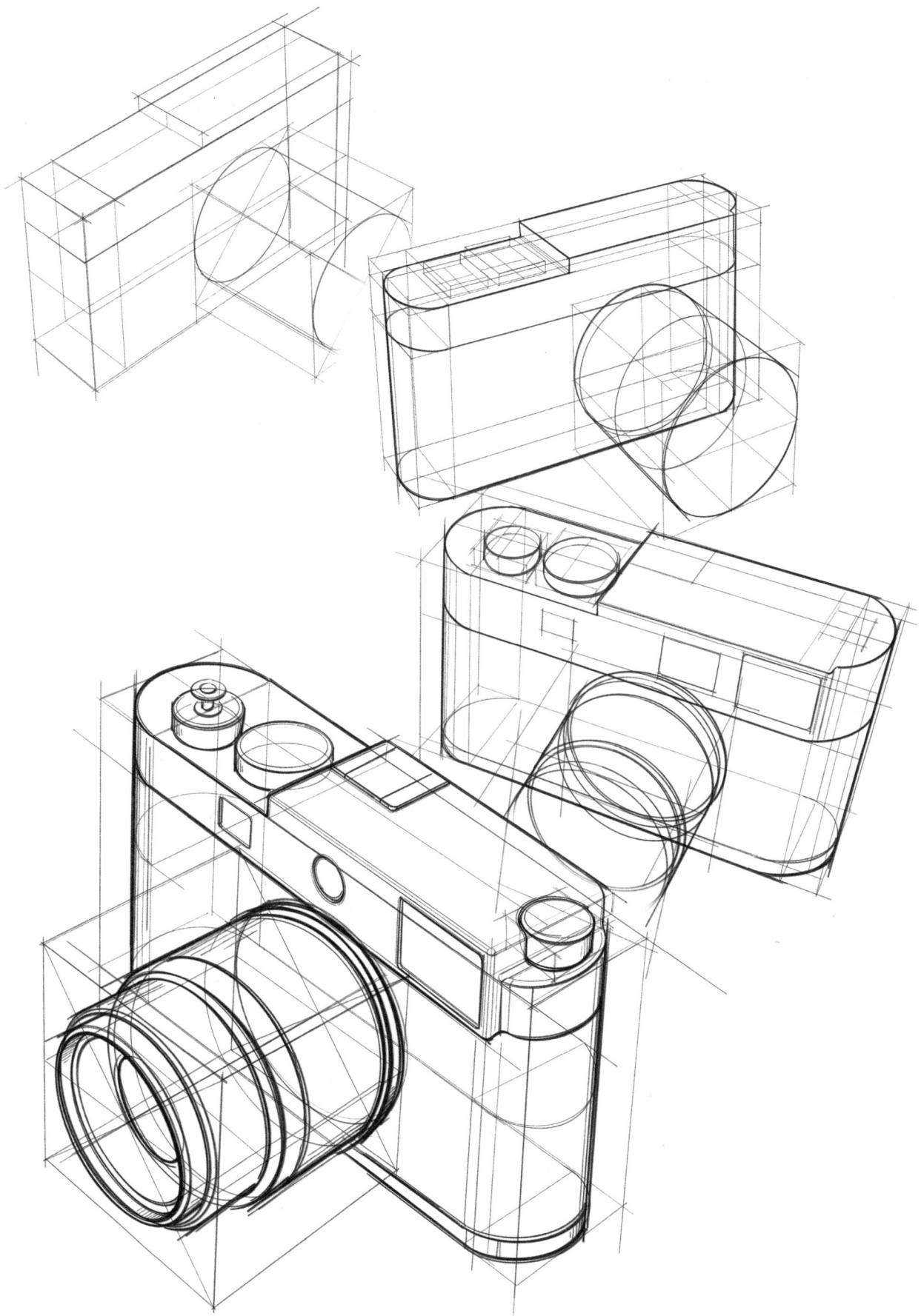

图15-2 倒角形体2

图15-3　倒角形体3

章节思考题

1. 设计素描不仅捕捉到了产品的物理结构,还能否捕捉到潜在的设计创新概念?

2. 考虑产品设计中几何形式对情感的影响。在绘制素描时,使用哪些流程或技巧来确保选择的形状及其配置有助于消费者产生预期的情感反应?

图 15-4 倒角形体 4

第十六讲　穿插结构形体

透视·结构·产品·解构

　　穿插的结构形式对产品设计师提出了挑战,他们需要在一个具有凝聚力的物体中表现复杂的相互联系和分层部分。雷蒙德·罗威(Raymond Loewy)卷笔刀的流线型设计就是一个典型的例子(图16-1、图16-2)。本章将指导学习者在设计素描中捕捉这种错综复杂的产品结构。

　　穿插结构形式是指在不影响整体产品的完整性和功能性的前提下,以相互交叉、交织或层叠的方式集成到设计中的组件。在绘制这类形式的素描时,必须表达出不同部件在同一空间内的互动和共存。

　　雷蒙德·罗维的这款卷笔刀设计采用了流线型的空气动力学外形,其各种功能组件被机身无缝包裹。主要的穿插部分包括穿透外部外壳的削笔刀片外壳,以及位于机身内的刨花集成容器。

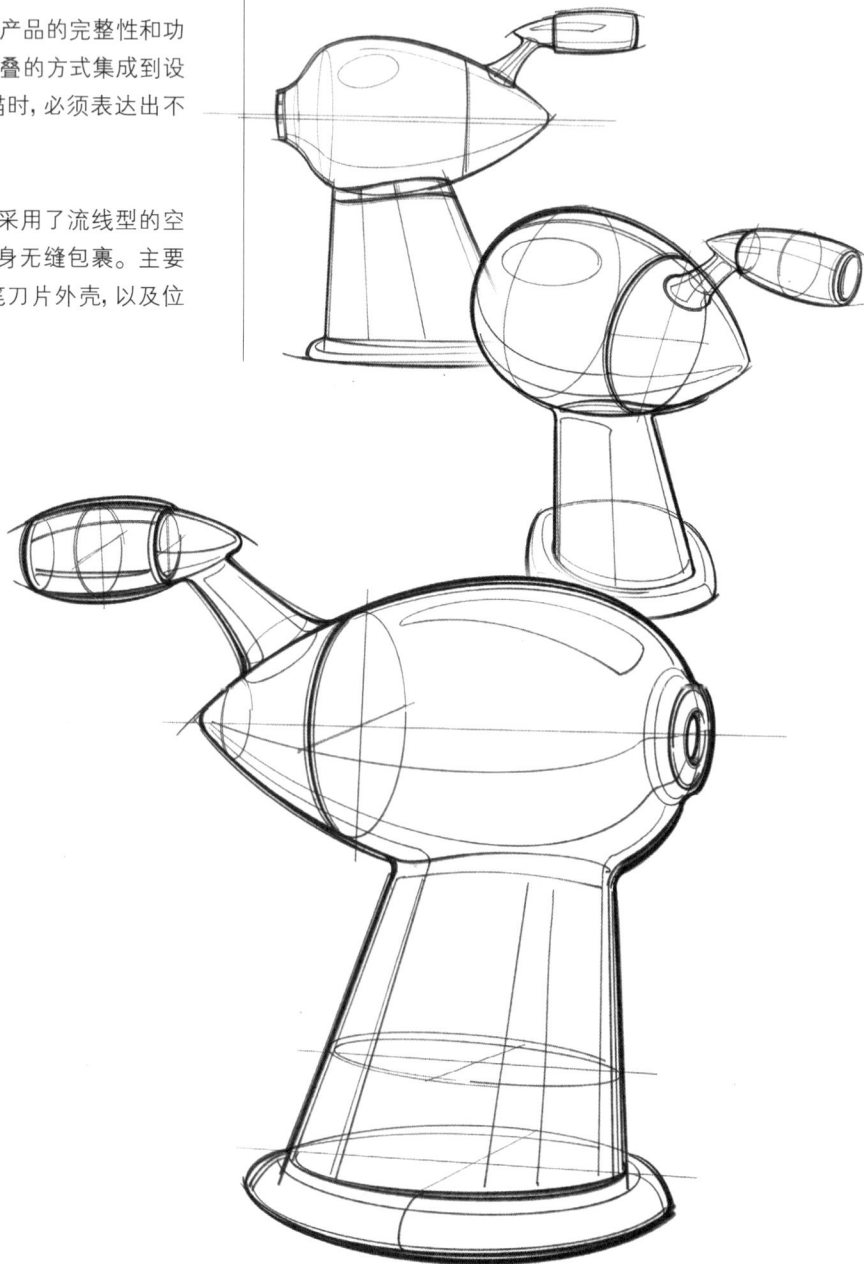

图16-1　穿插结构形体1

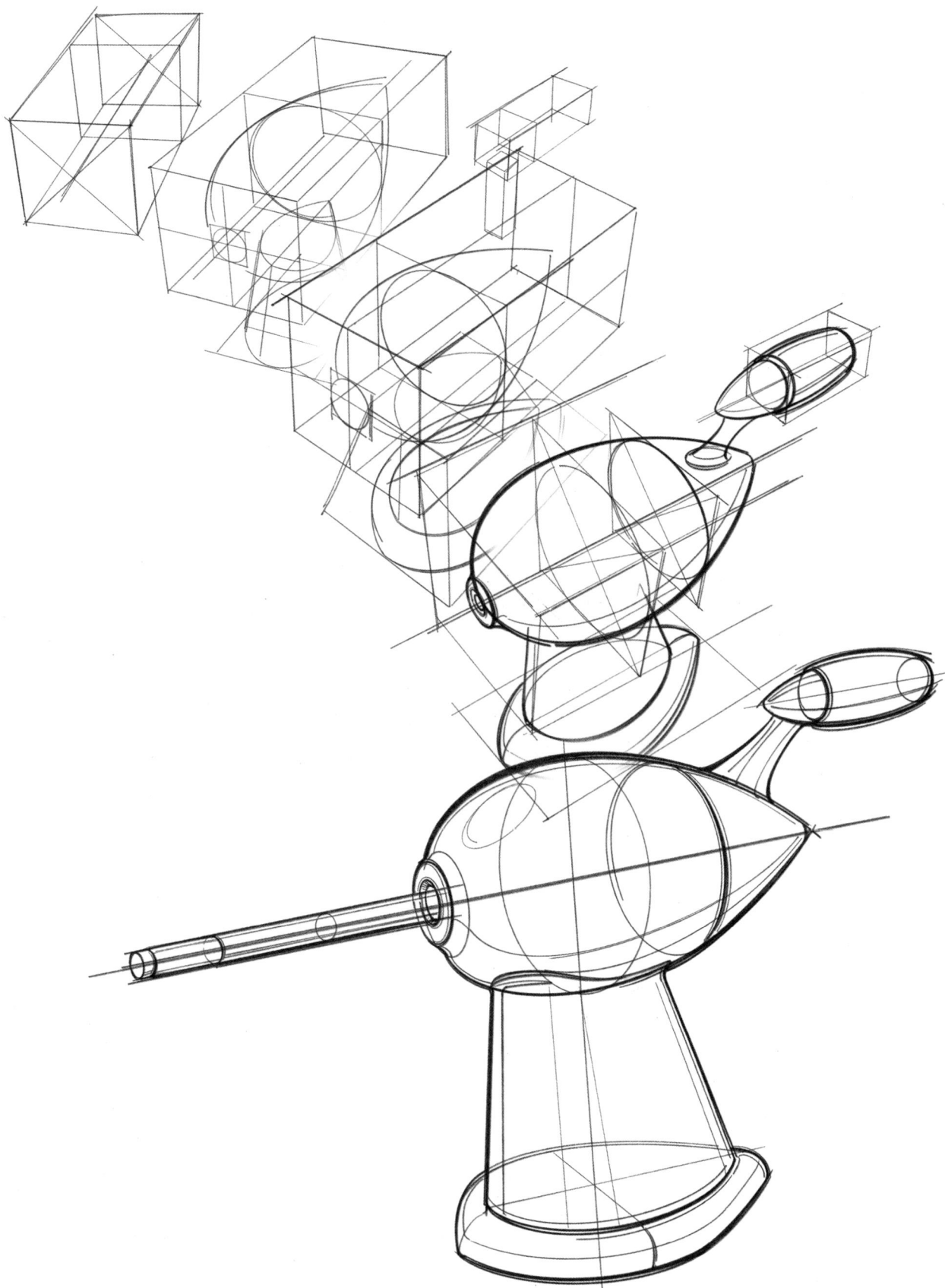

图16-2 穿插结构形体2

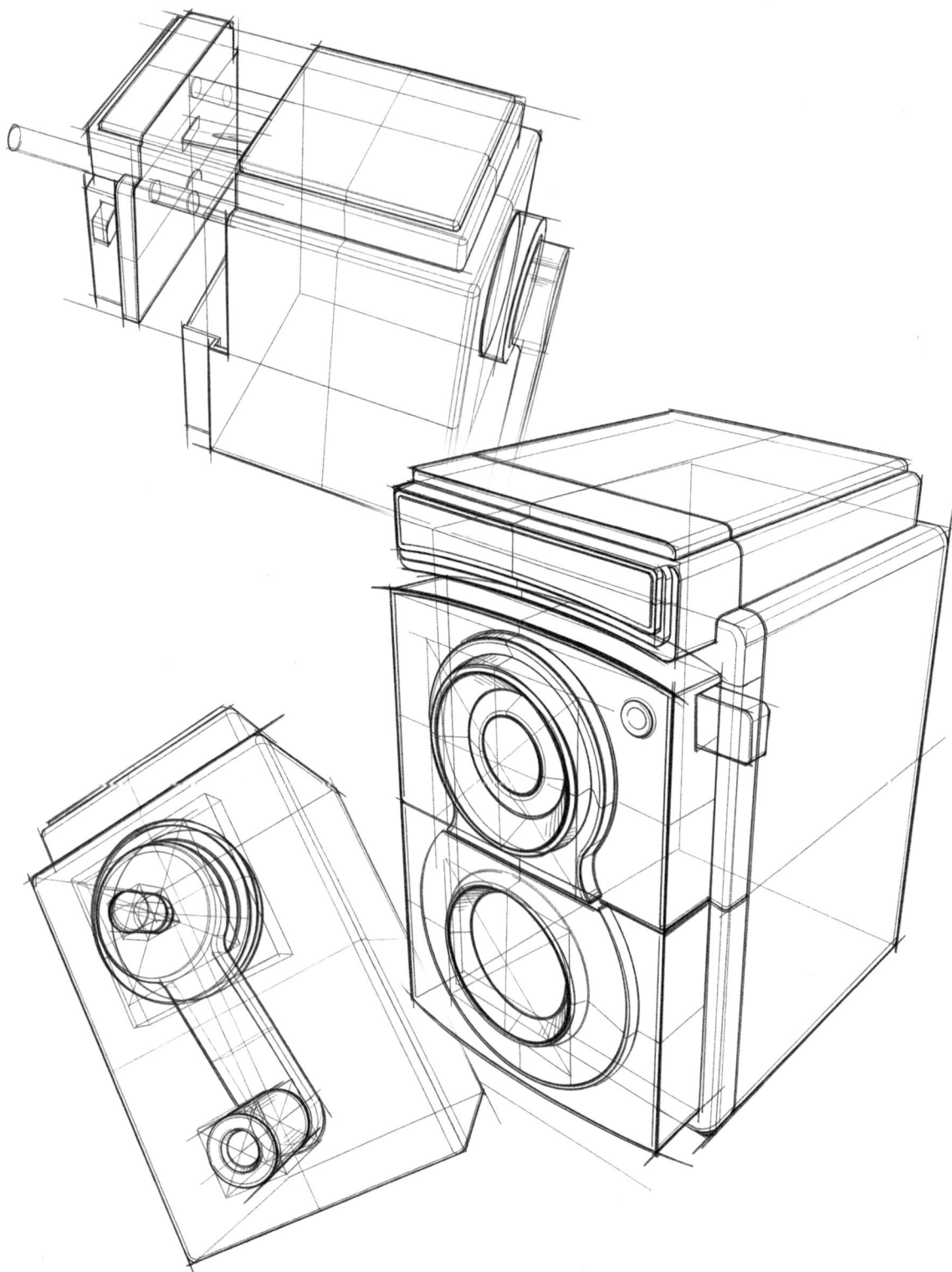

图 16-3　穿插结构形体 3

图16-4 穿插结构形体4

步骤1：分解组件。首先分析雷蒙德·罗维卷笔刀器，确定其组成部分：外壳、刀片部分和刨花容器。分别粗略地勾勒出各个部件，以了解它们的形状和如何组合在一起。

步骤2：勾勒基本形状。用手轻轻勾勒出卷笔刀的整体形状，从侧面看主要是一个圆角三角形，标出刀片外壳和卷笔刀盒在外壳中的位置。

步骤3：细化穿插元素。当刀片的外壳与主体相交时，确定刀片外壳的位置。用细腻的线条表现出突破表面的底层结构。对于卷笔刀盒，将其画在适当的位置，注意它是如何嵌套在外壳之中的，并标出任何相关的开口或接缝。

步骤4：细化并强调透明度。在最后完成素描时，轻轻擦去留在其他结构后面的线条，以模仿透明度和深度。使用刻线和交叉刻线来丰富重叠区域或形状相互嵌套的地方。

步骤5：用阴影增加深度。使用阴影突出埋入底下的结构，强调设计的层次感。突出结构元素的交汇点或分叉点，增强产品的立体感。

实训作业

练习1：锐化器的复制。获取多张雷蒙德·罗维卷笔刀的参考图片。从不同角度反复勾画卷笔刀，重点是准确地表现它的集成组件和结构穿插。

练习2：解构和重构。将卷笔刀分解成各个重要部件，并分别绘制素描。然后，在素描中逐层逐步重建卷笔刀，以便更好地理解穿插的形式。

练习3：简化的穿插物体。从具有穿插结构的较简单物体（如剪刀、订书机或简单的齿轮装置）开始，绘制这些物品的素描，重点是不同部件交错或重叠的区域。

练习4：剖视图。绘制卷笔刀的剖视图，显示每个部件拆开后的排列方式。这一练习有助于直观地了解各部件是如何组合在一起的，以及在相互结合时是如何相互作用的。

练习5：挑战性视角。以非常规角度绘制卷笔刀的素描，其中的穿插结构会变得更加复杂。当内部和外部组件在空间中扭转时，重点是保持它们之间的空间关系。

章节小结

将自己的作品与参考资料或实际产品进行比较，找出需要改进的方面，质疑作品中穿插结构表现的清晰度和准确性，并寻求反馈。在产品设计素描中不断改进你的方法，以应对这些细微差别（图16-3、图16-4）。

产品设计素描中的穿插结构形式需要分析方法，将设计分解为核心组成部分，并在视觉形式上进行战略性重构。以雷蒙德·罗维卷笔刀为例，学习者可以通过剖析和重构产品元素来理解和练习穿插结构的表现。这是一项关于精确度、透明度和分层的练习，对于新晋产品设计师来说都是至关重要的技能。

章节课时

建议4课时。

章节思考题

1. 如何改变设计素描中的产品局部形状，从而极大地改变产品的感知体验？

2. 一个产品因其功能性而需要多种几何形状。如何决定这些形状在素描中的整合和优先顺序？

3. 如何确保在产品设计中融入圆润的语言形状，既能增强美感，又能提高功能性？

第十七讲　有机形体

透视·结构·产品·解构

有机形态通常模仿自然界和人体中的形态，它们通常是不对称的、复杂的，具有曲线和流动的线条。在设计素描中表现这些形态时，重要的是要传达出无缝过渡和直观自然的感觉。

马克·纽森（Marc Newson）设计的洛克希德躺椅是研究有机形态的完美范例，其流畅的线条和无缝的表面使其成为现代设计的标志性作品。首先要分析多张图片，或者在可能的情况下，亲自观看洛克希德躺椅，注意不间断、起伏的线条、形状的弧度，以及如何捕捉不同的光影。

步骤1：勾勒基本形状。勾画洛克希德躺椅的主要体量。它是一个拉长的、轮廓分明的形体，类似于一个放松的人形。用轻盈的笔触勾勒出躺椅的整体流线。避免使用生硬的线条——有机形状的定义在于其柔软性和流畅的过渡。

步骤2：细化轮廓。基本形状跃然纸上后，开始细化曲线，使其平滑、连续。确定曲线加深或隆起的区域，以显示重量和质量，并细化这些线条，以准确表现这些特征。

步骤3：添加细节和特征。勾画细节，例如接缝。在洛克希德躺椅的案例中，接缝也是流动的，与作品的整体有机形态密不可分。重点关注这些细节如何与较大的形状保持一致，顺应其弧度，增强而不是破坏形状。

步骤4：使用阴影和高光。使用阴影来表现远离光源的形状曲线，并在向光源凸起的地方使用高光。明暗之间的混合应平滑，避免生硬的过渡，以保持有机感。

步骤5：深度和纹理。在凹陷处涂上较深的阴影，以增加深度。考虑躺椅的质地和表面效果，添加点线、交叉刻画或软铅笔来暗示其外观。

实训作业

练习1：连续线条。练习在不提笔的情况下画出连续、流畅的线条。这些练习可以帮助你的手学会流畅地移动，从而创造出有机形状。

练习2：渐变阴影。练习由浅到深的阴影，以创造立体感。练习在不同色调之间平滑过渡，不要有明显的界限，这有助于模仿有机表面。

练习3：观察和娱乐。收集具有有机形状的物体，包括水果、贝壳、动物形象等，并练习写生。模仿它们的有机形状，注意光线的落差，并相应地创造出柔和的渐变阴影。

练习4：变化研究。勾画一个简单有机形体的变化，改变其高度、宽度和弧度。例如，绘制波浪或曲折的抽象形状。这将培养在不同条件和视角下表现有机形体的能力。

练习5：洛克希德躺椅研究。从不同角度对洛克希德躺椅进行重复性素描研究，每次都要重点了解其弧度以及结构如何支撑造型。通过这些研究，将加深对纽森设计思维的理解，并提高捕捉有机形状的能力。

章节小结

完成素描后，反思自己的技法：第一，比较。将作品与洛克希德躺椅的图片放在一起看。第二，反馈。征求同行或指导老师的意见，重点关注有机形状的流畅性和逼真性。第三，迭代。利用反馈意见使你随后绘制的素描更加精致并真实地反映有机形态。

绘制有机形体素描需要了解自然、流畅的动态，以及能够复制这种曲线和细微差别的控制力。图17-3、图17-4是Apple Vision Pro VR眼镜的设计素描分解案例，通过观察、反复练习以及像VR眼镜那样的渐进练习，设计师可以提高他们在产品设计中捕捉有机形状的美感和复杂性的能力。一旦掌握这项技能，设计师的作品和传达复杂设计概念的能力就会大幅度提升。

在悉尼艺术学院读书时, 获得澳大利亚工艺品委员会授权的纽森就设计了洛克希德躺椅, 这也让他在全球范围内迅速获得关注。洛克希德躺椅的主体部分主要由强化玻璃纤维塑料制成, 椅腿自然曲线下垂, 并在末端用橡胶包住。整个表面都由附加有盲铆钉的薄壁铝板覆盖住, 这些片材并不重叠, 但几乎是无缝连接, 给人一种飞机机身的感觉。

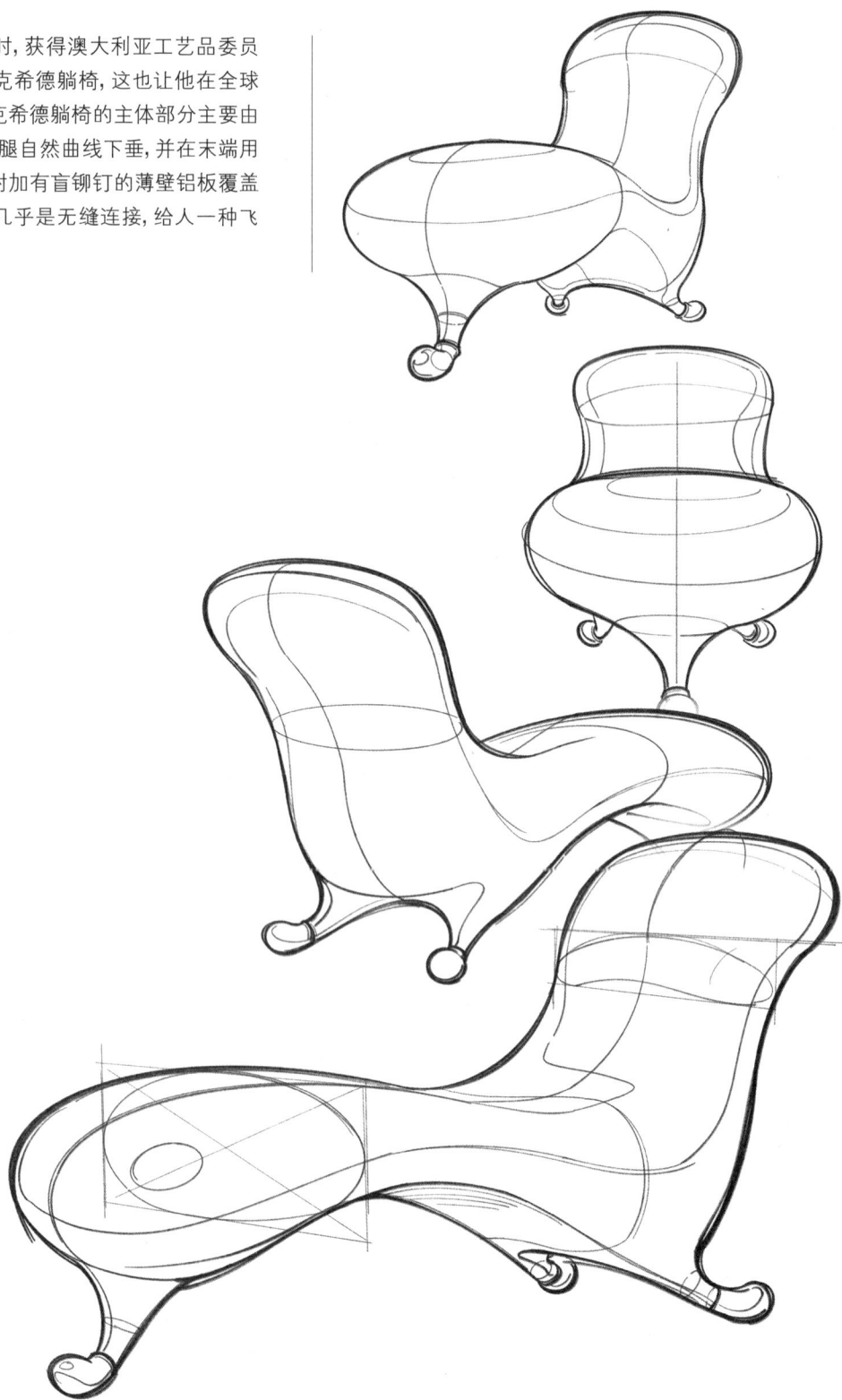

图17-1　有机形体1

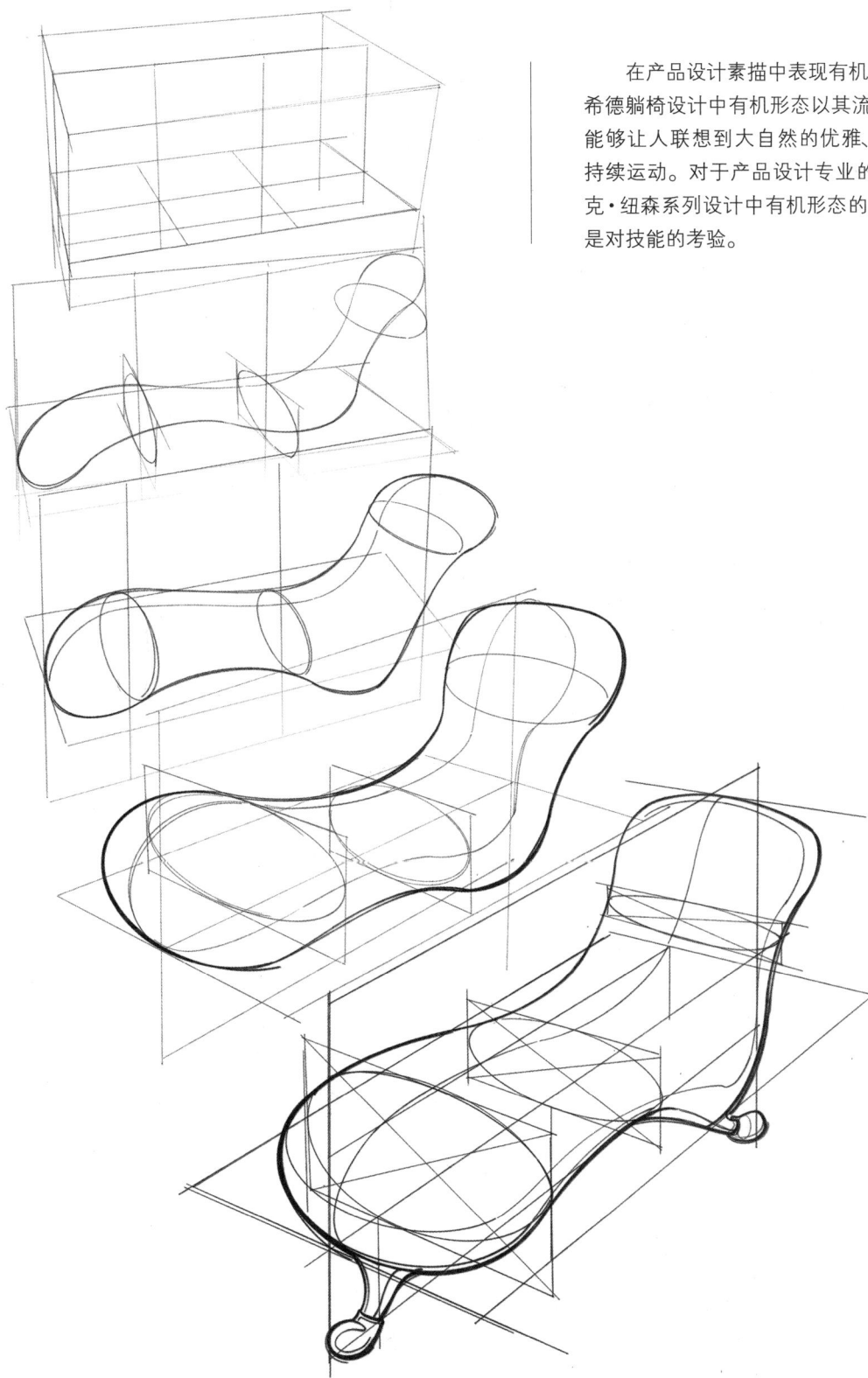

在产品设计素描中表现有机形态,马克·纽森的洛克希德躺椅设计中有机形态以其流畅、自然的形状为特征,能够让人联想到大自然的优雅、人体解剖学、流动性和持续运动。对于产品设计专业的学生来说,如何捕捉马克·纽森系列设计中有机形态的精髓,既是一项挑战,也是对技能的考验。

图17-2 有机形体2

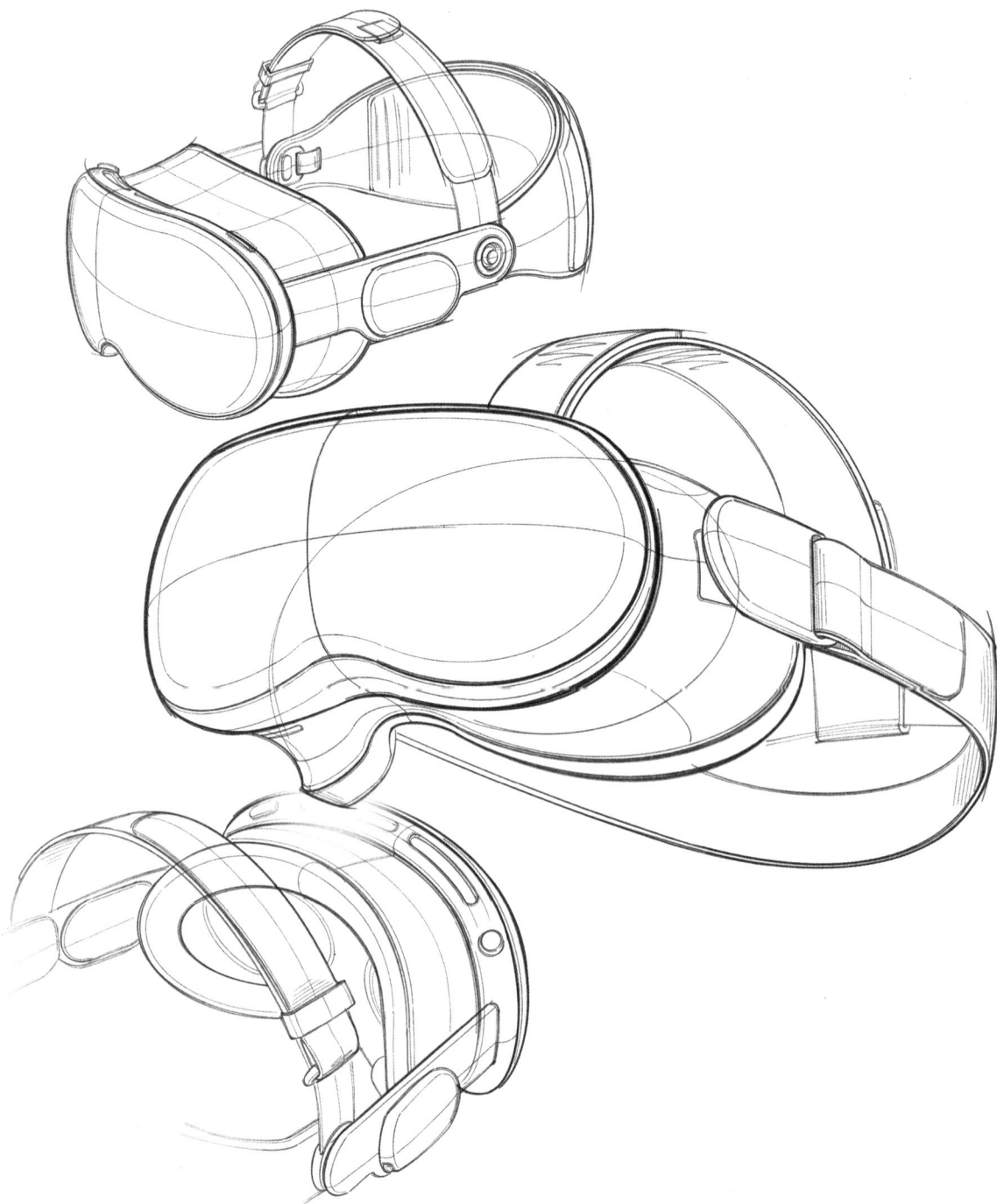

图17-3　有机形体3

章节思考题

1. 曲线形态会如何影响手柄的人体工学设计或按钮的触觉反馈？

2. 采用什么策略来勾勒这些形状，使其对整体用户体验起到积极作用？

3. 如何将平衡、节奏和和谐等这些产品设计的基本原则应用到将圆润的语言形式融入产品设计素描中？

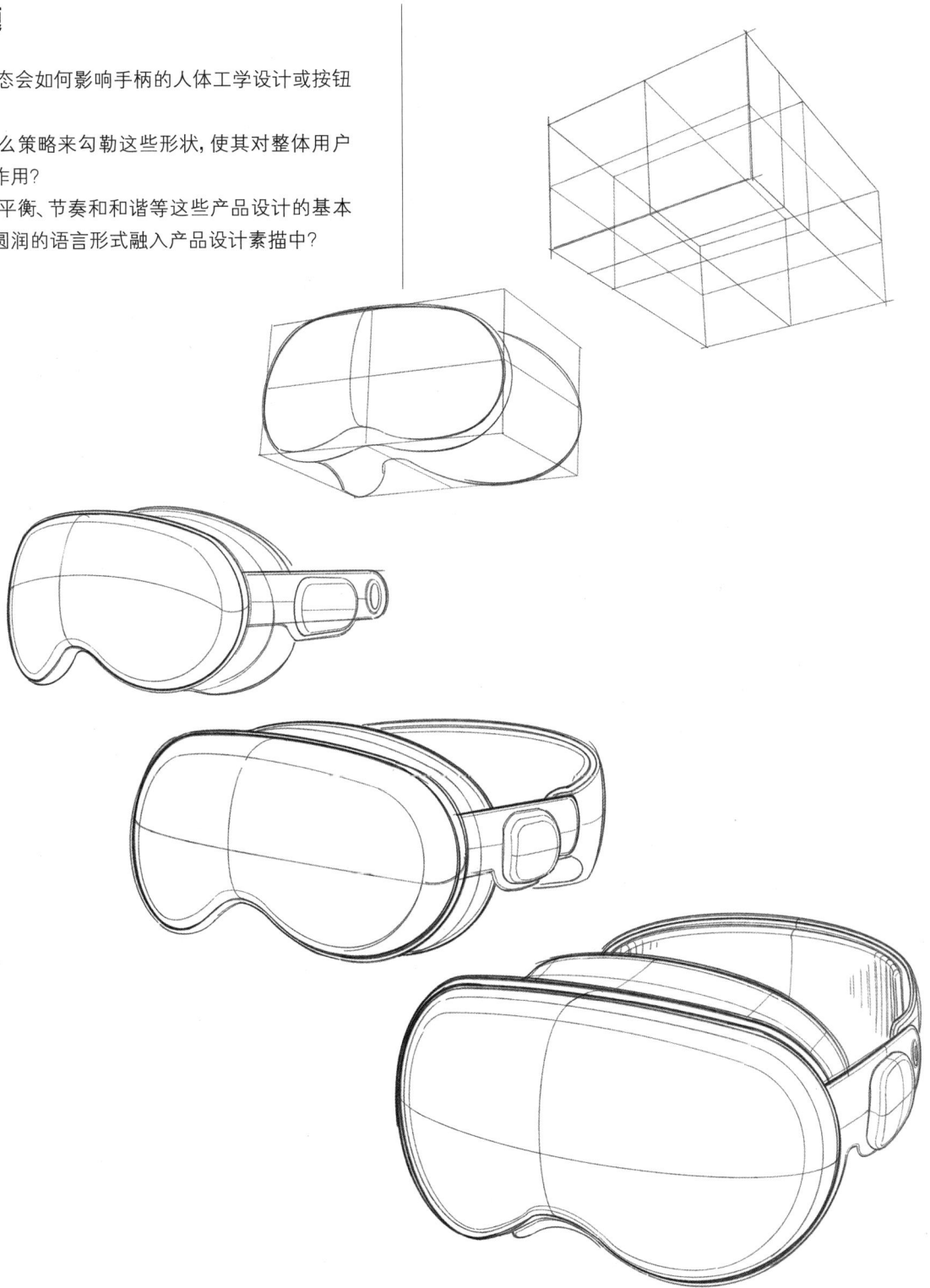

图17-4　有机形体4

Conclusion

结语

课程总结

《透视·结构·设计素描》课程希望引领学生回到生活当中,通过对生活的观察、解读与经验积累,有意识地将生活灵感与感悟融入绘画之中。设计素描不是单纯的临摹与模拟,而是对头脑中思维的二次物化过程。拥有绘画的功底与天赋固然可以强化对设计观点的表述能力,然而,课程的重点教学目标是对不同学科、不同程度的学习者都能带来思维的影响与启示,在绘画当中发现问题,寻找规律,然后建立符合自己认知习惯的绘画方式与方法。书中的案例全部分解成若干步骤进行讲述,其目的也是为初学者快速进入绘画流程与状态提供方便指引。

在具体的课程教学中,教师引导学生从感性和理性两个路径去理解设计素描中的透视原理,以及掌握透视规律性对表述产品结构的促进作用。在设计素描的创作过程中,设计者需要频繁在二维与三维画面中切换视角,以选择最佳的产品设计表述方式。在设计素描的操作层面,优秀的设计素描作品是对人类思维和创作空间的创意表达。一直以来,设计者都在寻找更便捷、准确的表述方式来呈现设计。最后,通过设计素描与自己、设计团队、客户、企业建立更理想的"对话"方式。因此,设计素描需要透过现象看到事物本质。

在创造产品形态的过程中,传统的工程制图方法往往会固化设计思路,而徒手的、即时的、灵活的设计素描呈现的是团队沟通最快捷的方法。一般来说,设计者可以一边画图一边讲解自己的思路,随着画面的不断延展,其他设计者或者项目的参与者也可以加入画图的过程中,对设计方案进行调整。这样的参与过程可以打破设计思路的局限性,也可以锻炼设计者生动表达的能力。

通过课程我们希望培养学生对产品的透视和结构理解,然后通过设计素描这一核心呈现方式,找到对设计思维表述的最适合方式。同时,现代的设计素描因技术、观念和媒介的更迭,已经和传统结构素描产生差异,现代的设计素描不仅只强化设计画面的呈现效果和画风的表达,而且更关注产品设计的可执行性和结构的合理性。由此可见,本课程的核心是通过设计素描挖掘设计的创新依据和逻辑路径。

教学评价

《透视·结构·设计素描》课程教学的底层逻辑是对产品构成基础形体的分解与重构。组成产品的基础是方形与圆形,在此基础上,通过穿插、过渡与搭接形成不断迭代与革新的产品品类与形式。课程的教学强化由几何形体训练到产品形态训练。通过解读正方形、长方形、圆形、圆柱形、圆锥形、有机形等,然后透视它们的结构,最后转化成产品。通过设计思维再把产品带入具体的使用情境当中,去表述产品的用途与人机交互方式等,这样的教学引导可以方便学生建立对产品生成步骤的细化解读。

对于初学设计者来说,从方与圆的二维世界中建立思维基础,再过渡至产品设计的三维世界,可以更加有效地建立设计思维与创造的逻辑,因此,书中会设置独立的单元去分析由方至圆、由圆到方的训练过程。综上所述,整个课程教学的核心在于对设计逻辑的不断强化,为不同学习能力和学习阶段的设计者提供有效的学习范本和指南。

理论积淀

《透视·结构·设计素描》一书中的第一单元是针对设计素描、透视原理的理论解读,帮助学习者建立透视原理、物体结构、设计素描三者之间的理论联系,并通过传统绘画典例分析,讲解透视对素描表述的关键价值。本书注重理论联系实践,并强化理论教学的创新性,例如,书中所展示的透视原理创意教学方案,将透视学习课堂转移至生活之中,鼓励学生将一点透视、两点透视和三点透视的学理真正地运用至日常场景绘画与表述之中,从而发现透视的思维逻辑并非一成不变的,而是随着自身表达需求,随时随地加以调整。因此,设计素描与透视原理并非对前人思想与习作的临摹,而是要通过设计思维将其转化为创新表达的工具与媒介。

实训积累

《透视·结构·设计素描》一书中提供了学习指南。考虑到学习设计素描者会参考此书进行实训练习,因此,学习指南可以作为开启本书阅读的先行导航,从阅读者的角度引导进行实训的流程和步骤。

在本书的第三单元和第四单元,各章节之中穿插了丰富的设计素描绘图案例。这些案例均为国际知名设计师或设计企业的经典产品,一方面,加深了对经典产品设计思路和创作思维的解读,另一方面,结合透视原理、结构分解和素描技法,将经典产品案例分步骤、从基础形体逐渐过渡至具象产品。这样的实训解读,是设计思维的表述,在反复的、生动的实训中,不断加深设计者手、眼和脑的配合能力,希望读者可以持续性坚持实训,加深设计素描的肌肉记忆,在应对自己的设计创作时,可以更加得心应手。

教学观点 一

设计素描的重点在于依托设计思维,通过手绘展示设计最朴实的原型呈现过程。设计素描通过现象可以帮助设计者解读设计的本质,而且素描是最快速、最灵活和最便捷的设计表述方法,与此同时,现代技术赋予设计素描良好的表现综合性。

教学观点 二

现代的产品设计工作中要善于运用设计素描来呈现设计思维,透过产品素描可以洞察到产品设计的复杂性、多面性、能动性和主动性。

教学观点 三

通过对透视与结构素描的理论知识梳理,可以建立广义透视和狭义透视两个路径。其中,广义透视是透过事物看本质的思维逻辑,这正是设计师最需要的思维。因此,书中提供了产品的剖视图和爆炸图,还有三视图。在设计产品时,不能仅停留在对产品外部形态的刻画,而要深挖其设计的核心,这些要贯穿在整个设计素描与透视练习的过程当中。

教学观点 四

在设计素描与透视训练中,要不断强调设计思维,同时,要有意识地引导学生走进设计工作中去理解产品设计的复杂性和多面性,然后才能激发学生的主动性思考设计创新。总的来讲,设计素描的最终目标是服务于产品设计创新的,所以,设计主动性可以带领整个设计团队共同推动设计创新与优化迭代。

教学观点 五

善于在设计素描与透视训练中找到不变的规律,强制性地在素描中去掉效果图痕迹,这样单纯的线性表述可以清晰看到设计的本质。产品设计强调形的逻辑和规律,设计者要善于用线去找形的规律,因此,本书中的全部绘画案例以线为主,因为设计素描是关于素养好素质的训练,而不是设计技能和技法的训练。

教学观点 六

设计素描与绘画存在三维空间与二维空间的差异,绘画追求廓形的准确,而设计素描则需要在头脑中和绘图中建立三轴坐标系统。也正因为这种思维差异,在设计素描训练过程中,要求绘图者从下至上地绘制,其过程便能展示绘图者的思维逻辑是否清晰。

透视
结构
设计素描

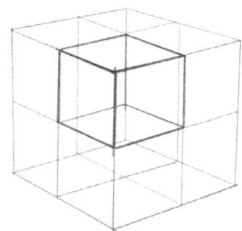

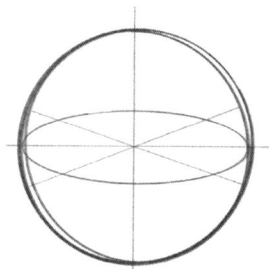

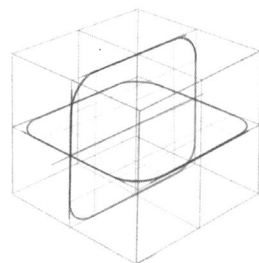

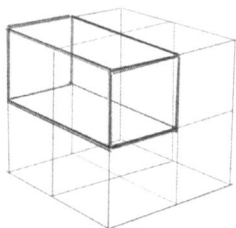

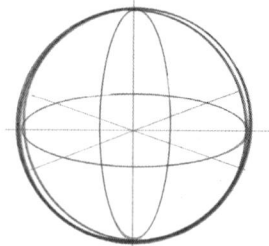

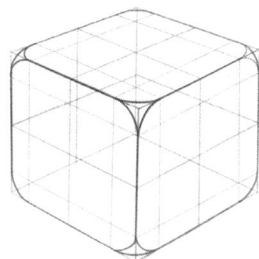

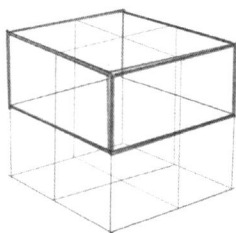

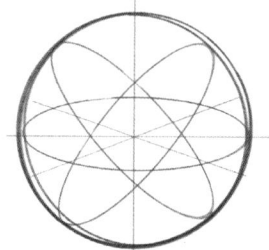

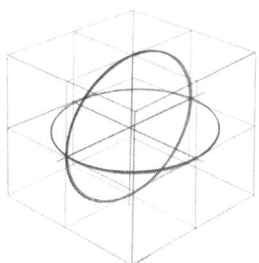

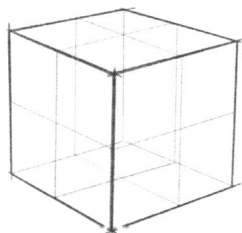

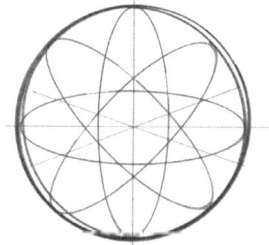

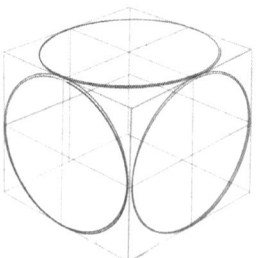

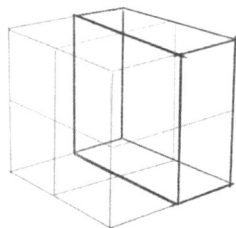

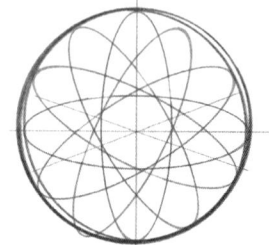

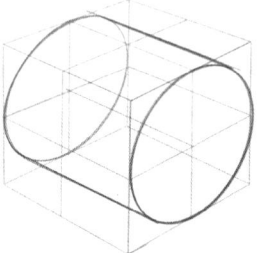

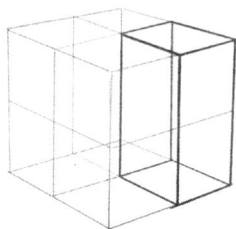

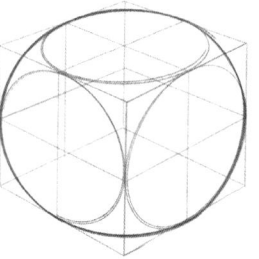

Gratitude

致谢

  《透视·结构·设计素描》一书的写作基于作者二十多年的一线教学实践与教研洞察,在此感谢所有参编师生的共同努力,让作者的教学理念与目标充分呈现于本书之中。

  结合多年的教学感悟,作者要感谢参与本课程的学生们,在与学生的授课互动中,获得了对课程不断改进和优化的动力,也因此得到对设计素描与透视原理的新启发。在授课期间,时代变迁让教学目标群体不断更迭,这让作者看到了设计媒介、技术与观念的革新,给设计学科基础课程带来的新的机遇与挑战,设计课程需要作出新的应对,而其核心依据始终是"以学生为中心"。教师需要有能力引导学生积极主动参与课程的各项训练与理论学习,调动学生的主动性才能在面对学业认知摩擦的过程中,激发对专业的学习热情,敢于在前人的基础上,提出更理想、更丰满、更适宜的设计蓝图。

  最后,感谢清华大学艺术与科学研究中心设计战略与原型创新研究所对本书的支持,从书籍的写作目标、内容梳理和方案执行各方面,给予作者宝贵建议。

  截至本书成稿出版,尽管作者团队对此书进行了反复校对,但是本书依然存在有待改善和提升的空间,希望读者给予指正,这将对于本书的优化与迭代至关重要,在此感谢各位读者对本书的选择与建议反馈。